"十四五"职业教育国家规划教材

大学生公共基础课系列教材

信息技术基础（第2版）

张爱民　魏建英　主　编

韩　韬　彭　强　副主编

电子工业出版社

Publishing House of Electronics Industry

北京·BEIJING

内 容 简 介

本书旨在提高学生的信息素养水平，增强个体在信息社会的适应力与创造力。全书分 7 个单元，内容组织采用"案例引导、任务驱动、知识链接"的编排方式，共设置了 5 个学习案例、51 项训练任务，重点介绍认识与使用计算机、Windows 10 的使用、WPS 文字、WPS 表格、WPS 演示、信息检索与信息素养和新一代信息技术。本书紧跟信息技术、信息社会发展动态，内容丰富、实用，通俗易懂，结构清晰，具有很强的实用性。同时本书在内容设计上兼顾思政要素融入，方便有效实施课程思政。

本书为新形态一体化教材，配有丰富的数字化学习资源，包括课程标准、微课视频、任务演示视频、授课用 PPT、习题答案等。与本书配套的在线开放课程在"学银在线"上线，读者可以登录网站线上学习，授课教师可调用本课程构建符合自身教学需求的 SPOC 课程，开展线上线下相结合的混合式教学，有力推动课堂革命。

本书可作为 WPS 办公应用 1+X 证书的初级和中级认证相关教学和培训教材，也可作为高职院校及中等职业学校各专业公共基础课的教材或教学参考用书，还可作为计算机操作培训教材和信息技术爱好者的自学参考书。

图书在版编目（CIP）数据

信息技术基础 / 张爱民，魏建英主编. —2 版. —北京：电子工业出版社，2023.7（2025.8重印）
ISBN 978-7-121-45390-8

Ⅰ. ①信… Ⅱ. ①张… ②魏… Ⅲ. ①电子计算机—高等职业教育—教材 Ⅳ. ①TP3

中国国家版本馆 CIP 数据核字（2023）第 062162 号

责任编辑：康 静
印　　刷：三河市鑫金马印装有限公司
装　　订：三河市鑫金马印装有限公司
出版发行：电子工业出版社
　　　　　北京市海淀区万寿路 173 信箱　邮编　100036
开　　本：787×1092　1/16　　印张：17.25　　字数：441.6 千字
版　　次：2021 年 10 月第 1 版
　　　　　2023 年 7 月第 2 版
印　　次：2025 年 8 月第 8 次印刷
定　　价：49.90 元

前　言

教育部《高等职业教育专科信息技术课程标准》（2021 年版）指出，信息技术已成为经济社会转型发展的主要驱动力，是建设创新型国家、制造强国、网络强国、数字中国、智慧社会的基础支撑。提升国民信息素养，增强个体在信息社会的适应力与创造力，对个人的生活、学习和工作，对全面建设社会主义现代化国家具有重大意义。

高等职业院校信息技术课程是各专业学生必修或限定选修的公共基础课程。学生通过学习，要能够增强信息意识、提升计算思维、促进数字化创新与发展能力、树立正确的信息社会价值观和责任感，为其职业发展、终身学习和服务社会奠定基础。本书对标教育部最新信息技术课程标准编写。

全书分为 7 个教学单元：认识与使用计算机、Windows 10 的使用、WPS 文字、WPS 表格、WPS 演示、信息检索与信息素养和新一代信息技术。

本书主要有以下特点：

一是内容组织采用"案例引导、任务驱动、知识链接"的编排方式，将整个教学过程贯穿于完成真实案例和任务的全过程。案例和任务都来源于日常办公学习、教学管理、沟通交流、产品营销等真实情境，具有较强的代表性和职业性。结构编排上注重"做中学、学中思、思中做"，在提高学生实操能力的同时，兼顾学生系统学习理论知识。

二是配套在线开放课程和丰富的数字化学习资源，方便教师引导学生自主学习，能有力支撑开展线上线下相结合的混合式教学。

三是紧跟信息技术、信息社会发展动态，用通俗易懂的案例和任务引导学生了解、关注和运用新技术、新媒体。

四是内容设计上力求知识传授、能力培养与价值引领有机统一，深入挖掘提炼课程所蕴含的思政要素和德育功能，以提升教育教学质量，增强课程育人成效。

本书由张爱民和魏建英老师担任主编，由张爱民统稿。具体编写分工如下：单元 1 由魏建英编写，单元 2 由彭强编写，单元 3 由覃卫华编写，单元 4 由张爱民编写，单元 5 由徐亭编写，单元 6 由韩韬编写，单元 7 由卫敏编写。

本书提供配套教学资源，可从华信教育资源网（www.hxedu.com.cn）免费下载。本书配套的在线开放课程在"学银在线"上线，可以登录网站线上学习。另外，本书提供部分授课视频，建议在 Wi-Fi 环境下扫描二维码观看。

在本书编写过程中，得到了山西职业技术学院众多同事的支持和帮助。本书采用了山西职业技术学院艺术设计系 2020 级学生原宇欣的 PPT 作品素材。在此一并深表谢意！

本书在编写过程中得到了统信软件技术有限公司、麒麟软件技术有限公司、北京金山办公软件股份有限公司等的支持和帮助，在此表示衷心感谢。本书作者拥有多年教授该课程的经验和项目开发经历，但由于编者水平有限，加之计算机技术发展迅速，书中难免存在疏漏与不足，恳请广大读者批评指正。

编者联系方式：1664294792@qq.com。

编　者

目 录

单元1 认识与使用计算机

【知识目标】

（1）了解计算机发展历史和趋势。

（2）了解计算机的应用。

（3）了解信创的起源。

（4）了解中国信创产业的发展态势。

（5）了解微型计算机的主要性能指标。

（6）了解计算机系统的组成。

（7）了解主流国产操作系统。

（8）了解计算机的工作原理。

（9）了解使用计算机的注意事项。

（10）了解计算机病毒。

【技能目标】

（1）能认知计算机硬件的外观与功能。

（2）会连接计算机各部件。

（3）能读懂计算机配置主要参数。

（4）能评判微型计算机的性能。

（5）会按正确的顺序开机和关机。

（6）会对计算机进行日常维护。

【素质目标】

（1）了解计算机的发展和应用，增强忧患意识和使命担当。

（2）了解我国信创产业的发展，感悟中国以改革创新为核心的时代精神，建立科技自信。

（3）国产软硬件以鲲鹏、麒麟等命名，感悟其背后的中国传统文化。

学习任务 ....

任务 1-1　认知计算机硬件系统的外观组成

任务描述

（1）认知计算机硬件的外观与功能。
（2）连接计算机各部件。

任务实施

Step 01　认知计算机硬件系统的外观组成与基本功能。

常见计算机硬件系统的外观组成如图1-1～图1-3所示，各部分基本功能如下。

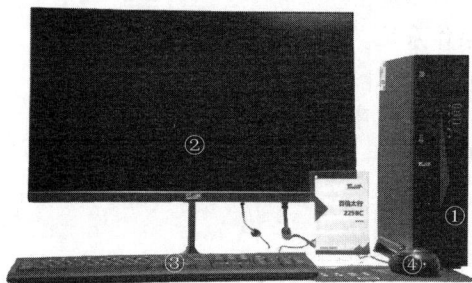

图1-1　计算机硬件系统的外观组成

（1）主机。主机是用于放置主板及其他主要部件的控制箱体（容器），通常包括主板、CPU、内存、硬盘、光驱、电源及其他输入/输出控制器和接口。典型的主板能提供一系列接合点，供处理器、显卡、声卡、硬盘、存储器、键盘和鼠标等接合，通常直接插入有关插槽，或用连接线连接。

（2）显示器。显示器是最基本的输出设备，实现将显示卡输出的视频信号转换为可视图像。显示器、显示卡连同它们的驱动程序组成计算机显示系统。

测量显示器屏幕大小的标准单位是英寸（1英寸≈2.54厘米），屏幕大小通常以对角线的长度来衡量。目前常见的有19英寸、22英寸、23英寸、24英寸、27英寸等。比较知名的国产显示器品牌包括百信亿显、惠科（HKC）、TCL、华硕和创维等，知名国外品牌包括三星、LG、现代、飞利浦等。图1-1中主机为国内知名信创厂商百信信息技术有限公司自主研发的太行系列产品，是基于国产CPU和国产操作系统研发与生产的计算机类相关产品。

（3）键盘。键盘是计算机系统中最基本的输入设备。键盘按外形可分为标准键盘和人体工程学键盘两类。键盘的接口有AT接口、PS/2接口、USB接口和无线键盘。

（4）鼠标。鼠标是控制显示屏上光标位置的重要输入设备。按鼠标的工作原理分为光电式鼠标和机械式鼠标。鼠标按接口分为串口鼠标、PS/2接口鼠标、USB接口鼠标和无线鼠标。鼠标有5种基本操作：指向、单击、双击、拖动和右键单击。

（5）打印机。打印机是计算机的输出设备，用于将计算机处理结果打印在相关介质上。按打印机的工作原理分针式打印机、喷墨打印机和激光打印机。一般通过打印分辨率、打印速度和噪声三项指标衡量打印机好坏。

（6）音箱。音箱由箱体、功放组件、电源、分频器及扬声器组成，是可将音频信号转换为声音的一种设备。

（7）摄像头。摄像头是一种视频输入设备，广泛应用于视频会议、远程医疗及实时监控等方面。

图1-2　打印机、音箱、摄像头、扫描仪

（8）扫描仪。扫描仪属于计算机外部设备，通过捕获图像并将之转换成计算机可以显示、编辑、存储和输出的数字化输入设备。

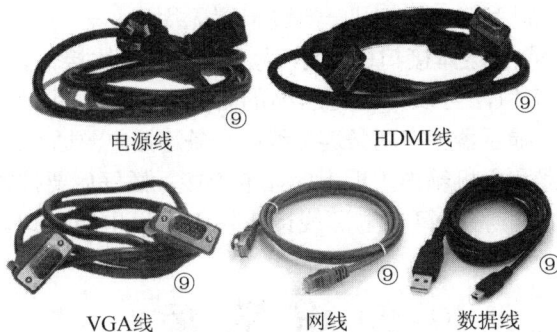

图1-3　计算机连接线

（9）计算机连接线。计算机连接线是将各种外部设备连接到计算机主机的线缆，分为电源线、显示器连接线、网线和数据线。电源线主要是给设备供电及给电池充电。显示器连接线用于主机显卡输出口或主板显示输出口与显示器输入口连接。常见的显示器连接线有VGA和HDMI线。VGA线，包括VGA接口与连接的电缆，但通常指VGA接口，也叫D-Sub接口。VGA接口是显卡上输出模拟信号的接口，只能传输视频信号，不能传达音频。VGA接口上面共有15针空，分成3排，每排5个。VGA接口是显卡上应用最为广泛的接口类型，绝大多数的显卡都带有此种接口。HDMI是一种全数字化视频和声音发送接口，可以同时发送音频和视频信号。网线是连接计算机与计算机、计算机与其他网络设备的连接线。数据线主要通过计算机串口、并口和USB接口与外部输入、输出或者存储设备相连接达到互传信息的目的，例如，打印机与计算机连接需要打印机USB线、手机与计算机连接需要手机USB线等。

Step 02　连接计算机各部件。

计算机各部件通过连接线与主机箱背后的接口连接，主机箱背面如图1-4所示。

（1）连接串行接口。串行接口，简称串口，也就是COM接口，是采用串行通信

1.串行接口
2.千兆网卡接口
3.USB接口
4.音频接口
5.高清多媒体接口
6.VGA接口
7.电源接口

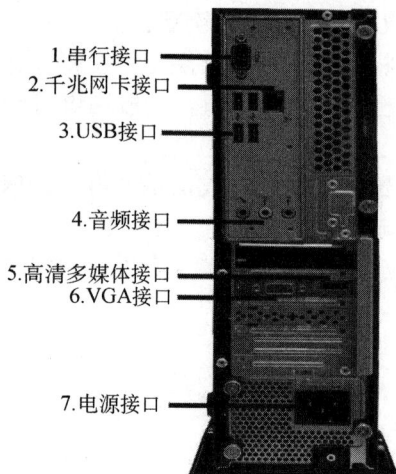

图1-4　计算机机箱背面接口图口图

协议的扩展接口。串口一般用来连接鼠标和外置Modem及老式摄像头和写字板等设备。串口通信的特点在于数据和控制信息是一位接一位地传送出去的，若出错则重新发送该位数据，由于每次只发送一位数据，其传输速度较慢，但因为干扰少，所以更适用于长距离传送。目前，部分新主板已开始取消该接口。

（2）连接网线。将RJ45网线一端的水晶头按指示的方向插入到网卡接口中。

（3）连接USB设备。USB（Universal Serial Bus）即通用串行总线，是连接计算机系统与外部设备的一种串口总线标准，最新一代标准是USB3.2。

（4）连接音箱。Mic接口（粉红色）与麦克风连接，用于聊天或者录音；Line Out接口（淡绿色）通过音频线连接音箱的Line接口，输出经过计算机处理的各种音频信号；Line in接口（淡蓝色）为音频输入接口，需和其他音频专业设备相连，家庭用户一般闲置无用。

（5）连接带有高清多媒体接口的显示器。高清多媒体接口，简称HDMI，是一种新型的数字音频视频接口，可以传送无压缩的音频信号及视频信号。

（6）连接显示器。显示器上有两条连接线：一条连接电源插座；另一条连接线是15针的信号线，是将显示器和主机箱内主板上的显卡连接，插好后要拧紧接头两侧的螺丝。

（7）连接主机电源。将计算机电源线接头插入主机电源接口。

知 识 链 接

1.1　计算机的发展历程

1946年2月15日，世界上第一台通用电子数字积分计算机ENIAC（Electronic Numerical Integrator And Calculator）在美国宾夕法尼亚大学宣告研制成功，开创了计算机科学新纪元。

根据计算机所采用的主要电子元器件，计算机的发展分4个阶段：电子管计算机时代（1946～1957年）、晶体管计算机时代（1958～1964年）、集成电路计算机时代及大规模（20世纪60年代中期到70年代初期）和超大规模集成电路计算机时代（1971年至今）。

未来计算机将以超大规模集成电路为基础，计算机的发展趋势主要在以下几方面。

（1）高性能计算：无所不能的计算。发展高速度、大容量、功能强大的超级计算机，对于进行科学研究、保卫国家安全、提高经济竞争力具有非常重要的意义。

（2）普适计算：无所不在的计算。普适计算是IBM公司在1999年提出的，是指在任何时间、任何地点都可以计算，也称为无处不在的计算，即计算机无时不在、无处不在，以至于就像没有计算机一样。

（3）服务计算与云计算：万事皆服务的计算。服务属于商业范畴，计算属于技术范畴，服务计算是商业与技术的融合，通俗地讲，就是把计算当成一种服务提供给用户。

（4）智能计算。使计算机具有类似人的智能，所谓类似人的智能，是使计算机能像人一样思考和判断，让计算机去做过去只有人才能做的智能的工作。

（5）生物计算。生物计算是指利用计算机技术研究生命体的特性和利用生命体的特性研究计算机的结构、算法与芯片等技术的统称。

（6）未来互联网与智慧地球。欧盟在其科学研究框架中提出了"未来互联网（Future Internet）"技术，指出未来互联网将是由物联网、内容与知识网、服务互联网和社会网络等构成的。IBM提出了"智慧地球（Smart Planet）"技术，智慧地球是指以一种更智慧的方法和技术来改变政府、公司和人们交互运行的方式，提高交互的明确性、效率、灵活性和响应速度，改变着社会生活各方面的运行模式。

1.2　计算机的应用

计算机最初的应用是数值计算，目前计算机的应用几乎包括了人类生产生活的一切领域。根据计算机的应用特点，可归纳为以下几方面。

（1）科学计算。科学计算指利用计算机来解决科学研究和工程设计等方面的数学计算问题。

（2）数据/信息处理。数据/信息处理指对大量信息进行搜集、归纳、分类、整理、存储、检索、统计、分析、列表、可视化等操作，从而形成有价值的信息。

（3）过程控制。过程控制是指利用计算机对生产过程、制造过程或运行过程进行监测与控制，即通过实时监测目标物体的当前状态，及时调整被控对象，使被控对象能够正确地完成目标物体的生产、制造或运行。

（4）多媒体应用。多媒体一般包括文本、图形、图像、音频、视频、动画等信息媒体。多媒体技术是指人和计算机交互地进行多种媒介信息的捕捉、传输、转换、编辑、存储、管理，并由计算机综合处理为表格、文字、图形、动画、音响、影像等视听信息有机结合的表现形式。

（5）人工智能。人工智能（AI）是用计算机模拟人类的某些智能活动与行为，如感知、思维、推理、学习、理解、问题求解等，是计算机应用研究领域最前沿的学科。

（6）网络通信。计算机技术和数字通信技术发展并相互融合产生了计算机网络。通过计算机网络，多个独立的计算机系统联系在一起，不同地域、不同国家、不同行业、不同组织的人们联系在一起，缩短了人们之间的距离，改变了人们的工作方式。

（7）计算机辅助X系统。计算机可以协助人们进行各种各样的工作，例如，计算机辅助设计（CAD）、计算机辅助制造（CAM）、计算机辅助工程（CAE）、计算机辅助质量保证（CAQ）、计算机辅助经营管理（CAPM）、计算机辅助教育（CBE）等，人们将它们统称为CAX技术。

1.3 信创和信创产业

信息技术应用创新发展是目前的一项国家战略，也是当今形势下国家经济发展的新动能。发展信创产业是为了解决本质安全的问题。本质安全也就是说，现在先把它变成我们自己可掌控、可研究、可发展、可生产的。信创产业发展已经成为经济数字化转型、提升产业链发展的关键，从技术体系引进、强化产业基础、加强保障能力等方面着手，促进信创产业在本地落地生根，带动传统 IT 信息产业转型，构建区域级产业聚集群。

信创产业是一条庞大的产业链，主要涉及以下四大部分。

（1）IT 基础设施：CPU 芯片、服务器、存储、交换机、路由器、各种云和相关服务内容。

（2）基础软件：操作系统、数据库、中间件。

（3）应用软件：OA、ERP、办公软件、政务应用、流版签软件。

（4）信息安全：边界安全产品、终端安全产品等。

任务 1-2 认知计算机配置主要参数

任务描述

读懂办公计算机配置主要参数。

任务实施

Step 01 对微型计算机百信太行 230F-A 的主要参数解读如表 1.1 所示。

表 1.1 百信太行 230F-A 主要参数及解读

产品类型	商用计算机
太行计算机是百信信息技术有限公司基于华为鲲鹏 920 处理器开发的计算机产品，关键功能器件 100%国产型号，支持 Linux 桌面操作系统，具有高性能、接口丰富、高可靠性、易用性等特点。本机产品类型为百信国产商用台式机，适应于党政机关、军工、国防、金融、电力、交通、能源、工业等对信息安全要求较高的领域。台式机一般分商用和家用两种。商用机型追求高稳定性，但多媒体功能普遍不强，在外观设计上都按照严肃大方的设计理念。商用机的机箱和主板都是标准全尺寸的，外部端口齐全，升级和扩展能力一般优于家用机	
操作系统	统信操作系统 UOS\银河麒麟 Kylin
本机安装统信 UOS 64 位操作系统。不装备任何软件的计算机称为"裸机"，不能做任何工作，"裸机"之上一般先安装操作系统，所以购买计算机后，商家一般都会先安装操作系统	
主板芯片组	鲲鹏 920 处理器、BIOS 芯片
鲲鹏 920 处理器集成了 CPU、南桥、网卡、SAS 存储控制器等 4 颗芯片的功能，能够释放更多服务槽位，用于扩展更多加速部件功能，大幅提高系统的集成度。BIOS 芯片是用于计算机开机过程中各种硬件设备的初始化和检测的芯片	

续表

处理器	CPU系列　鲲鹏系列 CPU型号　鲲鹏920，4核2.6GHz		CPU频率　2.6GHz

　　本机CPU为华为公司在2019年1月发布的数据中心高性能处理器鲲鹏920，由华为自主研发和设计，旨在满足数据中心多样性计算、绿色计算的需求。鲲鹏920处理器兼容ARM架构，采用7nm工艺制造，可以支持4/8/12个内核，主频可达2.6GHz，支持双通道DDR4、PCIe3.0

存储设备	内存容量 8GB/64GB 内存类型　DDR4	硬盘容量128GB SSD+1TB HDD 硬盘描述　容量巨大，HDD（机械硬盘）的转速为7200转/分，SSD（固态硬盘）读写速度约400MB/s	光驱类型　DVD-RW

　　本机内存容量为8GB，可支持64GB。计算机内存规格DDR4，是现时流行的内存产品；HDD（机械硬盘）容量为1TB，转速7200转/分；SSD（固态硬盘）使用SATA Revision 3.0接口，读写速度约400MB/s。光盘驱动器的类型为DVD-RW

显示器	显示器尺寸　23.8英寸	显示器分辨率　1920px×1080px	显示器描述　窄边框液晶显示器

　　本机显示器为23.8英寸窄边框液晶显示器。该显示屏的优点是耗电量低、体积小、辐射低。屏幕分辨率最高为1920px×1080px

显卡	显卡类型　独立显卡	显卡芯片　AMD R5 230/AMD R520	显存容量　2GB

　　本机显卡采用独立显卡，显卡芯片类型兼容AMD R5 230和AMD R520，显存容量为2GB。计算机的显示系统是由显示适配器（简称显卡或显示卡）、显示器再加上显示卡与显示器的驱动程序组成的

网络通信	有线网卡　1000Mbps以太网卡

　　本机采用有线以太网网卡，是传输速度为千兆（1000M）的网卡，支持10～1000Mbps自适应。网卡也叫"网络适配器"，是局域网中最基本的部件之一，是连接计算机与网络的硬件设备。每块网卡都有一个唯一的网络节点地址，网卡生产厂家在生产时烧入只读存储芯片ROM中，被称为MAC地址，是物理地址，且保证绝对不会重复

机身规格	电源　200W 机箱类型　立式 机箱尺寸（高×宽×深） 380mm×145mm×280mm	前面板I/O口 2×USB3.0； 1×耳机输出接口； 1×麦克风输入接口	背板I/O接口 2×USB2.0+2×USB3.0； 1×DB9串口；1×电源接口 1×RJ45 GE电口；1×5FP GE光口 音频输入/声音输出/Mic输出

　　本机采用220V 200W交流电源供应器，黑色立式机箱，机箱体积（高×宽×深）为380mm×145mm×280mm；前面板接口有两个USB3.0、一个耳机输出接口和一个麦克风输入接口。背板接口有两个USB2.0、两个USB3.0、一个DB9串口、一个RJ45 GE电口、一个5FP GE光口、一个音频输入接口、一个音频输出接口、一个Mic输入接口、一个电源接口接电源线。

　　Step 02对微型计算机百信太行225BC的主要参数解读如表1.2所示。

表 1.2　百信太行 225BC 主要参数及解读

产品类型	商用计算机		
太行 225BC 计算机是百信信息技术有限公司基于飞腾腾锐 D2000/8 处理器开发的计算机产品，关键功能器件 100%国产型号，支持 Linux 桌面操作系统，具有高性能、接口丰富、高可靠性、易用性等特点。本机产品类型为百信国产商用台式机			
操作系统	统信操作系统 UOS/银河麒麟 Kylin		
本机安装统信 UOS 64 位操作系统			
主板芯片组	飞腾腾锐 D2000/8 处理器、BIOS 芯片、EC 芯片		
飞腾腾锐 D2000/8 处理器集成了 8 个飞腾自主研发的高性能处理器内核 FTC663，支持飞腾自主定义的处理器安全架构标准 PSPA1.0，满足更复杂应用场景下对性能和安全可信的需求。BIOS 芯片是用于计算机开机过程中各种硬件设备的初始化和检测的芯片。EC 芯片负责主板/系统上下电、睡眠状态上下电、复位管理、风扇监控与控制、LED 指示等辅助性功能芯片			
处理器	CPU 系列　腾锐系列 CPU 型号　飞腾腾锐 D2000/8，8 核		CPU 频率　2.3GHz
本机 CPU 为飞腾信息技术公司 2020 年 12 月在飞腾生态伙伴大会上发布高性能处理器腾锐 D2000/8，由飞腾自主研发和设计，旨在满足数据中心多样性计算、绿色计算的需求。腾锐 D2000/8 处理器兼容 64 位 ARMV8 指令集并支持 ARM64 和 ARM32 两种执行模式，主频可达 2.3GHz，支持双通道 DDR4 和 PCIe 3.0			
存储设备	内存容量　8GB/64GB 内存类型　DDR4	硬盘容量 2TB SSD+1TB HDD（最大容量，标配容量 256GB SSD） 硬盘描述　SSD 类型为 M.2 NVMe（标配）	光驱类型　DVD-RW
本机内存容量为 8GB，可支持 64GB。计算机内存规格 DDR4，是现时流行的内存产品；HDD（机械硬盘）容量为 1TB，转速 7200 转/分；SSD（固态硬盘）类型为 M.2 NVMe（标配），容量为 256GB，读写速度约 1500MB/s；光盘驱动器的类型为 DVD-RW			
显示器	显示器尺寸　23.8 英寸	显示器分辨率　1920px×1080px	显示器描述　窄边框液晶显示器
本机显示器为 23.8 英寸窄边框液晶显示器。该显示屏的优点是耗电量低、体积小、辐射低。屏幕分辨率最高为 1920×1080			
显卡	显卡类型　独立显卡	显卡芯片　JM7201	显存容量　1GB
本机显卡采用独立显卡，显卡芯片类型兼容 JM7201，显存容量为 1GB			
网络通信	有线网卡　1000Mbps 以太网卡		
本机采用有线以太网网卡，是传输速度为千兆（1000M）的网卡，支持 10～1000Mbps 自适应			
机身规格	电源　200W 机箱类型　立式 机箱尺寸（高×宽×深） 380mm×145mm×280mm	前面板 I/O 口 2×USB3.0； 1×耳机输出接口 1×麦克风输入接口	背板 I/O 接口 4×USB 接口； 1×COM 串口；1×电源接口； 1×RJ45 GE 电口； 音频输入/声音输出/Mic 输出
本机采用 220V 200W 交流电源供应器，黑色立式机箱，机箱体积（高×宽×深）为 380mm×145mm×280mm；前面板接口有两个 USB3.0、一个耳机输出接口和一个麦克风输入接口。背板接口有四个 USB 接口、一个 COM 串口、一个 RJ45 GE 电口、一个音频输入接口，一个音频输出接口、一个 Mic 输入接口、一个电源接口接电源线			

　　Step 03　对联想 ThinkPad P15V 专业画图设计笔记本电脑的主要参数解读如表 1.3 所示。

表 1.3　联想 ThinkPad P15V 专业画图设计笔记本主要参数及解读

产品类型	专业画图笔记本	
操作系统	Windows 10（家庭中文版）	
处理器	CPU 系列英特尔　酷睿 i7 十一代系列 CPU 型号 Intel　酷睿 i7-11800	CPU 核心数 8 个　CPU 线程数 16 个 CPU 频率 2.3GHz　最高可加速到 4.6GHz
存储器	内存容量　16GB 内存类型　DDR4	硬盘容量　512GB 硬盘类型　固态硬盘
显示设备	显卡型号　NVIDIA T600 显存 4GB　DDR6	显示屏 15.6 英寸　分辨率 1920×1080 色域范围 100%　显示比例 16:9
外部接口 及安全性	以太网接口、USB3.1 接口、HDMI 接口、 SD 读卡器、耳机麦克风接口、Thunderbolt 接口等	人脸识别　指纹识别 更高的极限温度、震动、海拔和抗冲击

本机产品类型为联想专业画图设计笔记本。办公型笔记本电脑按功能分轻薄办公笔记本和专业设计笔记本。轻薄办公笔记本电脑一般外观时尚、轻薄便携，而运算性能一般只能满足当前办公需要。专业设计笔记本电脑则追求高效的运算性能和专业的设计图形运算能力，要结实耐用，所以在便携性上做出一定的妥协。

本机安装 Windows 10 家庭版 64 位操作系统。电脑必须安装操作系统才可以安装其他软件使用，就像手机预置了 Android 或者 iOS 操作系统一样，所有的软件都是搭载在对应的操作系统上才可以运行。

本机 CPU 为 Intel 公司生产的酷睿 i7 第十一代系列处理器，11800 为具体型号，CPU 具备 8 个物理运算核心，可同时运行 16 个线程进行计算，CPU 基准频率为 2.3GHZ，最高可加速到 4.6GHz。核心数和频率是 CPU 的重要性能指标。

内存用来存储运算过程中的数据，同时运行程序越多，消耗内存越多，一般尽可能多配内存，但内存价格较高。另外当前配备 16G 内存，最大可扩展到 64G 内存，以使电脑更快输出直观结果。硬盘配固态硬盘，其数据传输速度是传统机械硬盘的数倍，但价格昂贵，所以机身内部配备了 512GB 的固态硬盘，当需要保存更多数据时，可更换更大的固态硬盘或者其他外部存储器。

作为一款专业设计笔记本电脑，显卡和显示屏的作用至关重要，本机采用设计专用 NVIDIA T600 显卡，应对 AutoCAD、3ds Max 等专业软件，满足设计师在图形设计、视频剪辑、后期渲染等不同的工作需求。配备 15.6 英寸高分辨率显示屏，经过专业级色彩校准，100% Adobe RGB 色域范围，为设计师还原精准的色彩效果。

作为一款专业设计笔记本电脑，并不追求极致的轻薄，所以可以将工作所需要的接口全部配备，为专业设计工作提供便利，通常配备更快外部数据通信接口，因为在设计中经常需要传输庞大的数据。另外配备了人脸识别和指纹识别安全保护功能，同时为了适应在不同环境下工作，专业设计笔记本能够在高温、低温、震动、灰尘环境下保持高可用性。

Step 04　详细解读微型计算机的 CPU、内存等重要部件。

（1）CPU。CPU（Central Processing Unit）是中央处理器的英文缩写，由控制器和运算器构成，是一台计算机的运算核心和控制核心。目前，国外知名品牌 CPU 是 Intel 公司的 Core（酷睿）i 系列和 AMD 公司的 Athlon（速龙）Ⅱ、Phenom（羿龙）Ⅱ、Sempron（闪龙）系列产品。例如，Intel 酷睿 i7 4790K 是 Intel 公司 CPU 的型号，AMD FX-8350 是 AMD 公司 CPU 型号。目前国产处理器芯片主要参与者包括龙芯、兆芯、飞腾、海光、申威和华为，图 1-5 所示为鲲鹏 920 处理器，是华为在 2019 年 1 月发布的数据中心高性能处理器，由华为自主研发和设计，旨在满足数据中心多样性计算、绿色计算的需求。CPU 的型号往往还决定了一台计算机的档次。

（2）主板。主板又叫主机板、系统板或母板，是微机系统中最重要的部件。主板是一块多层印刷电路板，主板上有控制芯片组、CPU 插槽、BIOS 芯片、内存条插槽、PCIe 扩展槽、AGP 显示卡接口插槽、键盘和鼠标接口及一些外围接口和控制开关等。目前，国外知名品牌主板有 Inter 等，国内知名品牌主板有华硕（ASUS）、微星（MSI）、技嘉（GIGA）和七彩虹（Colorful）等。

图 1-6 所示为华为鲲鹏台式机主板，是基于华为鲲鹏 920 处理器开发的办公应用主板，鲲鹏台式机主板内兼容业界主流内存、硬盘、显卡等硬件，支持 Linux 桌面操作系统，提供机箱、散热、供电等参考设计指南，具有高性能、接口丰富、高可靠性、易用性等特点。

图 1-5　鲲鹏 920 外观图

图 1-6　华为鲲鹏台式机主板外观图

（3）内存储器。如图 1-7 所示，内存储器简称内存，用来存放当前正在使用的数据和程序。按照内存的性能和特点，内存分为只读存储器（ROM）、随机存储器（RAM）和高速缓冲存储器（Cache Memory）。通常所说的内存大小就是指 RAM 的大小。目前内存的主流产品是 DDR4 内存，国外主流内存品牌有三星（SAMSUNG）、金士顿（Kingston）和威刚（ADATA）等，主流国产内存品牌有光威（Gloway）、紫光（UnilC）、金泰克（Tigo）、七彩虹（Colorful）和源创（Yclongsto）等。

图 1-7　光威内存条外观图

位/比特（bit）是存储器存储数据的最小单位，存放一位二进制数 1 或 0，常用 b 表示。存储容量通常采用字节（Byte）为单位，常用 B 表示，一字节等于 8 比特。计算机存储单位一般用 bit、B、KB、MB、GB、TB、PB、EB、ZB、YB、BB、NB、DB、…来表示，1 个英文字符用 1B 数据表示，1 个汉字用 2B 数据表示，存储单位之间的关系如下。

1B=8bit	1KB=1024B=2^{10}B	1MB=1024KB=2^{20}B
1GB=1024MB=2^{30}B	1TB=1024GB=2^{40}B	1PB=1024TB=2^{50}B
1EB=1024PB=2^{60}B	1ZB=1024EB=2^{70}B	1YB=1024ZB=2^{80}B
1BB=1024YB=2^{90}B	1NB=1024BB=2^{100}B	1DB=1024NB=2^{110}B

（4）硬盘。如图1-8和图1-9所示，硬盘是专指存储数据的盘片，硬盘驱动器是引导控制盘片的一组设备，它们被封装在一起，所以统称硬盘。硬盘是计算机上重要的存储设备，可以将一个物理硬盘分区，分为C盘、D盘、E盘等若干个逻辑硬盘。

图1-8　机械硬盘外观图

图1-9　源创固态硬盘外观图

硬盘最主要的参数是存储容量，硬盘容量计算公式为：存储容量=磁头数×磁道（柱面）数×每道扇区数×每扇区字节数。硬盘的另一个重要参数是转速，它是指硬盘盘片在一分钟内完成的最大转数，用RPM（转/分）表示。另外硬盘的传输速率、缓存和采用的接口等都与计算机性能有很大关系。

硬盘分为固态硬盘、机械硬盘、混合硬盘等。固态硬盘是近几年新兴起的设备，最大优势是存取数据比普通硬盘快，但每GB数据的存储代价远远高于后者。目前市场上主流国外硬盘品牌有西部数据（WD）、希捷（Seagate）等。国产硬盘品牌有光威（Gloway）、朗科（Netac）和金泰克（Tigo）等。

（5）移动硬盘。如图1-10所示，移动硬盘将驱动装置和盘片一体化，采用类似硬盘结构和USB接口标准，支持即插即用和热插拔，具有容量大、传输速度高、使用方便、可靠性高等特点。

（6）U盘。如图1-11所示，U盘是一种采用USB接口，无须物理驱动器的微型高容量移动存储产品，具有即插即用、轻巧便携、兼容性好和可重复擦写等特点。

（7）光盘存储器。如图1-12所示，光盘存储器由光盘驱动器（简称光驱）和光盘组成。光驱的核心部件是由半导体激光器和光路系统组成的光学头，主要负责数据读取工作。光驱最重要技术指标是数据传输速率，以150Kb/s（比特/秒）为单位。例如，40倍速或称40X，传输速率是150Kb/s×40=6000Kb/s。光盘片采用激光材料，数据存放在光盘中连续螺旋轨道上。根据性能不同，光盘分5类，分别为只读型光盘（CD-ROM）、一次性写入光盘（CD-R）、可擦写光盘（CD-RW）、数字多功能光盘（DVD）和蓝光光碟（BD）。

图1-10　联想移动硬盘外壳图

图1-11　爱国者U盘外形图

（8）显卡。如图1-13所示，显卡的全称为显示接口卡，又称显示适配器，也是通常所说的图形加速卡。显卡是连接显示器和主板的重要元件。按显卡在主机中存在的形式分为独立显卡（安装在主板的扩展槽中）和集成显卡（集成在主板上）。按显卡的接口形式分为PCI显示卡（已被淘汰）、AGP（已被淘汰）和PCI-E（主流）。

图1-12　绿联光驱实物结构图　　　　图1-13　七彩虹显卡的实物结构图

显存是显卡上的关键核心部件之一，它的优劣和容量大小会直接关系到显卡的最终性能。目前主流显存为4GB。

（9）声卡。声卡是多媒体计算机最基本的部件之一，是连接主机和音箱的接口电路，是实现声波和数字信号相互转换的一种硬件。

知 识 链 接

1.4　微型计算机的性能指标

衡量微型计算机性能的好坏，有下列几项主要技术指标。

（1）主频。指微机CPU的时钟频率，以MHz、GHz为单位。主频的大小在很大程度上决定了微机的运算速度，主频越高，微机的运算速度就越快。

（2）字长。指微机能直接处理的二进制信息的位数。字长越长，微机的运算速度就越快，运算精度就越高，内存容量就越大，微机的性能就越强。

（3）运算速度。指微机每秒钟所能执行的指令条数，单位为MIPS（百万条指令/秒）。

（4）内存容量。指微机内存储器容量，表示内存所能容纳信息的字节数。内存容量越大，它所能存储的数据和运行的程序就越多，程序运行速度就越快，微机的信息处理能力就越强。

（5）外存容量。外存容量通常指硬盘容量，容量越大，可存储的信息就越多，可安装的应用软件就越丰富。

1.5　计算机系统的组成

计算机系统包括硬件系统和软件系统两大部分，如图1-14所示。硬件系统是组成计算机系统的各种物理设备的总称，是计算机系统的物质基础。软件系统是为了运行、管理和维护计算机而编写的各种程序、数据和相关文档的总称。通常将不装备任何软件的计算机称为"裸机"。计算机中的软、硬件系统相辅相成，共同完成处理任务，二者缺一不可。

```
                                              ┌ 控制器
                          ┌ 中央处理器 ───┤
                          │                   └ 运算器
                    ┌ 主机 ─┤ 总线系统
                    │     │              ┌ 只读存储器
                    │     └ 内存储器 ───┤
          ┌ 硬件系统 ─┤                    └ 随机存储器
          │         │      ┌ 外存储器  （例如：硬盘、光盘、U盘等）
          │         │      │
计算机系统 ─┤         └ 外设 ─┤ 输入设备  （例如：扫描仪、读卡器、键盘、鼠标等）
          │                │
          │                └ 输出设备  （例如：显示器、投影仪、打印机、绘图仪等）
          │         ┌ 系统软件（例如：操作系统、语言处理程序、数据库管理系统等）
          └ 软件系统 ─┤
                    └ 应用软件（例如：信息管理软件、过程控制软件、教学辅助软件等）
```

图 1-14　计算机系统的组成示意图

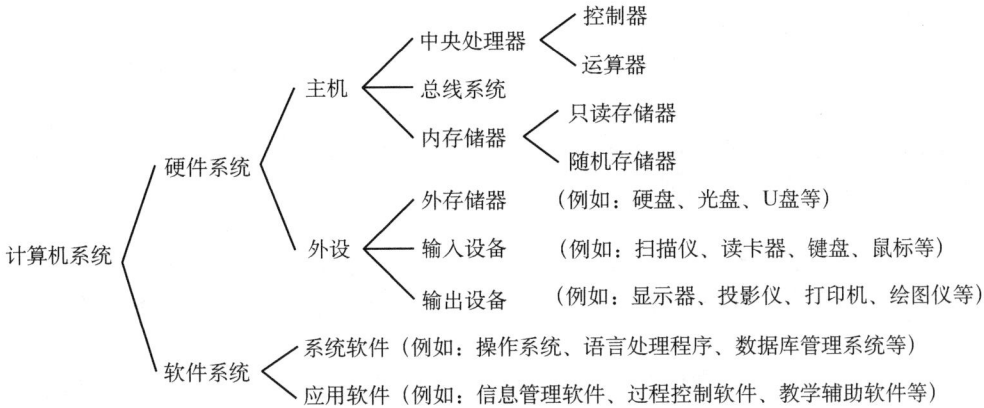

1. 计算机的硬件组成

计算机硬件系统包括运算器、控制器、存储器、输入设备和输出设备 5 大部件。从另一个角度计算机硬件系统又可分为主机和外部设备（简称外设）两大部分。微型计算机中将运算器和控制器集成在一起构成中央处理单元（CPU），CPU 和内存储器构成了计算机的主机。外存储器和输入设备、输出设备统称为外部设备。

2. 计算机的软件组成

计算机软件是指计算机系统中的程序及其文档。程序是计算任务的处理对象和处理规则的描述；文档是为了便于了解程序所需的阐明性资料。软件是用户与硬件之间的接口界面，用户主要是通过软件与计算机进行交流的，计算机系统层次关系如图 1-15 所示。一般来讲，软件由系统软件和应用软件组成。

```
┌──────────────┐
│     用户      │
├──────────────┤
│   各种应用软件   │
├──────────────┤
│   高级语言程序   │
├──────────────┤
│    操作系统     │
├──────────────┤
│   计算机硬件    │
└──────────────┘
```

图 1-15　计算机系统层次关系图

系统软件负责管理计算机系统中各种独立的硬件，使它们可以协调工作，同时使计算机使用者和其他软件不需要顾及底层每个硬件是如何工作的。操作系统是最重要的系统软件，常见的操作系统介绍如下。

（1）DOS 操作系统。DOS 操作系统是单用户、单任务的文本命令型操作系统，是 PC 最早、最简单的操作系统，计算机的一些维修工具软件经常要用到它。

（2）Windows 操作系统。Windows 操作系统是多用户、多任务、图形命令型操作系统。

（3）Linux 操作系统。Linux 操作系统是一个新兴的操作系统。它的优点在于其程序代码完全公开，而且可以完全免费使用。

（4）国产操作系统。国产操作系统多为基于 Linux 内核开发的操作系统。

应用软件是为了某种特定的用途而被开发的软件。它可以是一个特定的程序（如 IE 浏览器），也可以是一组功能联系紧密、互相协作的程序的集合（如微软的 Office、金山的 WPS Office）。

3. 计算机工作原理

自第一台计算机诞生以来，虽然计算机在性能指标、运算速度、工作方式、应用领域和价格等方面与当时的计算机有很大差别，但基本结构没有变，都属于冯·诺依曼机。冯·诺依曼是美籍匈牙利数学家，被称为"现代电子计算机之父"，冯·诺依曼机主要特点可概括为以下3点。

（1）计算机应由5个基本部分组成：运算器、控制器、存储器、输入设备和输出设备。

（2）程序和数据以同等地位存放在存储器中，并要按地址寻访。

（3）程序和数据以二进制表示。

计算机内信息的表示形式是二进制。即各种类型的信息（数值、文字、声音和图像等）只有转换成二进制编码的形式，才能在计算机中进行处理。哪怕你移动一下鼠标，按一下键盘，你的每一个动作最后到了CPU中也就只是0和1了。二进制数只有"0"和"1"两个基本符号。

计算机工作原理的示意图如图1-16所示，图中实线为数据流，虚线为控制流。

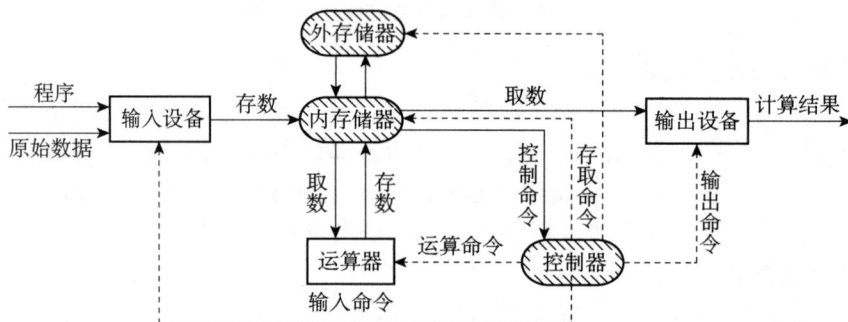

图1-16　计算机工作原理的示意图

任务 1-3　使用和维护计算机

任务描述

（1）安装统信UOS操作系统。

（2）按正确顺序开机和关机。

（3）安装WPS办公软件。

任务实施

Step 01　安装操作系统。

（1）准备工作。安装统信桌面操作系统前，需要准备好安装操作系统的物理机器、镜像文件和启动盘制作工具等。

（2）下载统信UOS镜像文件。到统信UOS官方网址下载统信UOS的原版镜像文件。

（3）制作启动盘。

制作启动盘的注意事项如下。

① 制作启动盘前请提前备份U盘中的数据，制作时可能会清除U盘中的所

有数据。

② 制作前建议将 U 盘格式化为 FAT32 格式，以提高识别率。

③ 部分 U 盘实则为移动硬盘，因此无法识别，请更换为正规 U 盘。

④ U 盘容量大小不得小于 8GB，否则无法成功制作启动盘。

⑤ 在制作启动盘过程中，请不要移除 U 盘，以防数据损坏或者丢失。

制作启动盘的操作步骤如下。

① 将 U 盘插入计算机上的 USB 接口，运行启动盘制作工具。

② 选择统信操作系统镜像文件，如图 1-17 所示，单击【下一步】按钮，如图 1-18 所示，单击【开始制作】按钮，制作启动盘，直至制作完成。

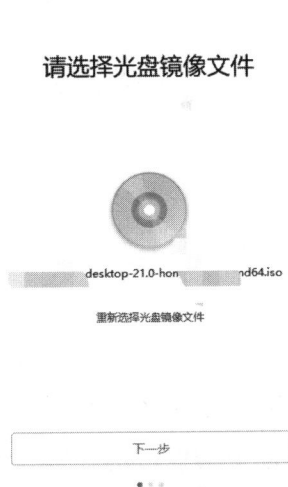

图 1-17 选择镜像文件

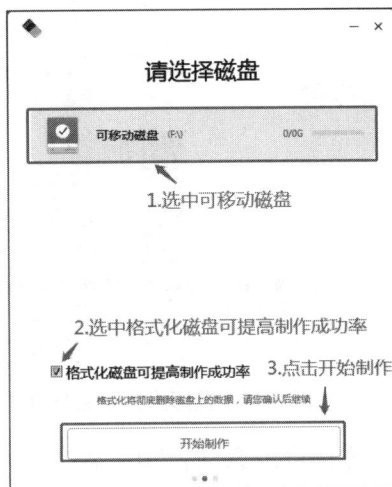

图 1-18 选择镜像文件

（4）以 U 盘引导为例，安装统信操作系统的操作步骤如下。

① 开启需要安装统信桌面操作系统的计算机，按启动快捷键（如 F2 键），进入 BIOS 界面，将 U 盘设置为第一启动项并保存设置（不同的主板，设置的方式不同）。

② 重启计算机，从 U 盘引导进入统信操作系统安装界面。

③ 安装统信 UOS 操作系统。启动界面如图 1-19 所示。

图 1-19 统信 UOS 启动界面图

家庭版一键安装可实现任何 Windows 系统下一键安装统信 UOS 操作系统，简化操作流程。在图 1-20 所示界面下，单击【立即安装】按钮即可。安装成功后，界面如图 1-21 所示，单击【立即重启】按钮，重启系统。

如果选择手动安装，在这里可以选择手动安装，或者自动分区并使用整个磁盘的空间安装。此处选择【全盘安装】，如图 1-22 所示，单击下面的硬盘图标，如果需要全盘加密的话，勾选加密选项。然后单击【下一步】按钮，进入如图 1-23 所示界面。确认分区信息，如果需要修改的话，单击【返回】按钮进行相关的操作。确认无误的话，单击【继续安装】按钮，进入如图 1-24 所示界面。

图1-20　一键安装系统

图1-21　一键安装系统成功

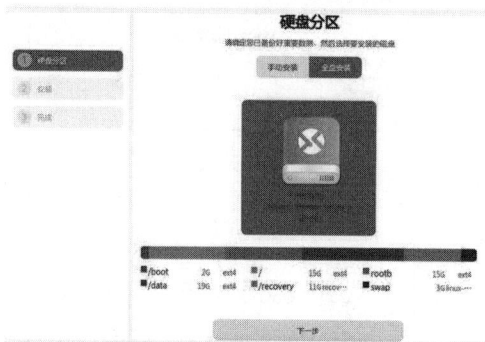

图1-22　选择安装位置界面

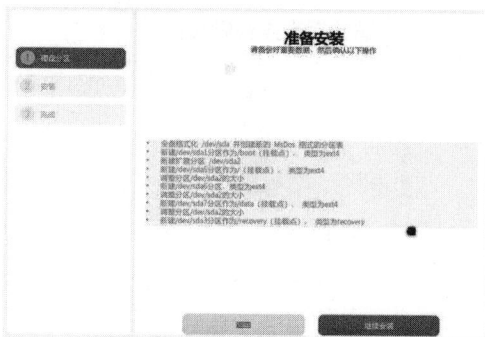

图1-23　确认分区信息界面

等待进度条达到 100%。硬件配置的差异会直接影响安装时间的长短。等待片刻，会看到安装成功的界面，如图1-25所示，单击【立即重启】按钮，重启系统。

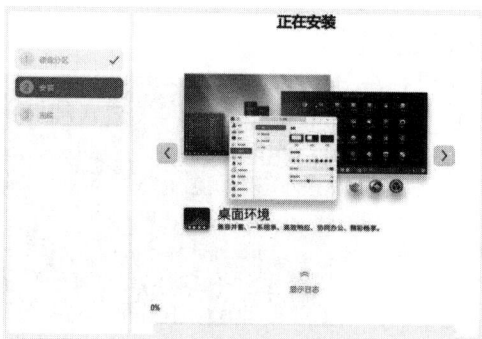

图1-24　正在安装界面

图1-25　安装成功界面

进行 WiFi 设置，创建用户名及密码。输入用户名、密码，再次输入密码确认，然后单击【确认】按钮，如图1-26所示，系统进行优化配置，等待其操作的完成，如图1-27所示。

优化系统配置完成后，进入登录界面，如图1-28所示，输入密码后进入系统桌面，至此统信UOS就安装完成了，系统桌面如图1-29所示。

查看统信UOS系统激活状态。在如图1-30所示任务栏中单击控制中心图标，进入控制中心面板首页，如图1-31所示，选择【系统信息】→【关于本机】→【版本授

图 1-26　安装成功界面

图 1-27　优化系统配置界面

图 1-28　登录界面

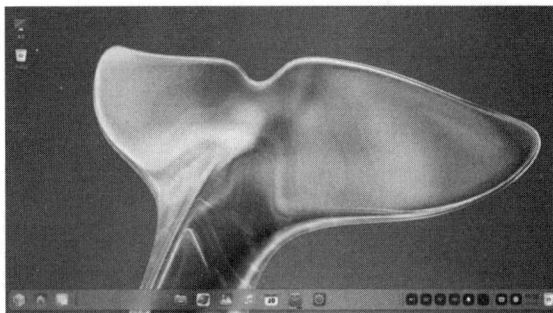

图 1-29　统信 UOS 系统桌面

权】查看系统是否已激活。若系统已激活，将会显示"已激活"，单击【查看】按钮，可以查看计算机序列号等信息。

图 1-30　任务栏

图 1-31　控制中心面板首页（统信 UOS 激活）

正常情况下，计算机出厂时已预制授权，开机后联网自动激活，无须手动激活。若你的系统显示未激活，请单击【激活】按钮，然后按界面提示操作。

提示：以上安装界面的截图仅做参考，请以实际安装的系统界面为准；不同类型计算机，其启动快捷键也不同，建议到对应的官网查找。

Step 02　按正确顺序开机和关机。

正确开机。先打开显示器及其他外设电源，然后按下主机【Power】按钮，打开主机电源，等待计算机进行自检，自检完成后登录操作系统。

重新启动计算机。单击【开始】按钮，弹出【开始】菜单，在【关闭】级联菜单中选择【重新启动】命令即可。

在使用计算机过程中，影响其稳定工作的因素有很多，如果由于某种原因发生"死机"状况，可以按照以下方法重新启动计算机。

（1）按【Ctrl+Alt+F2】组合键，进入tty2。再按【Ctrl+Alt+Delete】组合键，就会重启。

（2）按主机箱上的【Reset】按钮（即复位按钮）。

（3）强制关机后，重新启动，按主机箱上的【Power】按钮5秒钟以上，强制关闭电源，等待约10秒钟以后，按【Power】按钮启动计算机。

正确关机。使用计算机结束后，要及时关闭计算机，在【开始】菜单中单击【关机】命令，计算机就可以自动关机并切断电源。最后关闭显示器及其他外设的电源即可。

Step 03　安装WPS办公软件。

通过统信UOS自带的应用商店安装，该方法比较快捷、高效，操作步骤如下。

（1）单击桌面导航栏的应用商店，搜索WPS，就会弹出WPS的【安装】按钮，如图1-32所示。

图1-32　应用商店搜索WPS

（2）单击【安装】按钮，稍等片刻，WPS 就安装完成了。在启动器中可以看到对应的启动程序，如图 1-33 所示。

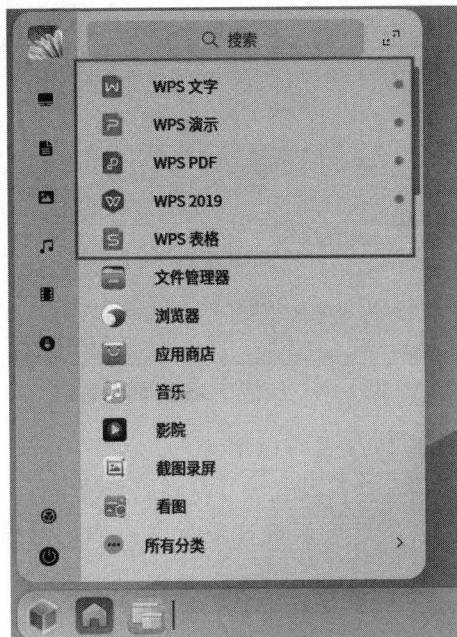

图 1-33 WPS 安装成功

知 识 链 接

1.6 国产操作系统

国产操作系统多为基于 Linux 内核开发的操作系统。目前国产操作系统的典型代表有统信操作系统（统信 UOS）、银河麒麟操作系统（Kylinos）、深度（Deepin）、普华（I-soft OS）、一铭操作系统、中科方德桌面操作系统、openEuler 等。现在的国产操作系统界面美观，能为用户提供高效、便捷的使用体验；应用丰富，能满足学习、办公、娱乐、沟通等多方面需求；多种安全策略还能保障操作系统的安全和稳定；在价格方面，国产操作系统也具有优势：大部分国产操作系统厂商为用户提供了免费版本，而 Windows 10 的零售价格按版本不同，为数百元到上千元不等。工信部表示：将继续加大力度支持 Linux 的国产操作系统的研发和应用，并希望用户使用国产操作系统。

1.6.1 统信操作系统

统信操作系统（简称"统信 UOS"）是一款国产操作系统，由统信软件技术有限公司打造，包括统信桌面操作系统和统信服务器操作系统。统信桌面操作系统 V20 分家庭版、教育版、社区版和专业版及专业设备操作系统。统信 UOS 桌面环境如图 1-34 所示。

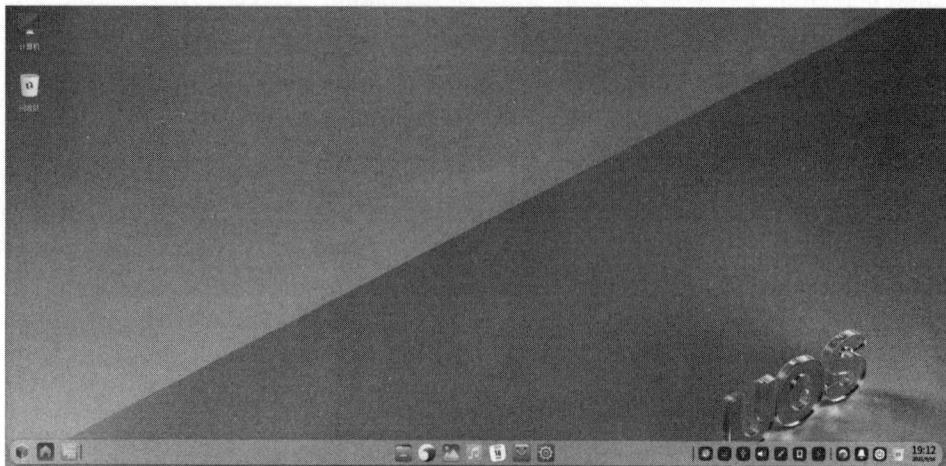

图1-34 统信UOS桌面环境

统信桌面操作系统V20家庭版具有以下特点。

（1）一键安装。无须分区，全自动安装，复制原系统资料，支持双系统自由切换。

（2）生态融合多模多态。一站式融合多平台应用，支持Linux原生应用、常用Android应用和Windows应用。

（3）统一账号快捷登录。支持快速注册Union ID、微信扫码登录，无须输入账号密码。

（4）跨屏协同传输工具。计算机与手机跨屏幕互通，支持同一WiFi网络下的大文件互传。

（5）桌面视觉体验优化。新拟态UI设计，新增多张主题壁纸，重构应用商店，让交互体验更自然。

统信桌面操作系统V20教育版具有以下特点。

（1）教育生态丰富。统信软硬件生态建设不断迭代更新，快速整合适配更多整机系统；支持主流教育软件产品；支持全球主流CPU；支持大量主流第三方外设；创新性的教学内容建设。

（2）生态完整覆盖五大场景。针对学校"教—学—管—评—考"五大教育教学场景的应用需求，开发、适配了大量的教育专有应用，独立的应用商店下载，满足老师、学生多种需求。

（3）绿色不弹广告。统信自有应用商店准入管控，防病毒、防恶意软件、防网络钓鱼；无弹窗无广告，建设清朗网络环境。

（4）五大安全策略。分区策略、去除root权限、商店应用安全策略、安全启动、开发者模式，这五大安全策略为重要的教学设备和数据提供安全、稳健的保护。

（5）一键极速安装。一键启动系统安装U盘，默认自动优化安装；可同步安装多台计算机。

（6）Ucare服务保障。提供技术支持服务、产教融合服务和专业社群服务。

统信桌面操作系统V20社区版是一个致力于为全球用户提供美观易用、安全稳定服务的Linux发行版，具有以下特点。

（1）深厚的技术积累。基于Linux内核自主研发了功能强大的桌面环境（DDE）

和数十款桌面应用，为诸多行业用户提供了操作系统国产化解决方案。

（2）美观易用、快速更新。丰富的个性化设置和主题模式，为用户带来极致视觉体验的同时保证了高效的办公体验。而作为开源版本，深度操作系统具备快速迭代特性。

（3）开源、自主。所有组件的开发均遵守GPL开源协议。用户可以通过官方渠道获取产品开发代码进行学习和技术交流。

统信桌面操作系统V20专业版可为党政军及各行业领域提供成熟的信息化解决方案，具有以下特点。

（1）良好兼容性。丰富的硬件、外设和软件兼容性。支持四大CPU架构，适配主流CPU，包括十代、十一代CPU。

（2）全平台高度统一性。代码同源异构、开发工具链、应用打包规范等文档全平台统一。

（3）丰富的软硬件生态。与众多软硬件厂家达成合作，适配了笔记本电脑、台式机等多款桌面类整机型号，并提供覆盖办公、生活、娱乐等各种场景的桌面应用。

（4）系统安全可靠。

（5）高度自研。

1.6.2　麒麟操作系统

麒麟操作系统是一款国产操作系统，由麒麟软件技术有限公司打造。

1. 银河麒麟桌面操作系统

银河麒麟桌面操作系统V10是一款面向桌面应用的图形化桌面操作系统，其提供了强大的跨平台应用部署能力、良好的软硬件适配能力，能全面满足日常桌面办公和项目开发需要。麒麟桌面操作系统的功能特色如下。

（1）易用的桌面环境。银河麒麟桌面操作系统 V10默认使用UKUI桌面环境，如图1-35所示，提供更好的视觉和交互体验。UKUI是由麒麟团队针对用户需求研制的全新桌面环境，提供类似Windows 7的主题和交互风格。

图1-35　UKUI桌面环境

（2）灵活的软件管理。麒麟软件商店提供了丰富的应用软件，具有 Windows 软件替换指导，具备应用搜索、在线安装、在线更新、一键卸载等功能特性，给用户轻松、友好、安全的软件管理体验。目前，麒麟软件商店提供在线软件包 50 000 余个，支持多个平台的软件。

（3）便捷的系统更新。麒麟系统更新管理器是为方便用户进行关键软件和系统更新提供的一键快速更新工具，支持主动和被动两种更新方式。拥有在线更新功能，支持软件更新和版本补丁集升级，更新服务器会主动向联网用户推送系统更新包和安全补丁，提高系统的稳定性和安全性。

（4）高效的备份还原。备份还原系统能够为用户提供系统和数据的备份与还原功能。通过该系统，用户能够将当前使用的系统状态进行备份，并支持设置多个备份节点，后续使用中可以选择将系统恢复到之前备份的任意节点状态，也可将一些重要数据进行备份，并可基于数据备份点上进行增量备份。

（5）强大的自研应用。除了软件中心、更新管理器和备份还原，为提升用户的使用体验，满足日常工作需求，银河麒麟操作系统还提供了麒麟系列实用工具，包括由麒麟团队开发的麒麟助手、麒麟影音和麒麟刻录，以及由麒麟团队与第三方合作开发的搜狗输入法麒麟版和金山麒麟 WPS 办公套件。

（6）高效的安全配置。银河麒麟桌面操作系统 V10 默认集成麒麟账户安全配置工具和麒麟安全管理工具。银河麒麟桌面操作系统 V10 内置的控制策略符合 GB20272 安全等级的要求，提供了简单易用的安全策略切换工具和图形化安全管理工具，能实现在不同安全防护等级的一键切换。

（7）丰富的生物识别。生物特征认证子系统提供系统级别的生物特征识别认证，使得操作系统从命令行提权到图形提权，从系统登录到系统锁屏都可以使用用户的生物特征信息来进行认证。

2. 麒麟高级服务器操作系统

银河麒麟高级服务器操作系统 V10 是针对企业级关键业务，适应虚拟化、云计算、大数据、工业互联网时代对主机系统可靠性、安全性、性能、扩展性和实时性的需求，依据 CMMI 5 级标准研制的提供内生安全、云原生支持、国产平台深入优化、高性能、易管理的新一代自主服务器操作系统，应用于政府、国防、金融、教育、财税、公安、审计、交通、医疗、制造等领域。

1.7 使用计算机注意事项

（1）为计算机提供合适的工作环境。

（2）正常开、关机，不要在计算机正常工作时搬动计算机。

（3）硬盘指示灯亮时，表示正对硬盘进行读/写操作，此时不要关掉电源。

（4）除支持热插拔的 USB 接口设备外，不要在计算机工作时带电插拔各种接口设备和电缆线，否则容易烧毁接口卡或造成集成块损坏。

（5）显示器不要靠近强磁场，尽量避免强光直接照射到屏幕上，应保持屏幕的洁净，擦屏幕时应使用干燥、洁净的软布。

（6）不要用力拉鼠标线、键盘线或电源线等线缆。

（7）计算机专用电源插座上严禁使用其他电器，避免接触不良或插头松动。

（8）显示器不要开得太亮，并最好设置屏幕保护程序。

（9）注意防尘、防水、防静电，保持计算机的密封性和使用环境清洁，注意通风。

1.8　计算机病毒的防治

计算机病毒是指编制或者在计算机程序中插入的破坏计算机功能或者破坏数据、影响计算机使用并且能够自我复制的一组计算机指令或者程序代码。计算机病毒具有非授权可执行性、隐蔽性、传染性、潜伏性、破坏性和可触发性等特点。目前计算机病毒的破坏力越来越强，因此做好计算机病毒的检测、清除及预防工作具有非常重要的意义。

单元小结

本单元通过三个任务的实施对计算机基础知识进行了全面介绍，主要包括以下几个方面。

（1）计算机的发展历程和应用。

（2）信创和信创产业。

（3）计算机系统的组成。

（4）微型计算机的主要性能指标。

（5）了解主流国产操作系统，安装国产操作系统统信 UOS。

（6）使用计算机的注意事项。

（7）计算机病毒。

单元习题

扫码测验

单元 2 Windows 10 的使用

【知识目标】

（1）掌握 Windows 10 设置系统环境的基本操作。

（2）掌握 Windows 10 管理文件夹和文件的方法。

（3）了解 Windows 10 控制面板的功能和使用方法。

（4）了解网络和 Internet 基础知识

（5）了解 Windows 10 维护计算机的步骤和方法。

（6）了解 Windows 10 常用附件的使用方法。

【技能目标】

（1）会设置个性化工作环境。

（2）会管理文件夹和文件。

（3）会用控制面板进行系统配置。

（4）会设置网络连接。

（5）能对计算机进行日常维护。

（6）会使用附件解决工作中的问题。

【素质目标】

（1）通过设置远离网贷为内容的屏幕保护程序任务，加强学生法治意识。

（2）通过学习计算机维护与管理，养成定期整理归纳的习惯，培养严谨有序的职业素养。

学习任务

任务 2-1 设置个性化工作环境

任务描述

（1）设置桌面背景为"幻灯片放映"，图片所在文件夹为"配套资源\单元 2\背景图片"，显示方式为"拉伸"。

（2）设置屏幕保护程序，要求 1 分钟内没有鼠标和键盘操作时，自动启动屏幕保护程序，显示3D文字"珍爱生命，远离网贷"。

（3）在桌面添加"控制面板"图标，更改"回收站"图标为✗。

（4）设置任务栏在桌面右侧，能自动隐藏。

（5）将附件"画图"固定到"开始"屏幕。

任务实施

Step 01　更改桌面背景。

在桌面空白处右击，弹出快捷菜单，如图2-1所示，选择【个性化】，弹出如图2-2所示【设置】窗口，在【背景】下选择"幻灯片放映"，单击【浏览】按钮弹出【选择文件夹】对话框，选择图片所在的文件夹，单击【确定】按钮，文件夹被加载到【为幻灯片选择相册】下的框中，在【选择切合度】下选择"拉伸"，关闭【设置】窗口返回桌面，桌面背景更换完成，如图2-3所示。

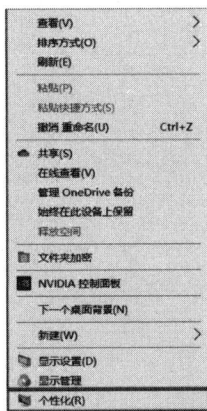

图2-1　【个性化】菜单项　　　　　　　　图2-2　背景设置界面

图2-3　更换背景后的桌面

提示：设置背景为"幻灯片放映"后，还可以设置图片切换的频率和是否无序播放等。如果在【背景】下选择"图片"，可将指定的图片设置为桌面背景，选择"纯色"，可将桌面背景设置为某种指定的颜色。

Step 02　设置屏幕保护程序。

打开如图2-2所示【设置】窗口，在左侧选择【锁屏界面】，右侧选择【屏幕保护程序设置】，如图 2-4 所示，打开【屏幕保护程序设置】对话框，如图 2-5 所示。在【屏幕保护程序】下选择"3D 文字"，【等待】框输入"1"，单击【设置】按钮弹出【3D 文字设置】对话框，【自定义文字】框输入"珍爱生命 远离网贷"，设置【旋转类型】为"跷跷板式"，如图 2-6 所示，单击【确定】按钮返回【屏幕保护程序设置】对话框，单击【确定】按钮完成设置。

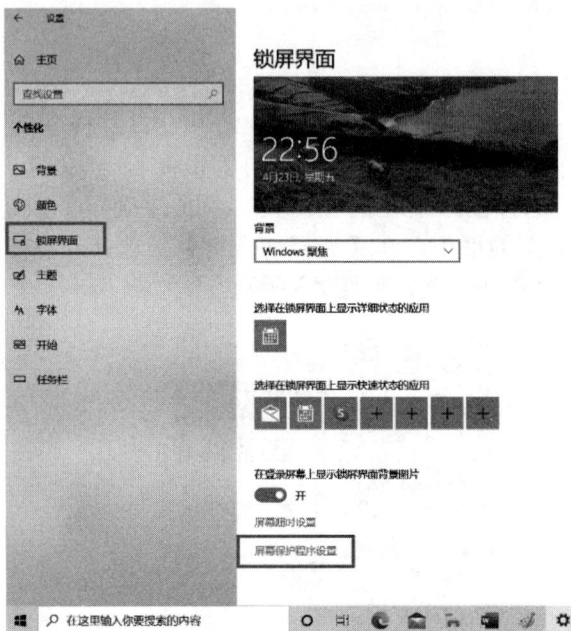

图 2-4　锁屏界面

图 2-5　【屏幕保护程序设置】对话框　　　　图 2-6　【3D 文字设置】对话框

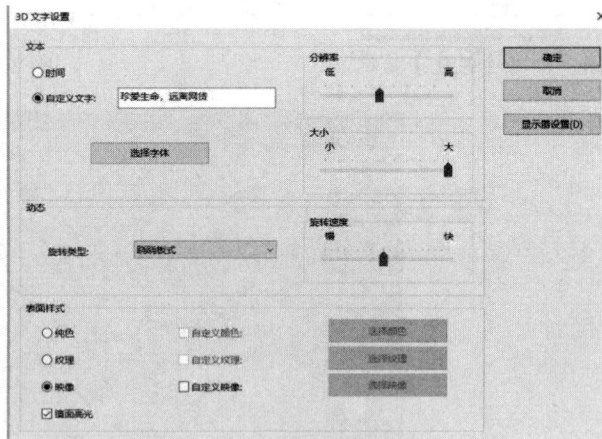

　　Step 03　添加"控制面板"图标到桌面，更改"回收站"图标为■。

　　打开如图 2-2 所示【设置】窗口，单击左侧【主题】，在右侧选择【桌面图标设置】，如图 2-7 所示，打开【桌面图标设置】对话框，如图 2-8 所示。选中"控制面板"复选框。再选中"回收站（空）"图标，单击【更改图标】按钮打开【更改图标】对话框，如图 2-9 所示，选择图标■，单击【确定】按钮返回桌面，完成添加控制面板图标，以及更改"回收站"图标为▇，如图2-10所示。

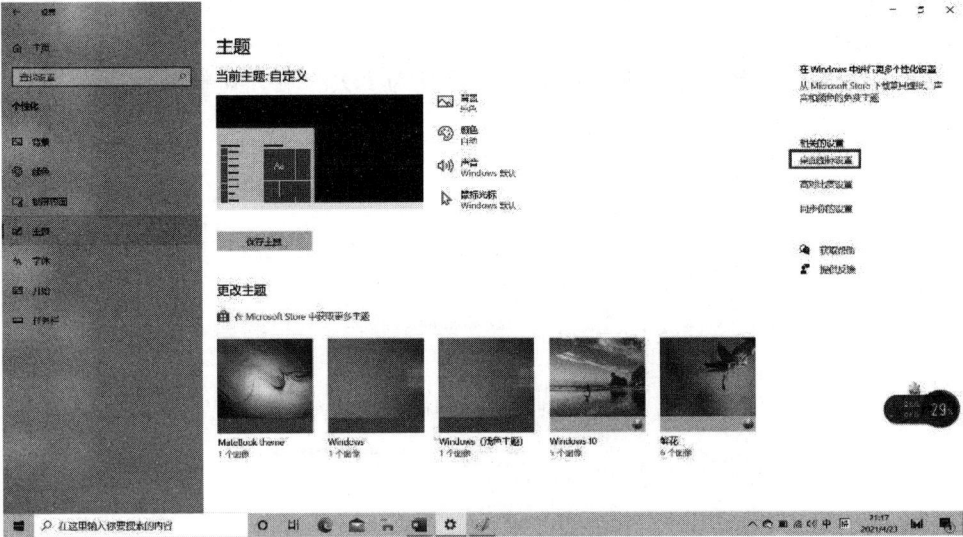

图2-7　主题设置界面

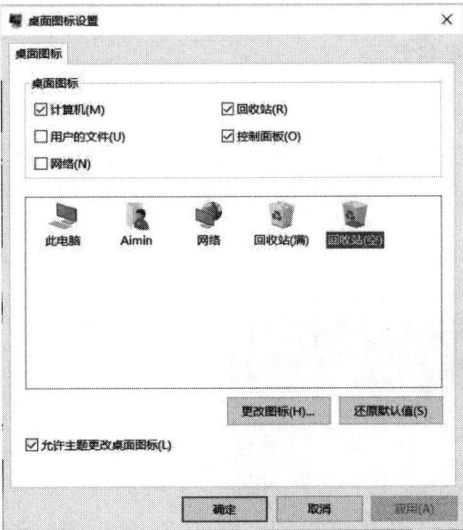

图2-8　【桌面图标设置】对话框

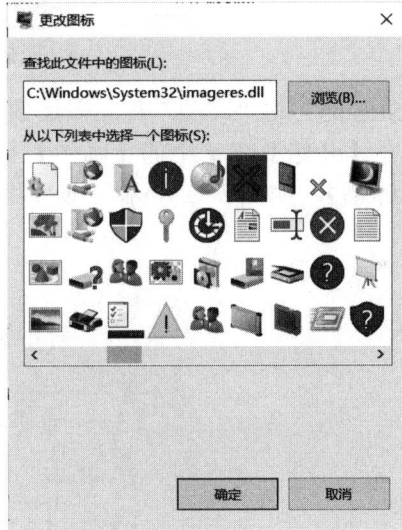

图2-9　【更改图标】对话框

图2-10　添加和更改图标后的桌面

Step 04　设置任务栏。

在任务栏空白处右击，弹出快捷菜单，选择【任务栏设置】命令，弹出如图2-2所示【设置】窗口，将【在桌面模式下自动隐藏任务栏】设置为"开"，【任务栏在屏幕上的位置】下选择"靠右"，如图2-11所示，关闭【设置】窗口返回桌面，任务栏出现在桌面右侧，且光标不在任务栏位置时，任务栏消失，光标移动到任务栏位置时，任务栏出现。

提示：在任务栏界面将【锁定任务栏】设置为"关"后，可拖动任务栏改变任务栏位置。

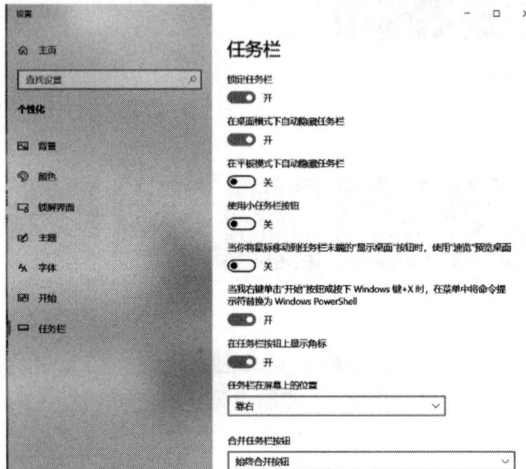

图2-11　任务栏界面

Step 05　将"画图"程序添加到"开始"屏幕。

在【开始】菜单中的【画图】程序上右击，弹出快捷菜单，选择【固定到"开始"屏幕】，如图2-12所示，即可将"画图"程序添加到"开始"屏幕，如图2-13所示。

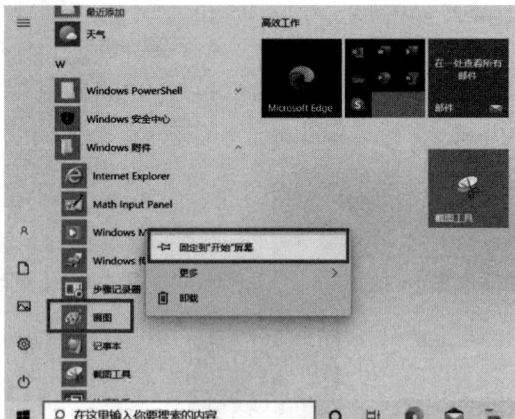

图2-12　右击【画图】后的效果

提示：右击"开始"屏幕中的"画图"程序，弹出快捷菜单，如图2-13所示，选择【从"开始"屏幕取消固定】，可使"画图"程序从"开始"屏幕中消失。用同样的方法可以将其他程序添加到"开始"屏幕，或者从"开始"屏幕取消程序。

用同样的方法可以将近期常用的程序添加到"开始"屏幕，或使其从"开始"屏幕消失。

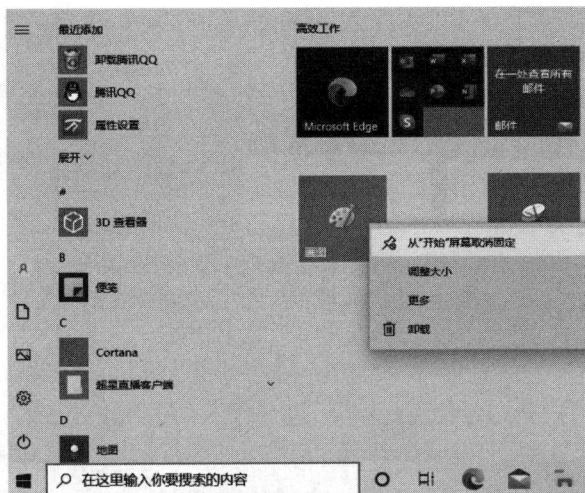

图 2-13　添加"画图"程序后的"开始"屏幕

知 识 链 接

2.1　Windows 10 的桌面

Windows 10 的桌面由桌面背景、桌面图标、任务栏等元素组成。

桌面背景可以是纯色、指定图片、幻灯片放映，设置幻灯片放映后，会按设定的切换频率和方式，显示指定文件夹中的图片。

Windows 10 中所有文件、文件夹和应用程序等都由相应图标表示。桌面图标一般由文字和图片组成，分常用图标和快捷方式图标两类，如图 2-14 和图 2-15 所示。双击桌面图标可打开相应程序，可以在桌面上添加快捷方式图标，也可以删除桌面上的图标。

图 2-14　常用图标

图 2-15　快捷方式图标

任务栏包括【开始】按钮、搜索栏、任务视窗、快速启动区、系统图标显示区和【显示桌面】按钮。

【开始】按钮 位于桌面左下角，单击它会弹出【开始】菜单，左侧依次为用户账户头像、常用的应用程序列表及快捷键，右侧为"开始"屏幕。在搜索框中输入关键词，可搜索相关的资料。单击【任务视窗】按钮 后桌面显示所有当前打开的程序，拖到右侧的白色圆圈 显示最近使用过的文件，如图 2-16 所示。按【Alt+Tab】组合键在不同任务间切换。【显示桌面】按钮位于任务栏的最右侧，单击它可最小化所有活动窗口，显示桌面，再次单击又还原窗口。任务栏的大小和位置是可以改变的。

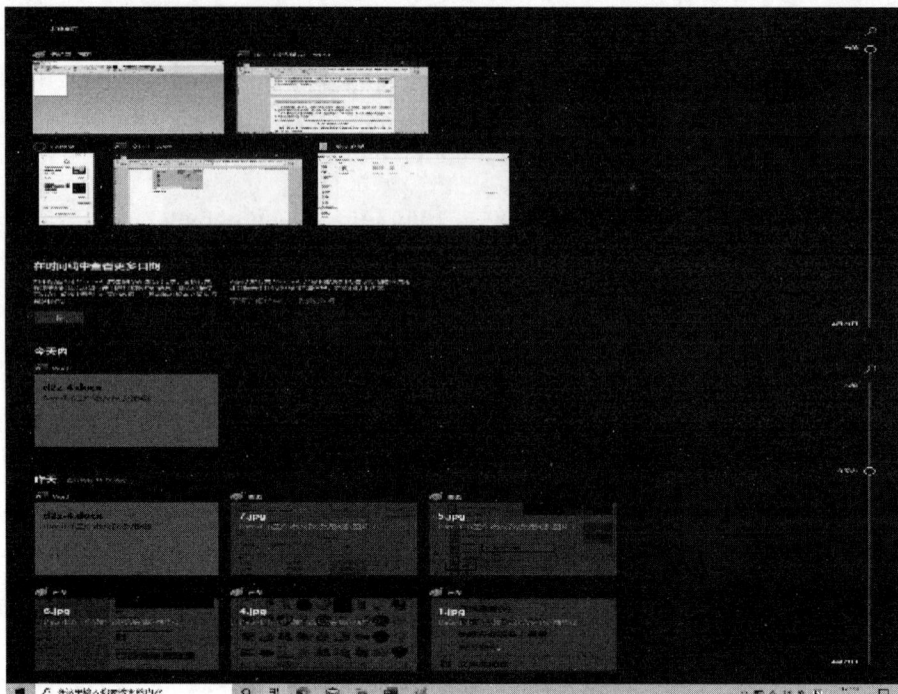

图2-16 单击【任务视窗】按钮 日 后的桌面

2.2 Windows 10的窗口

Windows 10的【此电脑】窗口由标题栏、快速访问工具栏、菜单栏、功能区、状态栏、工具栏、导航窗格、预览窗格、细节窗格等部分组成，导航窗格显示计算机中所有文件夹的树形结构，内容窗口显示当前文件夹的内容，如图2-17所示。

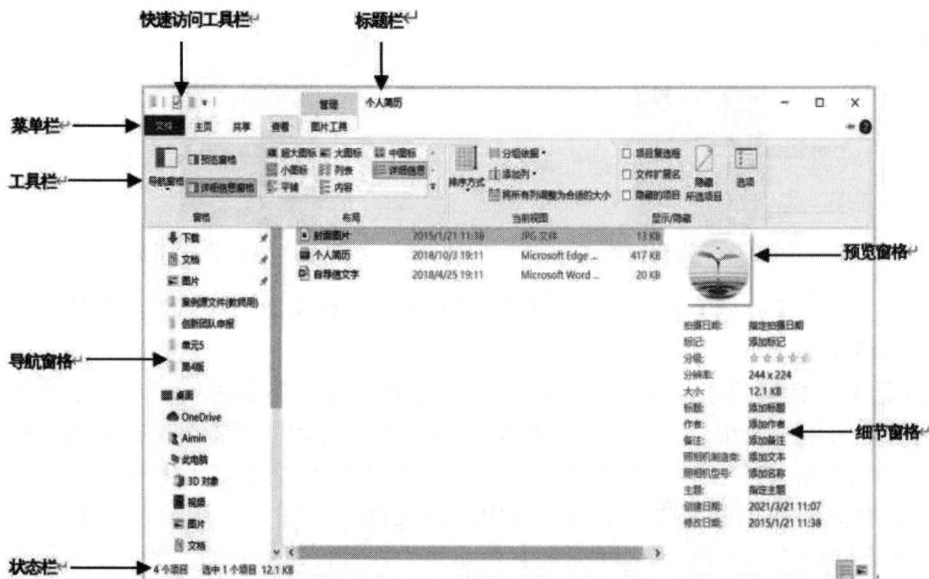

图2-17 【此电脑】窗口

单击【此电脑】窗口中选项卡右侧的【展开功能区/最小化功能区】按钮可以使功能区显示或隐藏，图2-18为最小化功能区后的界面，图2-19为展开功能区后的界面。

图2-18　最小化功能区后的【此电脑】窗口

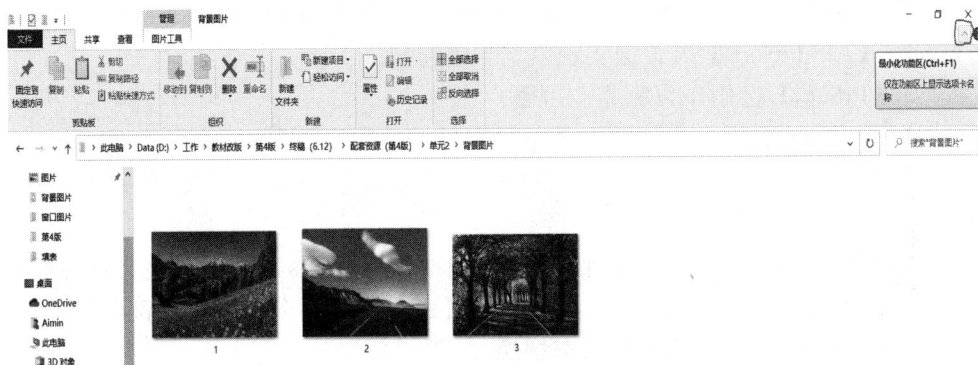

图2-19　展开功能区后的【此电脑】窗口

单击【查看】→【窗格】中的【详细信息窗格】可在窗口右侧显示文件的详细信息，单击【查看】→【窗格】中的【预览窗格】可在窗口右侧预览选中的文件，如图2-20所示。

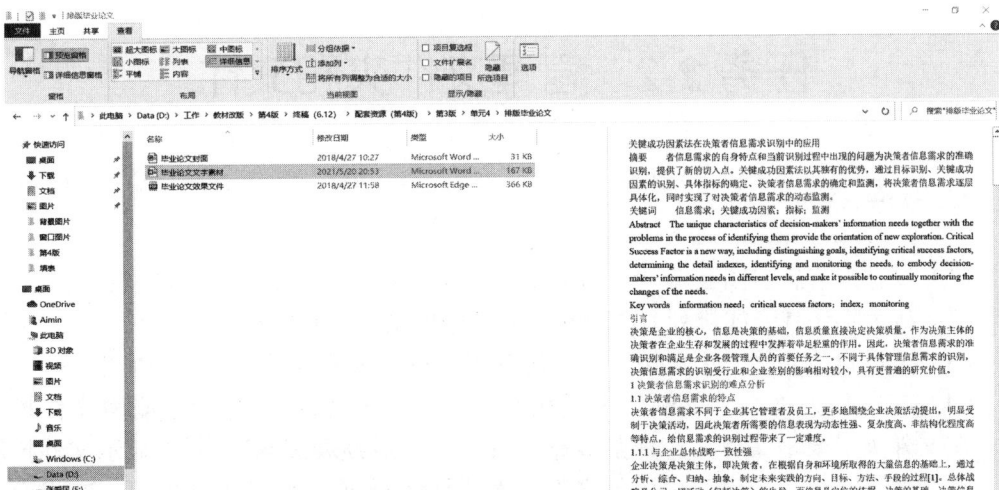

图2-20　预览窗格中显示选中的文件内容

单击【查看】→【窗格】中的【导航窗格】，在弹出的下拉菜单中单击【导航窗格】项，使该项前显示对钩或没有对钩，可以隐藏或显示导航窗格。

如果桌面上的窗口有很多，可以通过设置窗口的显示形式对窗口进行排列。在任务栏的空白处右击，弹出快捷菜单，根据需要选择【层叠窗口】、【堆叠显示窗口】和【并排显示窗口】排列窗口。

2.3　认识和使用键盘

（1）【Ctrl】键。一般与其他键一起使用，比如按【Ctrl+A】组合键全选，按【Ctrl+S】组合键保存文件，按【Ctrl+N】组合键新建文件等。

（2）【Shift】键。又称上挡键，在输入键上面的字符时使用。比如"；"和"："在一个键上，当按下【Shift+：】时，输入"："，否则输入"；"。

（3）【Alt】键。与其他键一起使用，比如按【Alt+F9】组合键实现域结果和域代码切换，按【Alt+PrScrn】组合键实现复制当前窗口。

提示：【PrScrn】键用于复制整个屏幕。

（4）【Caps Lock】键。实现输入大小写字母状态切换，有相应指示灯显示状态。

（5）【Num Lock】键。数字小键盘的数字键和功能键切换，有相应指示灯显示状态。

（6）【F1】～【F12】键。结合软件使用，比如Windows下【F2】是文件重命名快捷键。WPS表格下【F4】可重复上一次操作，【F8】可显示公式中选中部分的值。

（7）【Insert】键。插入和改写状态切换。

（8）【Delete】键。删除插入点后面的字符。

（9）【BackSpace】键。删除插入点前面的字符。

（10）【Home】、【End】、【Page Up】和【Page Dn】键。插入点移到行首、行尾、上一页和下一页。

任务 2-2　管理文件夹和文件

视频：

任务描述

（1）以详细信息视图显示"C:\Program Files（x86）"中的文件夹和文件。

（2）按大小递减方式排列"C:\Windows"中的文件夹和文件。

（3）在D盘建立"文字案例"、"表格案例"和"演示案例"三个文件夹。

（4）在文件夹"文字案例"中添加文字文档"论文排版"，要求隐藏文件扩展名。在文件夹"表格案例"中添加表格文件"学生成绩表.xlsx"，要求显示文件扩展名。在文件夹"演示案例"中添加文件"五四精神.pptx"，默认形式即可。在桌面上添加文件"ABC.txt"、文件夹"D:\文字案例"的桌面快捷方式。

（5）重命名文件夹"文字案例"为"WPS文字"，文件夹"表格案例"为"WPS表格"，文件夹"演示案例"为"WPS演示"，文件"论文排版.docx"为"毕业论文.docx"。

（6）复制文件夹"配套资源\单元 2\WPS 文字素材及效果图"到"D:\WPS 文字"文件夹，复制文件夹"配套资源\单元 2\WPS 表格素材及效果图"中的文件"首页图片.jpg"、"说明文字.txt"和"学生成绩表.xlsx"到桌面上。

（7）移动桌面上的文件"首页图片.jpg"、"说明文字.txt"和"学生成绩表.xlsx"到"D:\WPS 表格"文件夹。

（8）将文件夹"D:\WPS 文字"的桌面快捷方式和文件夹"D:\WPS 演示"删除，要求先存放在回收站中，然后还原回收站中的文件夹"D:\WPS 演示"到原来位置。

（9）删除桌面上的文件"ABC.txt"，要求出现在回收站中。

（10）在图片库中搜索". jpg"格式文件，在"D:\"下搜索"学生成绩表.xlsx"文件。

（11）设置文件"D:\WPS 表格\学生成绩表.xlsx"的属性为只读和隐藏。

（12）显示文件"D:\WPS 表格\学生成绩表.xlsx"，设置窗口并排显示。

（13）压缩文件夹"D:\WPS 文字\WPS 文字素材及效果图"，并将压缩文件与原文件夹大小进行对比。压缩文件夹"D:\WPS 表格"，要求将压缩文件保存到桌面，文件名"WPS 表格素材及效果图"，设置解压缩密码"123456"。解压缩桌面上的文件"WPS 表格素材及效果图.rar"。

（14）格式化 U 盘。

（15）将 D 盘重命名为"工作盘"。

任务实施

Step 01　查看文件夹和文件。

打开【此电脑】窗口，在左侧导航窗格中选中文件夹"Program Files（x86）"，单击【查看】→【布局】中的【详细信息】，内容窗口以详细信息视图显示"C:\Program Files（x86）"中的文件夹和文件，如图 2-21 所示。

图 2-21　详细信息视图效果

Step 02　排列文件夹和文件。

在【此电脑】窗口的【导航窗格】左侧选择"C:\Windows"，单击【查看】→

【布局】中的【排序方式】，弹出快捷菜单，选中【大小】和【递减】项，内容窗口中的对象按文件大小递减顺序显示，如图2-22所示。

图2-22　按文件大小递减顺序显示

Step 03　新建文件夹。

打开D盘，在窗口空白处右击，弹出快捷菜单，选择【新建】→【文件夹】，如图2-23所示，新建一个文件夹，默认名称为"新建文件夹"，将其改为"文字案例"，按【Enter】键完成新建文件夹。用类似方法在"D:\"下新建"表格案例"和"演示案例"文件夹。

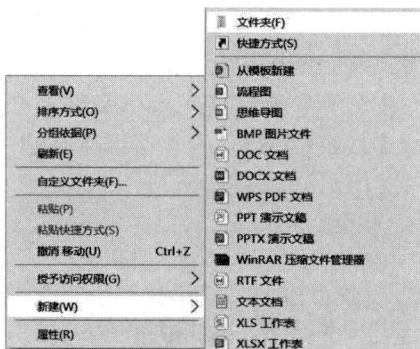

图2-23　新建文件夹

Step 04　新建文件。

打开文件夹"D:\文字案例"，在窗口空白处右击，在如图2-23所示快捷菜单中，选择【新建】→【DOCX文档】，系统创建一个文件，默认名称为"新建DOCX文档.docx"，将其改为"论文排版.docx"，按【Enter】键完成新建Word文件。用类似方法在"D:\表格案例"下创建文件"学生成绩表.xlsx"，在"D:\演示案例"下创建文件"五四精神.pptx"，在桌面上创建文本文档"ABC.txt"。

隐藏或显示文件的扩展名。依次单击【查看】→【显示/隐藏】→【文件扩展名】如图2-24所示，则文

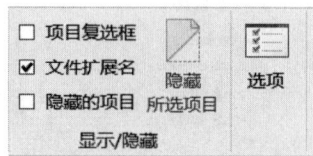

图2-24　【查看】选项卡中的【显示/隐藏】选项组

件显示扩展名，显示文件扩展名效果如图 2-25 所示。取消选中【文件扩展名】，则隐藏文件扩展名，隐藏文件扩展名效果如图 2-26 所示。单击图 2-24 中的【选项】，打开【文件夹选项】对话框。选中或取消选中"隐藏已知文件类型的扩展名"复选框，如图 2-27 所示，隐藏或显示文件的扩展名。

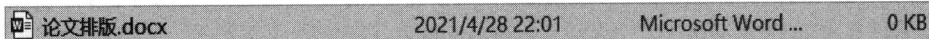

📄 论文排版.docx	2021/4/28 22:01	Microsoft Word ...	0 KB

图 2-25　显示文件扩展名效果

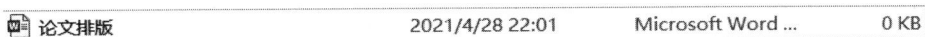

📄 论文排版	2021/4/28 22:01	Microsoft Word ...	0 KB

图 2-26　隐藏文件扩展名效果

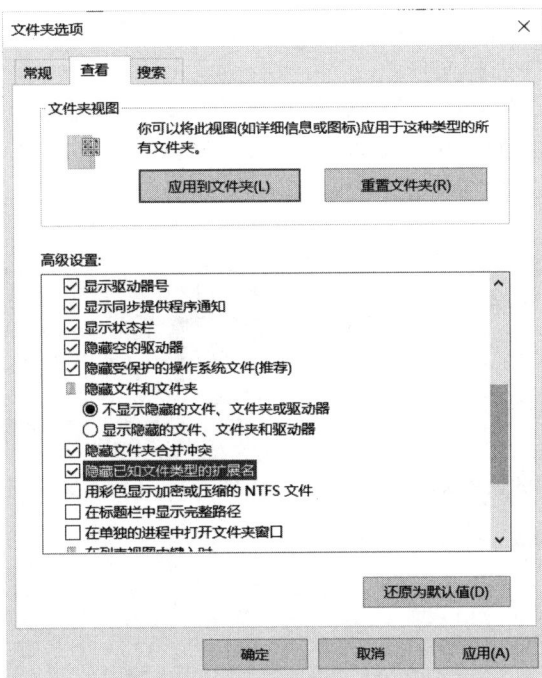

图 2-27　【文件夹选项】对话框

右击文件夹"D:\文字案例"，弹出快捷菜单，选择【发送到】→【桌面快捷方式】，如图 2-28 所示，在桌面上添加"D:\文字案例"的快捷方式图标，如图 2-29 所示。

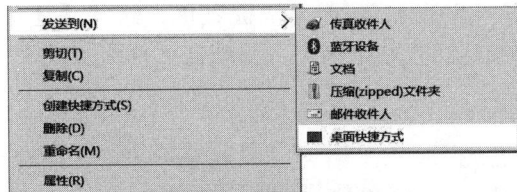

图 2-28　创建桌面快捷方式

图 2-29　桌面快捷方式图标

Step 05　更改文件夹和文件的名称。

右击文件夹"文字案例"，弹出快捷菜单，选择【重命名】菜单项，如图 2-30 所示，输入"WPS 文字"，按【Enter】键完成更改名称。用类似方法将"表格案例"重命名为"WPS 表格"，文件夹"演示案例"重命名为"WPS 演示"，文件"论文排版"重命名为"毕业论文"。

Step 06　复制文件夹和文件。

选中文件夹"WPS 文字素材及效果图"，按【Ctrl+C】组合键复制选中对象，打开目标文件夹"D:\WPS 文字"，按【Ctrl+V】组合键完成复制。用类似方法复制文件夹"WPS 表格素材及效果图"中的文件到桌面上。

Step 07　移动文件夹和文件。

选中文件"首页图片.jpg"，按【Ctrl+X】组合键剪切选中对象，打开目标文件夹"D:\WPS 表格"，按【Ctrl+V】组合键完成移动，即文件夹"D:\WPS 表格"中添加了文件"首页图片.jpg"，桌面上"首页图片.jpg"文件消失。用类似方法将桌面上的文件"说明文字.txt"和"学生成绩表.xlsx"移动到"D:\WPS 表格"文件夹中。

Step 08　删除文件夹和文件。

选中文件夹"D:\WPS 演示"，按【Delete】键，弹出【删除文件夹】对话框，如图 2-31 所示。单击【是】按钮，文件夹"WPS 演示"从"D:\"中消失，出现在【回收站】窗口中，如图 2-32 所示。

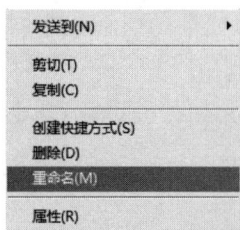

图 2-30　右击文件夹弹出的快捷菜单

图 2-31　【删除文件夹】对话框

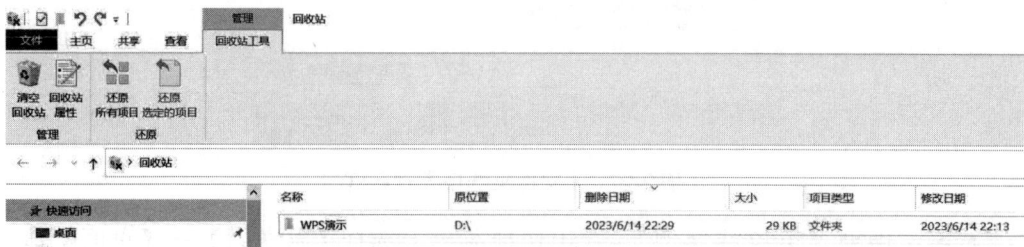

图 2-32　【回收站】窗口

在【回收站】窗口中右击文件夹"WPS 演示"，弹出快捷菜单，选择【还原】命令，如图 2-33 所示，文件夹"WPS 演示"从回收站中消失，出现在文件夹"D:\"下。

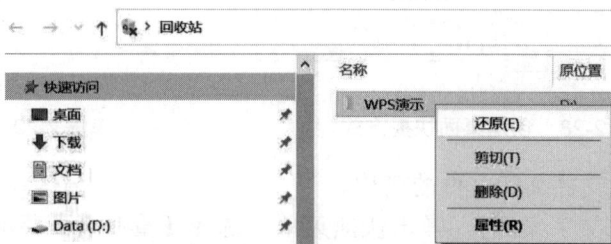

图 2-33　还原【回收站】中的项目

Step 09　永久删除文件夹和文件。

选中桌面上的文件"ABC.txt"，按【Shift+Delete】组合键，弹出【删除文件】对话框，如图 2-34 所示，单击【是】按钮，文件"ABC.txt"会被物理删除，无法还原。

图 2-34　【删除文件】对话框

Step 10　搜索文件夹和文件。

打开【此电脑】窗口，在窗口左侧选择【库】→【图片】，在右上角搜索框中输入".jpg"，如图 2-35 所示，显示搜索结果。用类似方法在"D:\"下搜索"学生成绩表.xlsx"文件。

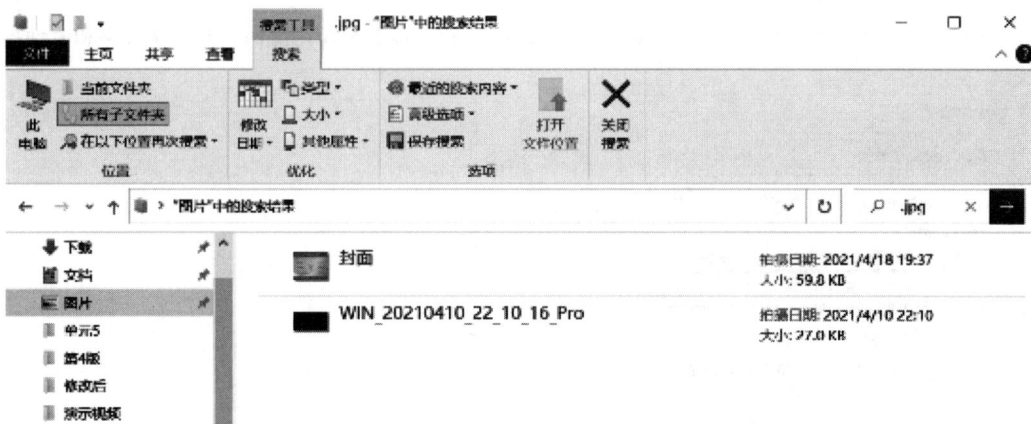

图 2-35　图片库中搜索.jpg格式图片

Step 11　设置文件和文件夹的属性。

右击文件"D:\WPS 表格\学生成绩表.xlsx"，弹出快捷菜单，选择【属性】，打开【学生成绩表.xlsx 属性】窗口，在【属性】区中选中"只读"和"隐藏"复选框，如图 2-36 所示，设置文件的只读和隐藏属性。

Step 12　设置文件夹选项。

打开【此电脑】窗口，单击【查看】→【选项】，打开【文件夹选项】对话框。选中"显示隐藏的文件、文件夹和驱动器"，如图 2-37 所示，即可显示隐藏的文件"D:\WPS 表格\学生成绩表.xlsx"。单击【常规】选项卡，选中"在不同窗口中打开不同的文件夹"，如图2-38所示，当打开多个窗口时，右击任务栏，在弹出的快捷菜单中选择【并排显示窗口】，如图2-39所示，可使窗口并排显示，如图2-40所示。

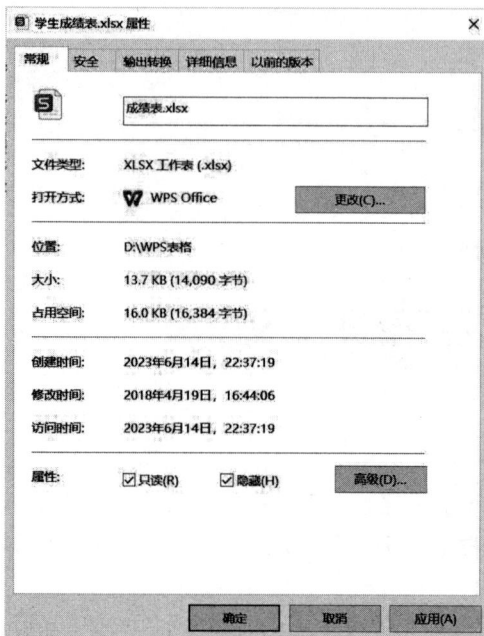

图2-36 设置"学生成绩表"的属性

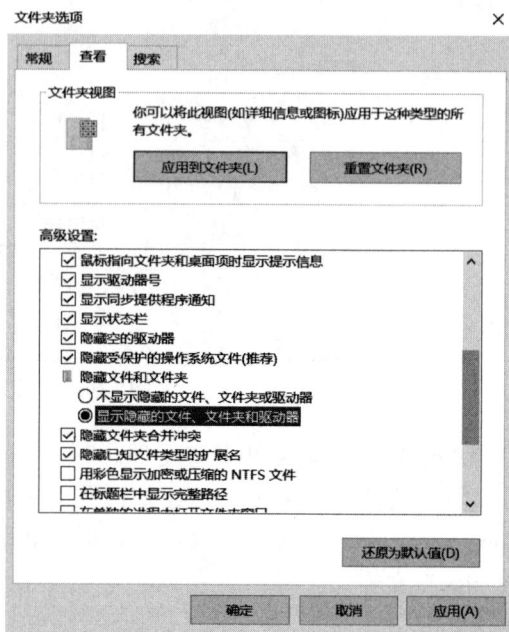

图2-37 设置显示隐藏的文件、文件夹和驱动器

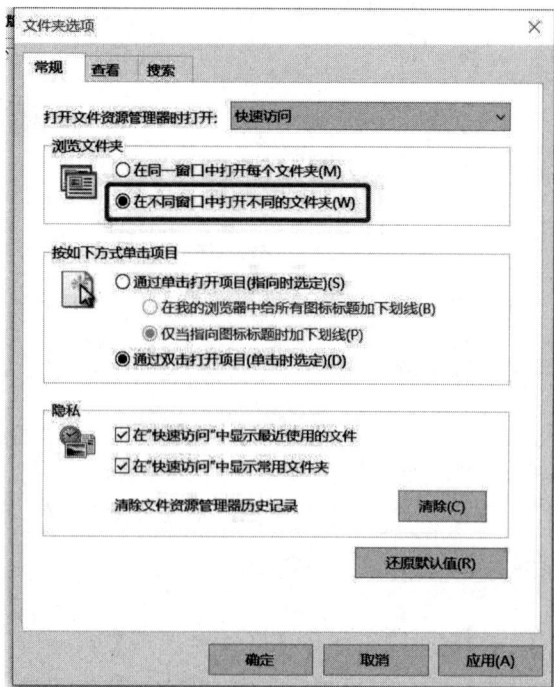

图2-38 设置在不同窗口中打开文件夹

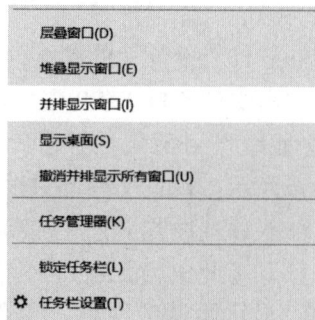

图2-39 右击任务栏弹出的快捷菜单

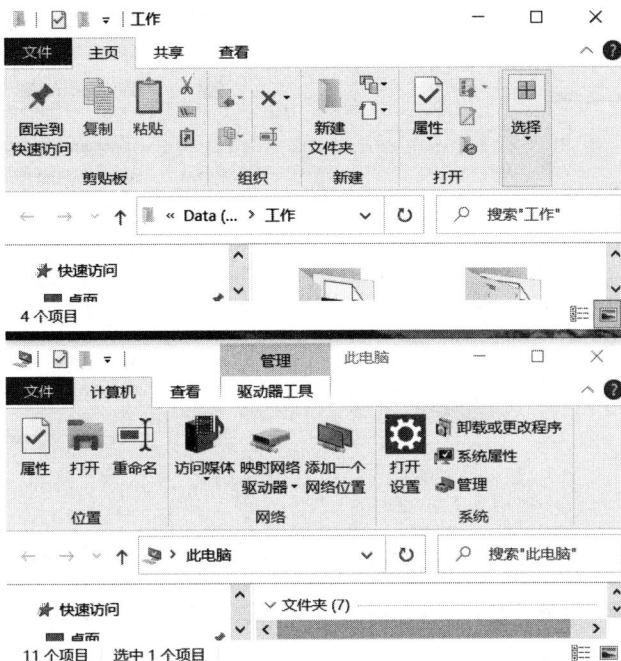

图2-40 并排显示打开的窗口

Step 13 压缩和解压缩文件夹。

右击文件夹"D:\WPS 文字\WPS 文字素材及效果图",弹出快捷菜单,选择【添加到文件"WPS 文字素材及效果图.rar"】命令,压缩完成后,当前位置添加了一个压缩文件,主文件名与原文件夹名称相同,如图2-41所示。

图2-41 生成同名压缩文件

打开文件夹【WPS 文字素材及效果图 属性】对话框,如图 2-42 所示,可以看到【大小】为"1.80MB",【占用空间】为"1.82MB"。打开【WPS 文字素材及效果图.rar 属性】对话框,如图 2-43 所示,可以看到【大小】为"1.59MB",【占用空间】为"1.59MB",说明压缩后会占用较少的磁盘空间。

右击文件夹"D:\WPS 表格\WPS 表格素材及效果图",弹出快捷菜单,选择【添加到压缩文件（A）…】,弹出【压缩文件名和参数】对话框,单击【浏览】按钮,设置压缩文件保存位置,单击【设置密码】按钮,打开【输入密码】对话框,在【输入密码】框和【再次输入密码以确认】框中都输入"123456",如图2-44所示,单击【确定】按钮开始压缩,完成后在桌面显示压缩文件"WPS 表格素材及效果图.rar"。

双击压缩文件"WPS 表格素材及效果图.rar",弹出【WPS 表格素材及效果图.rar-WinRAR】对话框,单击【解压到】按钮,弹出【解压路径和选项】对话框,如图 2-45 所示,单击【确定】按钮,弹出【输入密码】对话框,输入"123456",

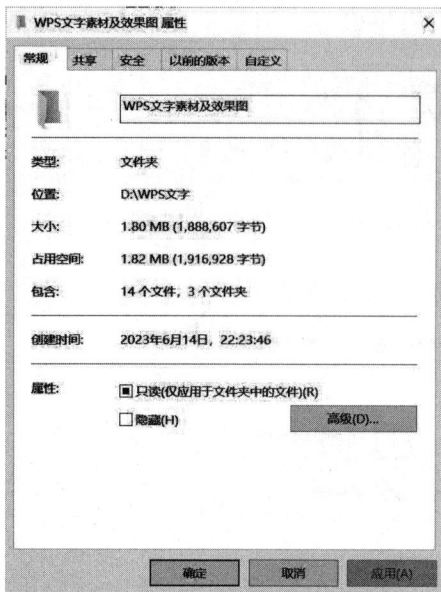

图2-42 【WPS文字素材及效果图 属性】对话框   图2-43 【WPS文字素材及效果图.rar 属性】对话框

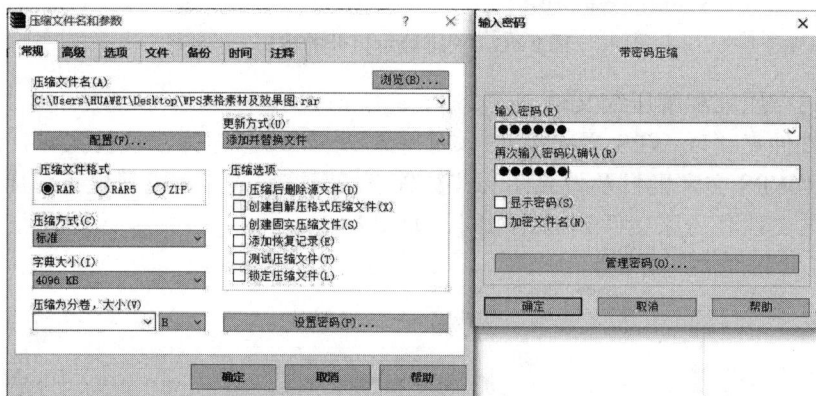

图2-44 【压缩文件名和参数】和【输入密码】对话框

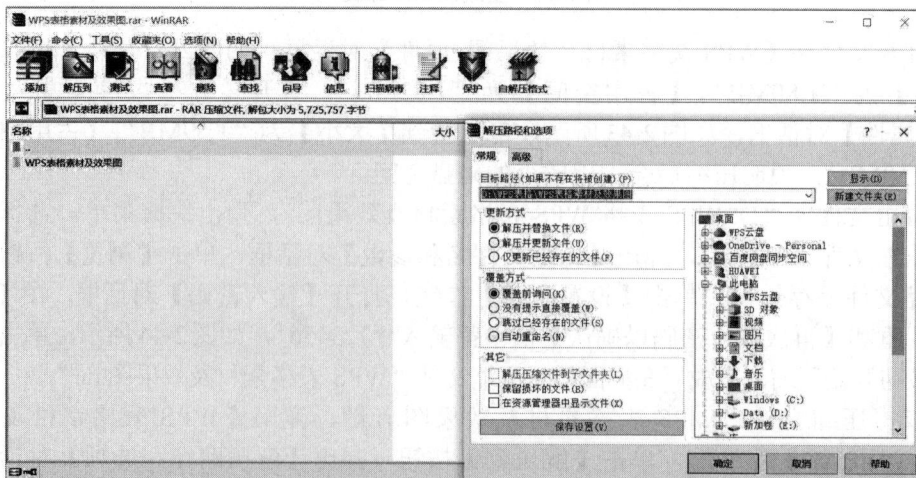

图2-45 【WPS 表格素材及效果图.rar-WinRAR】和【解压路径和选项】对话框

单击【确定】按钮，返回【WPS 表格素材及效果图.rar-WinRAR】对话框，关闭该对话框，完成解压缩，在桌面上显示解压缩的文件夹"WPS 表格素材及效果图"。

Step 14　格式化 U 盘。

右击 U 盘图标，弹出快捷菜单，选择【格式化（A）…】命令，如图 2-46 所示，打开【格式化】对话框，如图 2-47 所示。选中"快速格式化"复选框，单击【开始】按钮，弹出【格式化】警告框，单击【确定】按钮，开始格式化。

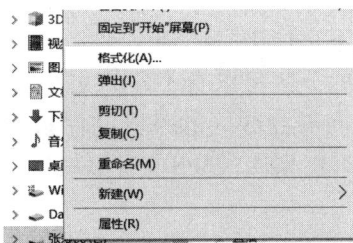

图2-46　右击 U 盘弹出快捷菜单　　　　图2-47　【格式化】对话框

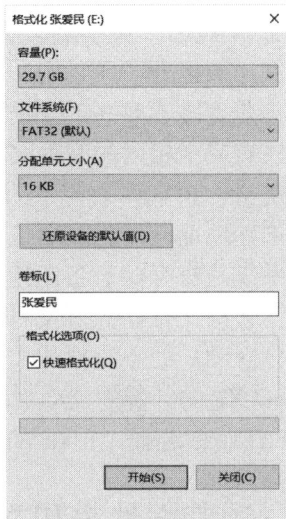

提示：格式化操作将删除磁盘上所有数据，因此要慎用。选中【快速格式化】复选框，表示格式化时不扫描磁盘的坏扇区而直接从磁盘上删除文件。

Step 15　将 D 盘重命名为"工作盘"。

打开【Data（D：）属性】对话框，在【常规】选项卡的文本框中输入"工作盘"，如图 2-48 所示，单击【确定】按钮完成重命名驱动器。

图2-48　【Data（D：）属性】对话框

知 识 链 接

2.4　文件、文件夹和文件系统

文件是操作系统存取磁盘信息的基本单位，是磁盘上存储信息的集合。文件可以是文字、图片、影片或一个应用程序等，每个文件都有唯一的名称，文件名格式为"主文件名. 扩展名（类型名）"。不同类型文件扩展名不同，图标不同，比如".txt"为文本文件，图标为 。

文件夹是存放文件的"容器"。文件夹和文件一样，都有自己的名字，一个文件夹中不可以有完全相同的文件名。

路径是文件在文件夹树中的位置。路径有绝对路径和相对路径之分。在地址栏的空白处单击，地址栏即刻显示选中对象的绝对路径。

文件系统是在存储设备上组织文件的方法，具体负责为用户建立文件，存入、读出、修改、转储文件，控制文件的存取，当用户不再使用时撤销文件等。文件系统是对应硬盘分区的，而不是对应整个硬盘，即不同的分区可以有不同的文件系统。在运行 Windows XP 的计算机上，用户可以在 3 种面向磁盘分区的不同文件系统 NTFS、FAT32 和 FAT16 中选择，但在 Windows 10 系统中只能采用 NTFS 文件系统。

2.5　浏览文件夹和文件

【此电脑】窗口中的磁盘、文件夹、文件等系统资源有多种不同的显示形式，包括超大图标、大图标、中图标、小图标、列表、详细信息、平铺和内容等多种显示形式。单击【查看】→【布局】中的【大图标】，效果如图 2-49 所示。还可以排序以方便查找，单击【排序方式】弹出下拉菜单，如图 2-50 所示，排列方式包括名称、修改日期、类型、大小等，还可以选择递增或递减排列文件或文件夹。

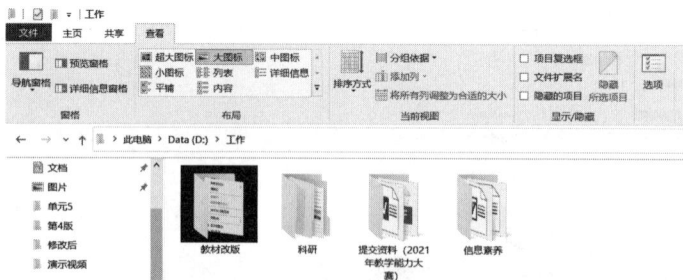

图 2-49　【查看】选项卡

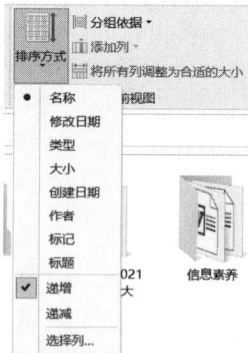

图 2-50　【排序方式】下拉菜单

2.6　选中文件夹和文件

对文件夹和文件进行操作之前，首先要选中对象，选中对象的方法如下。

（1）选中单个文件夹或文件。单击要选的文件夹或文件。

（2）选中连续多个文件夹或文件。先选中第一个，然后按【Shift】键，再单击最后一个，两个对象之间的所有文件夹或文件都被选中。

（3）选中不连续的多个文件夹或文件。按住【Ctrl】键，依次单击文件夹或文件。

（4）按【Ctrl+A】组合键全选当前位置中所有文件夹和文件。

2.7　文件夹和文件常见操作

文件和文件夹常见操作包括新建、打开、删除、重命名、复制和移动、设置属性、设置文件扩展名是否显示、设置隐藏的文件或文件夹是否显示等。

通常可以通过菜单和快捷键两种方式对对象进行操作，比如复制文件可以在选中文件后按【Ctrl+C】快捷键，也可以在对象上右击，在快捷菜单中选择【复制】命令，其他操作类似。

删除文件夹和文件是指将不需要的文件夹和文件从磁盘中删除，分为逻辑删除和物理删除两种。逻辑删除的文件夹和文件并没有从磁盘中真正删除，它们存放在磁盘的特定区域，即回收站中，在需要的时候可以恢复；而物理删除是文件夹和文件真正从磁盘中删除了，不可再恢复。

提示：回收站是保存被删除的文件夹或文件的中转站，一般从硬盘中删除文件夹、文件、快捷方式等项目时，其被放入回收站中，它们仍然占用硬盘空间并可以被恢复到原来的位置。

文件夹信息包括文件夹名、路径、占用空间、修改时间和创建时间等。右击文件夹，弹出快捷菜单，选择【属性】命令，打开文件夹【属性】对话框，可以查看和更改文件夹属性。选中"只读"，该文件夹中文件只能读出，不能修改。选中"隐藏"，该文件夹将被隐藏。

文件信息包括文件类型、打开方式、位置、大小等，右击文件，弹出快捷菜单，选择【属性】命令，弹出【属性】对话框，"只读"和"隐藏"属性设置与文件夹属性设置类似。

2.8　磁盘格式化

磁盘格式化是在磁盘中建立磁道和扇区，磁道和扇区建立好后，计算机才可以使用磁盘来存储数据。快速格式化不扫描磁盘的坏扇区，直接从磁盘中删除文件。格式化磁盘操作将会删除磁盘上的所有数据，请谨慎操作。

任务 2-3　使用控制面板

任务描述

（1）分别以类别和小图标视图查看【控制面板】窗口中的选项。

（2）设置系统日期和时间与 Internet 时间服务器同步，即系统时间能自动更新到准确时间。

（3）卸载"钉钉"程序。

任务实施

Step 01 改变【控制面板】窗口的查看方式。

打开【控制面板】窗口，如图2-51所示的是类别视图。在【查看方式】列表中选择【小图标】，切换到小图标视图，如图2-52所示。

图2-51 类别视图

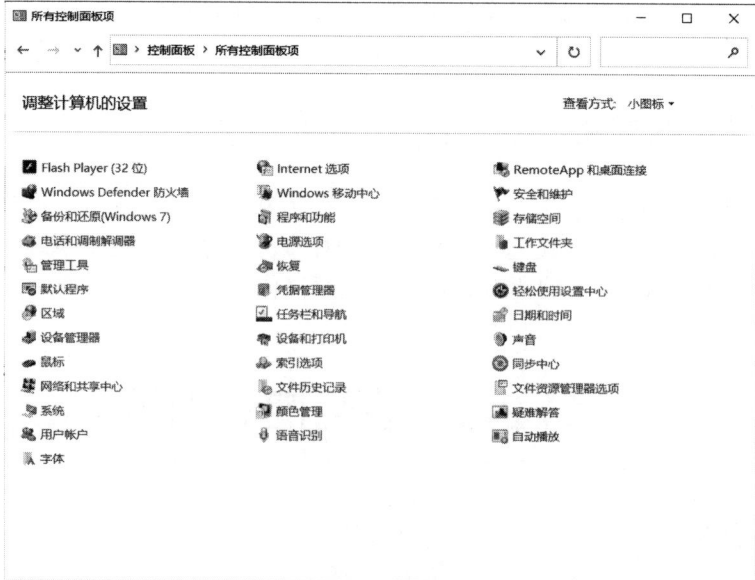

图2-52 小图标视图

Step 02　设置系统日期和时间。

在如图 2-52 所示控制面板中选择【日期和时间】，打开【日期和时间】对话框，选择【Internet 时间】选项卡，如图 2-53 所示。

单击【更改设置】按钮弹出【Internet 时间设置】对话框，勾选"与 Internet 时间服务器同步"复选框，在【服务器】框中选择"time.windows.com"，如图 2-54 所示，单击【确定】按钮返回【日期和时间】对话框，单击【确定】按钮完成时间自动更新设置。

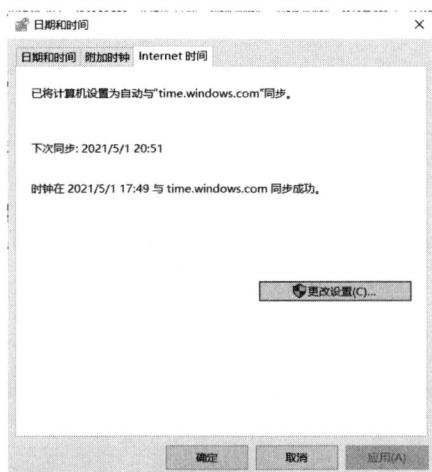

图 2-53　【日期和时间】对话框

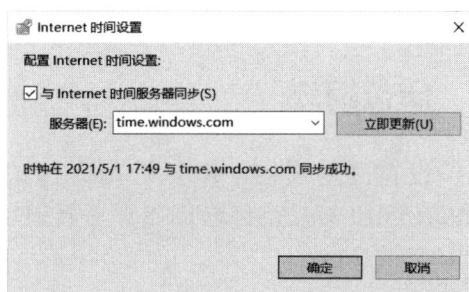

图 2-54　【Internet 时间设置】对话框

Step 03　卸载程序。

卸载已经安装的钉钉程序。在如图 2-52 所示控制面板中选择【程序和功能】，打开【程序和功能】对话框，右击"钉钉"行，弹出快捷菜单，选择【卸载/更改】命令，如图 2-55 所示，弹出"用户账户控制"界面，单击【是】按钮开始卸载，卸载完成后，【程序和功能】对话框中的"钉钉"行消失。

图 2-55　卸载钉钉

知 识 链 接

2.9　控制面板

Windows 10 操作系统中，用户可以根据实际需要配置系统环境，例如设置显示属性、设置键盘和鼠标属性、设置日期和时间属性、设置输入法、设置网络连接属性等。

配置系统环境一般通过控制面板完成，方法是打开【控制面板】窗口，单击某个选项，打开对应窗口进行设置。

任务 2-4　设置网络连接

任务描述

设置网络连接，IP 地址为"192.168.10.12"，子网为"24"，默认网关地址为"192.168.10.254"，首选 DNS 服务器地址为"202.99.192.68"，备用 DNS 服务器地址为"202.99.192.66"。

任务实施

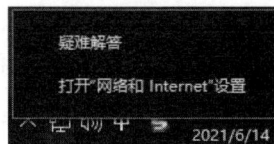

图2-56　右击网络图标
弹出的快捷菜单

右击任务栏通知区域的网络图标，弹出快捷菜单，如图2-56所示，选择【打开"网络和Internet"设置】，打开【设置】窗口，单击【属性】按钮，切换到如图 2-57 所示【设置】窗口，单击【编辑】按钮，打开【编辑IP设置】对话框，选择【手动】，切换到的界面如图2-58所示。单击【IPv4】下的"关"，再切换到界面中，【IP地址】下输入"192.168.10.12"，【子网前缀长度】下输入"24"，【网关】下输入"192.168.10.254"，【首选 DNS】下输入"202.99.192.68"，【备用 DNS】下输入"202.99.192.66"。设置网络连接后的窗口如图2-59所示。

图2-57　【设置】窗口

编辑 IP 设置

| 手动 | ∨ |

IPv4

⬤ 开

IP 地址

192.168.10.12

子网前缀长度

24

网关

192.168.10.254

首选 DNS

202.99.192.68

备用 DNS

202.99.192.66

IPv6

⬤ 关

| 保存 | 取消 |

编辑 IP 设置

| 手动 | ∨ |

IPv4

⬤ 关

IPv6

⬤ 关

编辑 IP 设置

| 自动(DHCP) | ∨ |

| 保存 | 取消 |

| 保存 | 取消 |

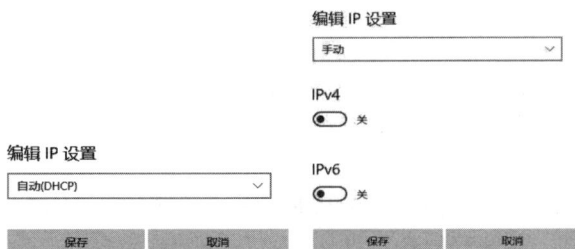

图2-58　编辑IP设置　　　　　　　图2-59　设置网络连接后的窗口

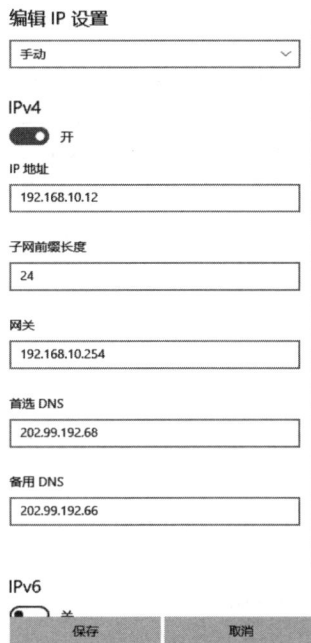

打开浏览器，试着打开百度，能正常打开则说明网络连接成功。

知 识 链 接

2.10　计算机网络

计算机网络是计算机技术、通信技术和网络技术相结合的产物，是利用通信线路和通信设备，将分布在不同地理位置、具有独立功能的若干台计算机连接起来，形成的计算机集合。建立计算机网络的主要目的是实现资源共享和数据通信。

计算机网络按地理范围分为局域网、城域网和广域网。网络中通常都会用到集线器、交换机、路由器、防火墙等硬件设备。

能连接到Internet的WLAN被称为WiFi，俗称热点。

2.11　IP地址和域名系统

为了实现Internet中不同计算机之间的通信，每台计算机都必须有一个唯一的地址，称为Internet地址。Internet地址有两种表示形式，分别为IP地址和域名地址。

IP地址由网络号和主机号两部分组成，网络号标识接入的网络，主机号标识在网络上的某台计算机。IP地址包含4个字节，即32个二进制位。为了书写方便，通常每个字节使用一个0～255之间的十进制数字表示，每个十进制数字之间使用"."分隔，这种表示方法称为"点分十进制表示法"。例如，00001010000000000000000000000001，可以记为10.0.0.1，表示某个网络上某台主机的IP地址。百度的IP地址为"61.135.

169.125"。

IP 地址由用户接入网络的网络信息中心来分配。每个网络可分配的地址，由该网络接入的上一级网络的信息中心提供。互联网 IP 地址的总分配，由美国国防部数据网 DDN 和网络信息中心 NIC 来完成。

域名地址是使用字符表示的 Internet 地址，并由 DNS（Domain Name System，域名管理系统）将其解释成 IP 地址。例如，www.baidu.com 表示百度的域名地址，它和 IP 地址相对应。

域名的格式为：域名.（二级域名）.顶级域名，中间用英文符号"."分隔。顶级域名分两类。一类为区域名，用两个字母表示世界各国和地区，例如中国是 cn，英国是 uk，日本是 jp 等。另一类为通用名，例如，商业机构用 com，网络单位用 net，非盈利组织用 org，教育机构用 edu，政府部门用 gov 等。域名由字母、数字和连接符（-）组成，由申请人向各域名管理机构申请，域名的长度不能超过 20 个字符。例如，pku.edu.cn 是一个域名，其中 pku 代表北京大学，edu 代表教育机构，cn 表示中国。

Internet 国际特别委员会 IAHC 负责域名的管理，解决域名注册的问题。中国的域名由中国互联网络信息中心（CNNIC）负责管理和注册。

2.12 Internet 与万维网

Internet 是一个基于 TCP/IP 协议的国际互联网络，TCP 和 IP 是传输控制协议和网际协议的英文简称。Internet 将全世界不同国家、不同地区、不同部门的计算机通过网络互联设备连接在一起，构成一个国际性的资源网络。我国于 1994 年 4 月正式接入 Internet。目前，我国最大的、拥有国际线路出口的工业互联网路（即骨干网路）有 4 个，分别是中国教育和科研计算机网（CERNET）、中国科技网（CSTNET）、中国公用计算机互联网（CHINANET）和中国金桥网（CHINAGBN）。

Internet 服务商（简称 ISP）是专门为用户提供 Internet 服务的公司或个人，中国大陆的 ISP 主要有中国联通、中国电信、中国移动及其他网络服务提供商。用户借助 ISP 通过电话线、局域网及无线方式将计算机接入 Internet。在笔记本电脑、智能手机等移动终端对 Internet 接入要求不断提高的背景下出现了移动无线接入。

World Wide Web（WWW、Web 或称万维网）为用户提供了一个可以轻松驾驭的图形化用户界面——Web 页，以查阅 Internet 上的文档，WWW 以这些 Web 页及它们之间的链接为基础，构成了一个庞大的信息网。WWW 上每一条信息都有统一且在网上唯一的地址，该地址是统一资源定位符 URL，URL 由通信协议、存放资源的主机域名和资源文件名 3 部分组成。例如，http://www.lib.pku.edu.cn/portal/index.jsp 是访问北京大学图书馆的 URL，其中的 http 代表协议，"://"是分隔符，www.lib.pku.edu.cn 是北京大学图书馆的主机域名，/portal/index.jsp 代表文件路径。常见的通信协议有 HTTP（超文本传输协议）、FTP（文件传输协议）和 Telnet（远程通信网络协议）等。

HTML（超文本标记语言）用于创建网页文档。HTML 文件是由 HTML 命令组成的描述性文本，以扩展名.htm 或.html 保存在 Web 服务器上。

任务 2-5　日常维护计算机

任务描述

（1）清理使用计算机和上网时产生的临时文件与浏览数据。

（2）对系统盘 C 盘进行清理，对 D 盘的磁盘碎片进行整理。

（3）对 D 盘进行磁盘检查。

任务实施

Step 01　删除临时文件。

（1）清除系统临时文件。打开【此电脑】窗口，在地址栏中输入"%temp%"，按【Enter】键打开临时文件夹"Temp"，如图 2-60 所示，按【Ctrl+A】组合键全选文件，按【Shift+Delete】组合键物理删除 Temp 文件夹中的全部内容。

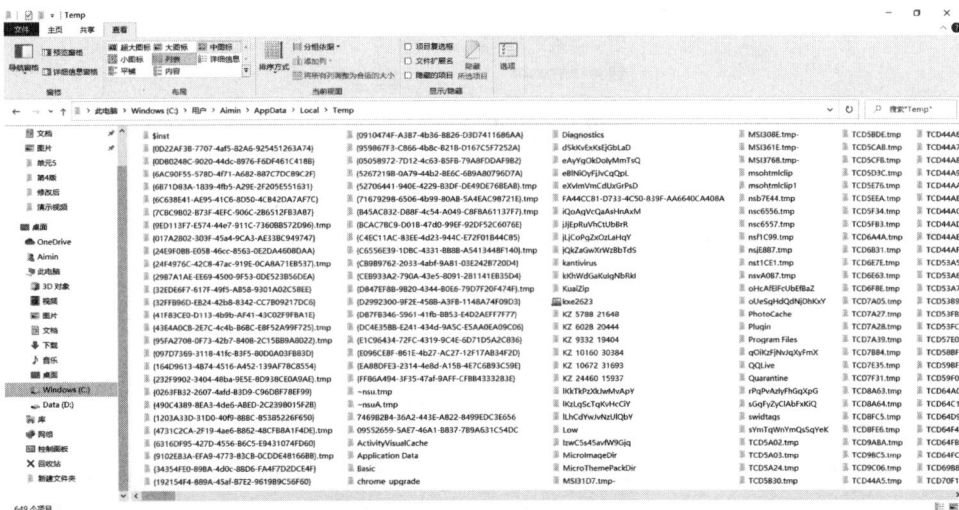

图2-60　临时文件夹"Temp"

（2）清除上网浏览数据。启动 Microsoft Edge 浏览器，单击地址栏最右侧的【设置及其他（Alt+F）】 ，弹出如图 2-61 所示下拉菜单，选择【设置】，打开【设置】对话框，如图 2-62 所示，在左侧选择【隐私、搜索和服务】，单击右侧的【选择要清除的内容】按钮，打开【清除浏览数据】对话框，如图 2-63 所示，选中要清除的项，单击【立即清除】按钮即可。

Step 03　磁盘清理、检查和优化。

（1）对系统盘 C 盘进行清理。打开【Windows(C:)属性】对话框，如图 2-64 所示，单击【常规】选项卡中的【磁盘清理】按钮，打开【Windows(C:)的磁盘清理】对话框，如图 2-65 所示，在【要删除的文件】框中选中要删除的文件类型，单击【确

图2-61　下拉菜单

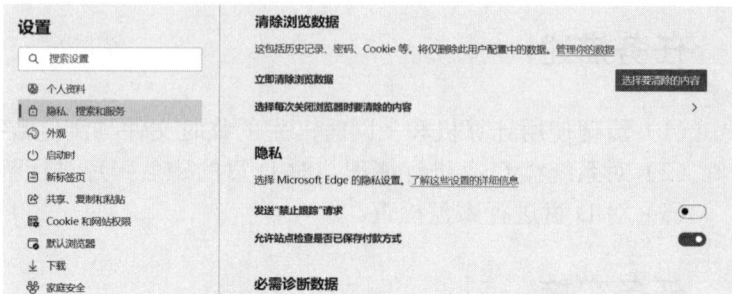

图2-62　【设置】对话框

图2-63　【清除浏览数据】对话框

定】按钮，弹出【磁盘清理】确认删除对话框，单击【删除文件】按钮，弹出【磁盘清理】对话框，如图2-66所示，清理完成自动关闭对话框。

图2-64　【Windows（C:）属性】对话框

图2-65　【Windows（C:）的磁盘清理】对话框

（2）对D盘进行检查和优化。打开【Data（D:）属性】对话框，切换到【工具】选项卡，如图2-67所示，单击【检查】按钮检查D盘中的文件系统错误。单击【优化】按钮，打开【优化驱动器】对话框，如图2-68所示，选择"Data（D:）"，单击【优化】按钮后，系统首先分析驱动器，然后根据需要进行优化。

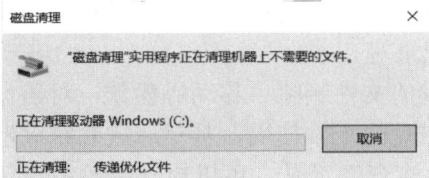

图2-66　【磁盘清理】对话框

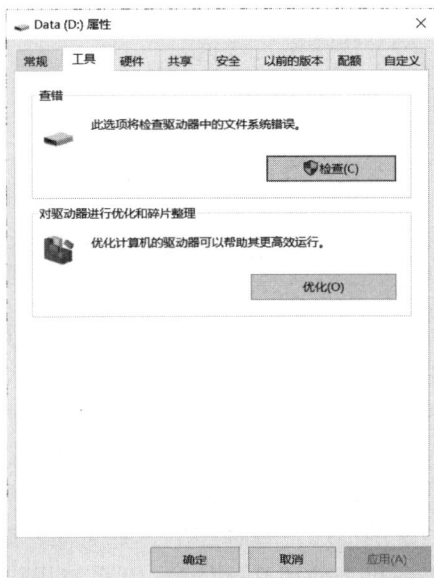

图2-67　【Data（D:）属性】对话框

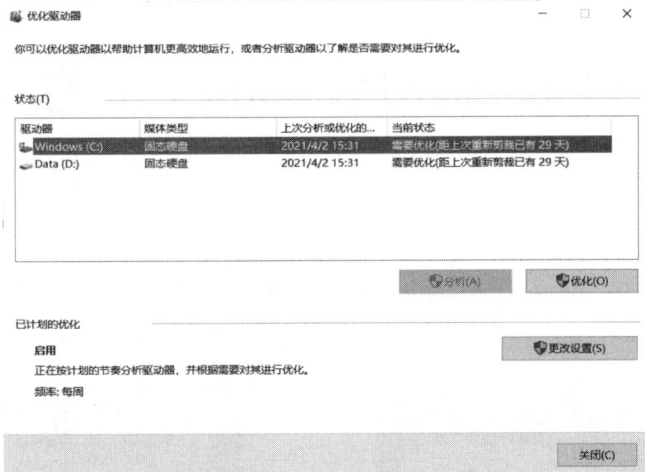

图2-68　【优化驱动器】对话框

知　识　链　接

2.13　计算机维护

计算机维护一般要做如下工作。

1．查杀病毒

计算机上应安装正版杀毒软件，定期对计算机进行查杀病毒。由于计算机病毒经常变化，因此杀毒软件也应经常更新或升级，以防止各种病毒的攻击和入侵。

2．清除无用数据

（1）删除 Temp 文件夹中的系统临时文件。

（2）清除浏览数据。

3．系统日常维护

（1）定期进行磁盘清理。

（2）定期进行磁盘检查和优化。

2.14　磁盘清理和磁盘检查

磁盘清理是清理垃圾文件，释放磁盘空间。垃圾文件包括日志文件、*.tmp 临时文件、*.old 旧文件（即之前系统文件）、*.bak 备份文件等，还有各种应用程序临时缓存的垃圾文件，包括软件安装过程中产生的临时文件，以及压缩工具临时存放的解压文件等，还有上网留下的网页缓存文件、历史记录等。

磁盘在使用过程中，由于非正常关机，大量的文件删除、移动等操作，对磁盘造成一定的损坏，有时产生一些文件错误，影响磁盘的正常使用，甚至造成系统缓慢，频繁死机。使用 Windows 10 系统提供的"磁盘检查"工具，可以检查磁盘中损坏的部分，并对文件系统的损坏加以修复。

任务 2-6　使用 Windows 10 的附件

任务描述

（1）基于文件"配套资源\单元 2\1.jpg"和"配套资源\单元 2\2.jpg"制作图片"背景.jpg"，图片"1.jpg"、"2.jpg"和"背景.jpg"如图 2-69、图 2-70 和图 2-71 所示。

图 2-69　图片"1.jpg"

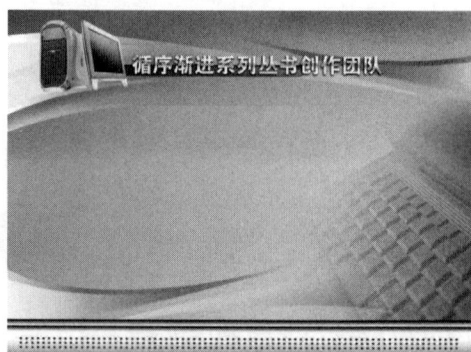

图 2-70　图片"2.jpg"

（2）计算现在距离下个世纪"2100/1/1"还有多少天。

（3）用记事本做代码编辑工具，编辑 Python 程序并运行。

任务实施

Step 01　截屏工具和画图工具的使用。

打开图片"2.jpg"，启动截屏工具程序，如图 2-72 所示，单击【截图工具】窗口中的【新建】按钮，拖动光标选取图片"2.jpg"的下面部分，系统复制选取的部分到剪贴板。

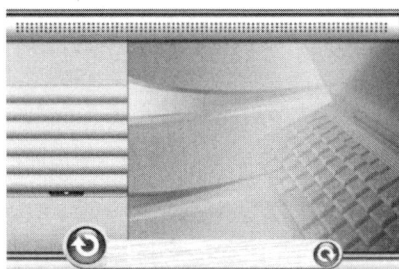

图 2-71　图片"背景.jpg"

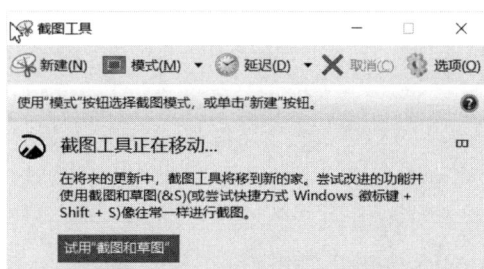

图 2-72　【截图工具】窗口

在画图程序中打开文件"配套资源\单元 2\1.jpg"，单击【主页】→【剪贴板】→【粘贴】，调整添加内容的位置和大小，如图 2-73 所示。选择图片中需要的部分，单击【主页】→【图像】→【裁剪】按钮，裁剪后的效果如图 2-74 所示。

图 2-73　调整大小和位置后效果

图 2-74　裁剪后的图片

选中如图 2-75 所示区域后拖动句柄水平方向放大，实现清除图片中不需要的元素，如图 2-76 所示，用类似方法编辑图片中的其他部分。

图 2-75　选中合适的区域

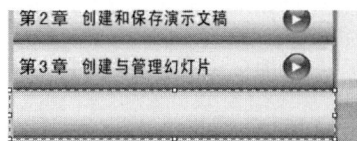

图 2-76　缩放选中区域后的图片

用文件名"背景.jpg"保存文件，完成从两个图片中各取一部分合成一个新图片。

Step 02　计算器的使用。

打开【计算器】窗口，选择【日期计算】，如图2-77所示，切换到日期计算模式，如图2-78所示，【开始日期】选择"2021/5/1"，【结束日期】选择"2100/1/1"，计算出两个日期的差值，如图2-78所示，表示从2021/5/1到2100/1/1还有78年零8个月，或者是28734天。

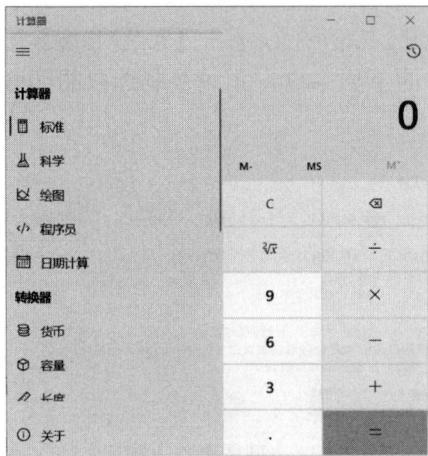

图2-77　【计算器】窗口

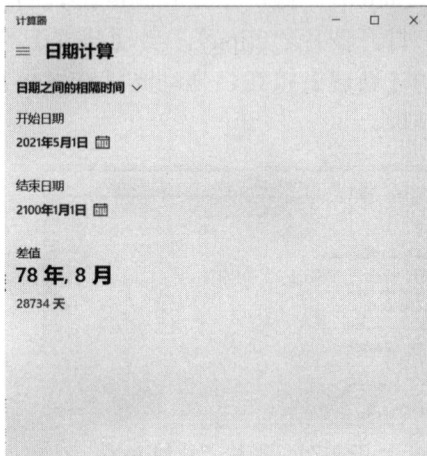

图2-78　显示计算结果

Step 03　用记事本做代码编辑工具，编辑Python程序并运行。

依次单击【开始】→【Windows 附件】→【记事本】，打开记事本程序，再打开文件"配套资源\单元2\taijitu.txt"，如图2-79所示，编辑完成后，单击【文件】菜单中的【另存为】命令，将代码保存为Python格式文件"taijitu.py"。

提示：也可以右击文件"配套资源\单元2\taijitu.txt"，在弹出的快捷菜单中选择【打开方式】→【记事本】命令，如图2-80所示，打开记事本进行代码编辑。

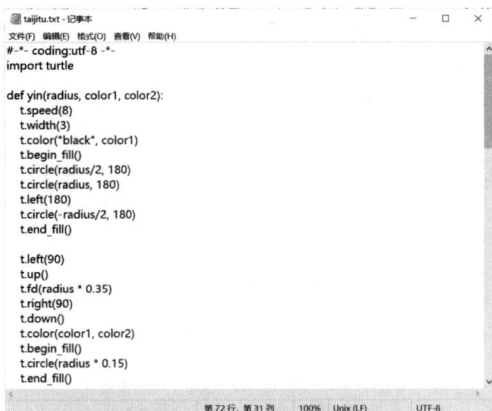

图2-79　文本编辑器

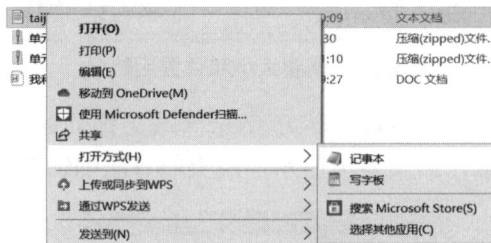

图2-80　打开记事本

运行编辑好的Python程序文件。安装Python客户端程序，或者在浏览器中输入网址"https://k12.cstor.cn/study.html#/PythonOnline"，运行程序，运行结果如图2-81所示。

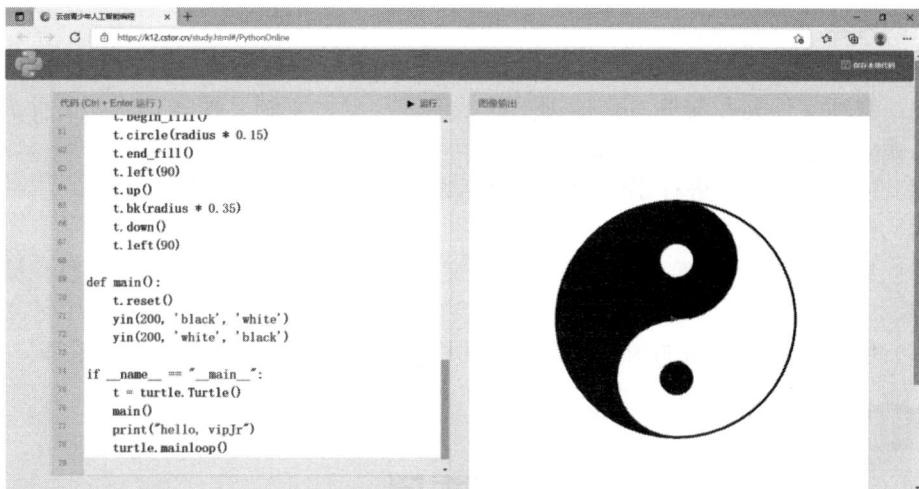

图2-81　运行结果

知 识 链 接

2.15　附件

Windows 10提供了一些实用的小程序，如便笺、画图、计算器、记事本、录音机等，这些程序被统称为附件，用户可使用它们完成相应的工作。

（1）画图。画图是Windows 10自带的一个图像绘制和编辑工具，用户可以使用它绘制简单的图像，或对图片进行简单的编辑处理。

（2）计算器。计算器有标准、科学、程序员、日期计算等模式，用户可以根据需要选择特定的模式进行计算。计算器还有转换器功能，实现货币、容量、长度、重量、温度等不同单位间的转换计算。

（3）记事本。记事本是经常被用到的一款Windows 10系统自带的纯文本编辑软件，利用它可以查看、编辑和搜索纯文本文档与源代码文件。

（4）截图工具。截图工具是Windows 10中自带的一款用于截取屏幕图像的工具，选择合适的模式再结合延迟设置，可以将屏幕中的指定区域、特定窗口截取为图片，然后可以保存为文件，也可以直接复制到其他程序中。

提示：可以按键盘上的【PrintScreen】键或【Alt+PrintScreen】组合键复制当前窗口或屏幕。

（5）录音机。录音机可以录制声音，并可将录制的声音作为音频文件保存在计算机中。使用录音机应确保计算机上装有声卡和扬声器，还要有麦克风或其他音频输入设备。

单元小结

本单元通过完成一系列任务全面阐述了Windows 10操作系统，主要包括以下几个方面的内容。

（1）设置个性化工作环境。包括设置桌面、设置屏幕保护程序、设置任务栏等。

（2）管理文件夹和文件，包括浏览、新建、移动、复制、搜索、压缩文件夹和文件、格式化U盘等。

（3）使用控制面板进行系统管理。包括设置时间和日期、卸载程序等。

（4）设置网络连接属性。

（5）日常维护计算机。包括清除临时文件和上网浏览数据、磁盘清理、检查和优化等。

（6）使用Windows 10的附件，包括画图程序、截屏工具和计算器的使用等。

单元习题

扫码测验

单元 3　WPS 文字

学习目标

【知识目标】

（1）熟悉 WPS 文字工作界面，掌握创建、打开、保存、打印、关闭文档的方法。

（2）掌握 WPS 文字中字体和段落格式设置、页面设置等基本排版技术。

（3）掌握 WPS 文字中插入、编辑和美化表格的方法。

（4）掌握 WPS 文字中插入和编辑图形、图片、文本框、艺术字的方法。

（5）掌握 WPS 文字中样式和格式刷的使用。

（6）掌握 WPS 文字中自动生成目录、插入页眉和页脚的方法。

（7）掌握 WPS 文字邮件合并功能的使用。

【技能目标】

（1）能熟练完成 WPS 文字文档创建、打开、保存、打印、关闭等操作。

（2）能熟练进行字体和段落格式设置及页面设置。

（3）能熟练运用样式和格式刷工具进行排版。

（4）能熟练插入、编辑和美化表格。

（5）能熟练插入和编辑图形、图片、文本框、艺术字等对象实现图文混排。

（6）能按要求插入页眉页脚，会自动生成目录。

（7）会使用 WPS 文字的邮件合并功能。

【素质目标】

通过学习 WPS 文字的相关操作，培养严谨做事的职业态度和习惯。

学习案例 1：制作个人简历

个人简历是求职者呈递给招聘单位的一份个人介绍，包括姓名、性别等基本信息，以及求职愿望、对工作的理解等。一份精美的个人简历对于获得面试机会至关重要。

本案例通过 WPS 文字的文字文档编辑、图文混排及表格功能来制作精美的个人简历，主要包含三个页面，各页面效果如表 3.1 所示。

表 3.1　个人简历各页面效果

"个人简历封面"效果	"个人简历表格"效果	"自荐信"效果
	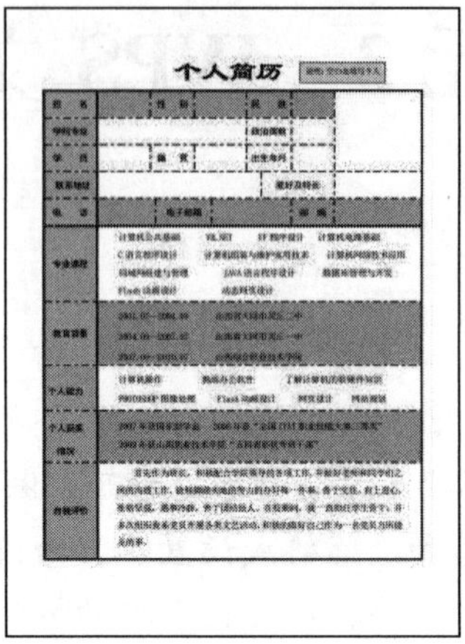	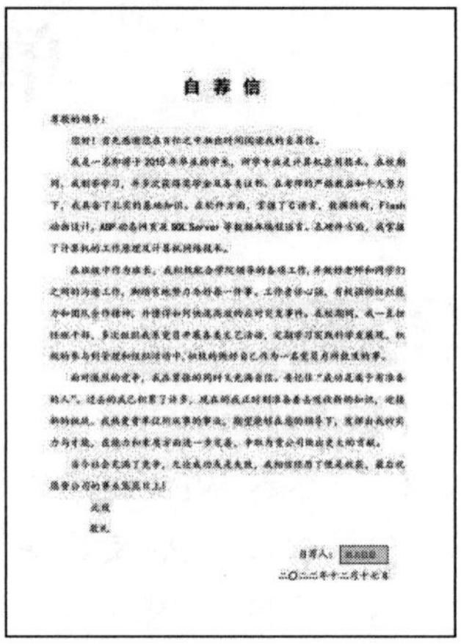

任务 3-1　新建和保存 WPS 文字文档

任务描述

（1）启动 WPS Office。

（2）保存文字文档，文件名为"个人简历.docx"，保存位置"D:\WPS 文字"。

任务实施

单击【开始】菜单中的【WPS Office】命令或者双击桌面快捷方式图标【WPS Office】，启动 WPS Office，单击【文件】→【新建】，切换到选择新建文件类型的界面，选择【新建文字】→【新建空白文字】，打开如图 3-1 所示 WPS 文字工作界面，同时系统自动创建一个名称为"文字文稿 1"的文字文档。

单击【文件】→【保存】命令，弹出【另存为】对话框，保存位置选择"D:\WPS 文字"，文件名设为"个人简历.docx"，单击【保存】按钮保存文字文稿。

知 识 链 接

3.1　WPS 文字工作界面

WPS 文字工作界面主要包括标签栏、功能区、编辑区、导航窗格、任务窗格、状态栏等部分。

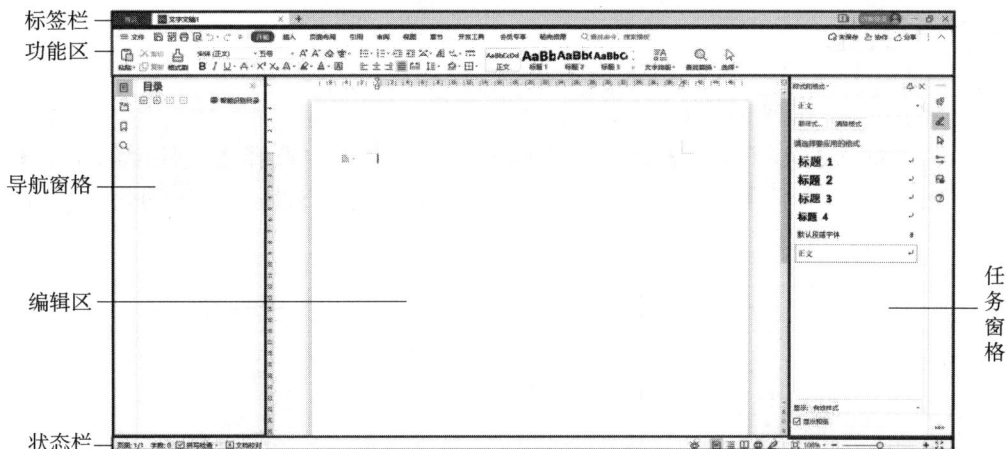

图 3-1　WPS 文字工作界面

功能区：包括功能区选项卡、文件菜单、快速访问工具栏、快速搜索框和协作状态区等。

状态栏：显示文档状态和提供视图控制，文档状态包括当前插入点所在页、当前文档总页数、文档字数等信息。视图控制用于实现切换文档显示模式，视图按钮包括护眼模式、页面视图、大纲、阅读版式、Web 版式和写作模式等。

导航窗格：在【视图】选项卡中，单击【导航窗格】按钮，可打开或关闭导航窗格，选中或取消选中【任务窗格】复选框，可使任务窗格显示或消失。

3.2　WPS 文字文档基本操作

文档操作通常包括新建、保存、打开和关闭等，可以单击【文件】选项卡，如图 3-2 所示，在下拉菜单中选择相应的命令，也可以按组合键完成文件操作，按【Ctrl+N】组合键可以新建文件，按【Ctrl+S】组合键可以保存文件，按【Ctrl+O】组合键可以打开文件，按【Alt+F4】组合键可以关闭文件。

提示：关闭文件前要先保存文件。单击如图 3-2 所示【文件】→【另存为】可以换一个文件名或位置保存文件，相当于复制了文件。

图 3-2　【文件】下拉菜单

任务 3-2　排版"自荐信"页面

任务描述

（1）复制素材文件中的文字到当前文档中。
（2）在文档末尾插入日期和时间。
（3）设置字符和段落格式，要求全部内容在一个页面内。最终效果如图 3-3 所示。

任务实施

Step 01 在当前文档中插入素材文字。

单击【插入】→【对象】按钮，在弹出的下拉菜单中选择【文件中的文字】命令，打开【插入文件】对话框，选择"配套资源\单元 3\制作个人简历\自荐信文字.docx"文件，即可在当前文件中插入自荐信素材文字。

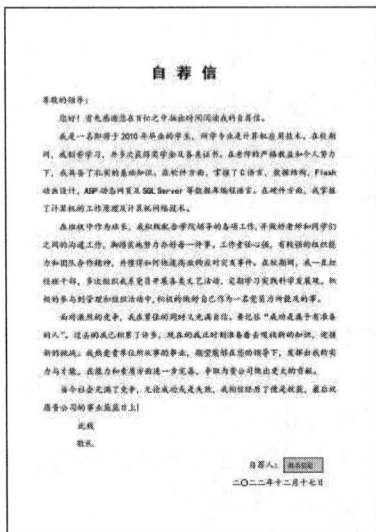

图 3-3 "自荐信"页面

图 3-4 插入文件中的文字

Step 02 设置标题"自荐信"的字体和段落格式。

选中标题"自荐信"，设置"黑体，小一，间距加宽 0.25 厘米，居中对齐，段后 0.5 行"，设置标题格式后效果如图 3-5 所示。

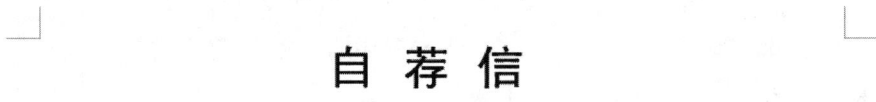

图 3-5 设置标题格式

Step 03 在"自荐信"末尾插入日期。

按【Ctrl+End】组合键将插入点移至文档尾，单击【插入】→【日期】按钮，如图 3-6 所示。打开【日期和时间】对话框，选择一种中文日期格式，如图 3-7 所示，单击【确定】按钮关闭对话框，插入日期后效果如图 3-8 所示。

提示：在插入日期时选中【自动更新】复选框，会使插入的日期和时间与系统的日期和时间保持一致，再次打开文件时日期和时间会自动更新。

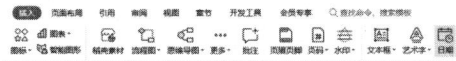

图 3-6 【日期】按钮

图 3-7 【日期和时间】对话框

当今社会充满了竞争，无论成功或是失败，我相信经历了便是收获，最后祝愿贵公司的事业蒸蒸日上!
此致
敬礼
自荐人：王斌
二〇二一年十月二十六日

图 3-8 在文档尾插入日期

Step 04 设置"自荐信"正文字体格式。

选中除标题"自荐信"之外的所有文本，设置"楷体、四号"。将插入点移至"您好!"开始的段落，设置格式"首行缩进 2 字符，行距固定值 29 磅"。

双击【开始】→【格式刷】按钮，如图 3-9 所示，鼠标指针变为"🖌I"形状，拖动鼠标，从"我是一名"开始的段落拖到文件尾，按【Esc】键鼠标恢复正常，实现利用格式刷复制格式到其他段落上，完成后的效果如图 3-10 所示。

图 3-9 【格式刷】按钮

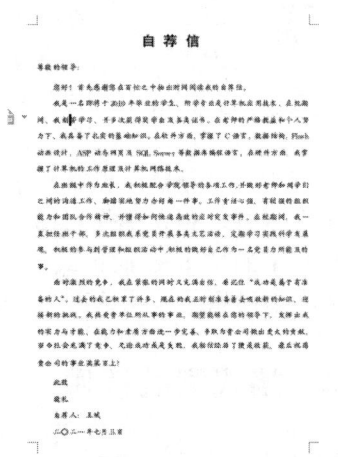

图 3-10 用格式刷复制格式后效果

选中最后两段文本，设置段落右对齐，将插入点移到"自荐人：王斌"行的行尾，按空格键可使文本向前移，使之与日期居中对齐。

保存文件。至此，"自荐信"页面制作完成，完成后的效果如图 3-3 所示。

知 识 链 接

3.3 输入和编辑文本

WPS 文字的文本编辑区有两种常见标识，分别是插入点标识"｜"和段落标识"↵"。

1. 常用键功能

【Ctrl+Shift】：各种输入法之间切换。

【Ctrl+空格】：中英文输入法切换。

【Ctrl+.】：中英文标点切换。

【↑】、【↓】、【←】和【→】：光标向上、下、左或右移动一个字符。

【Home】和【End】：光标移至行首或行尾。

【PageUp】或【PageDown】：光标上移一屏或下移一屏。

【Ctrl+Home】或【Ctrl+End】：光标移至文档首或文档尾。

2. 选定文本

将鼠标指针移至段落左侧，当鼠标指针变成"⇗"状态时，单击选中当前行，双击选中当前段落，三击或按【Ctrl+A】组合键全选文档。选中文本时，配合【Shift】键可选中连续区域的文本，配合【Ctrl】键可选中不连续区域的文本，配合【Alt】键可选中矩形区域文本。

3. 编辑文本

对文本进行编辑前，先选中要编辑的文本。编辑文本包括复制、移动和删除等操作，可以用功能区按钮，如图 3-11 所示，单击右下角的对话框启动按钮 ⌐ 可打开【剪贴板】对话框，也可以用快捷键，如【Ctrl+C】组合键用于复制，【Ctrl+X】组合键用于剪切，【Ctrl+V】组合键用于粘贴，【←BackSpace】键用于删除插入点左侧字符，

图 3-11　编辑文本常用命令

【Delete】键用于删除插入点右侧字符。

编辑文本时，对误操作可撤销或者恢复，按【Ctrl+Z】组合键或者单击【快速访问工具栏】中的按钮 ↺ 撤销最近的操作，按【Ctrl+Y】组合键或者单击按钮 ↻ 可恢复最近的撤销操作，连续单击 ↺ 或 ↻ 按钮可依次撤销或恢复最近的多次操作。

3.4 格式刷的使用

格式刷是一个格式复制工具，选中设置好格式的文本或段落，单击或双击【开始】选项卡下的【格式刷】按钮，如图 3-11 所示，鼠标指针变成"⬛Ｉ"形状，在需要同样格式的文本或段落上拖过，即可快速复制文本或段落格式到其他段落或文本上。

提示：单击 按钮只能复制一次格式，双击 按钮可多次复制格式，直至按

【Esc】键或再次单击 按钮停止复制格式，鼠标指针恢复正常。

3.5　文字格式设置

选中要设置格式的文本，单击【开始】选项卡中关于字体设置的按钮，如图 3-12 所示，或者单击【字体】对话框启动器按钮 ，打开【字体】对话框，如图 3-13 所示，在【字符间距】选项卡中可以设置字符缩放比例、间距加宽或紧缩、字符位置上升或下降等文字格式，也可以利用格式刷 快速设置文字格式。

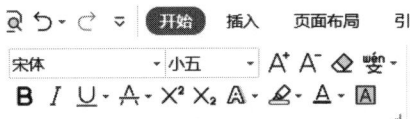

图 3-12　【字体】对话框启动器按钮

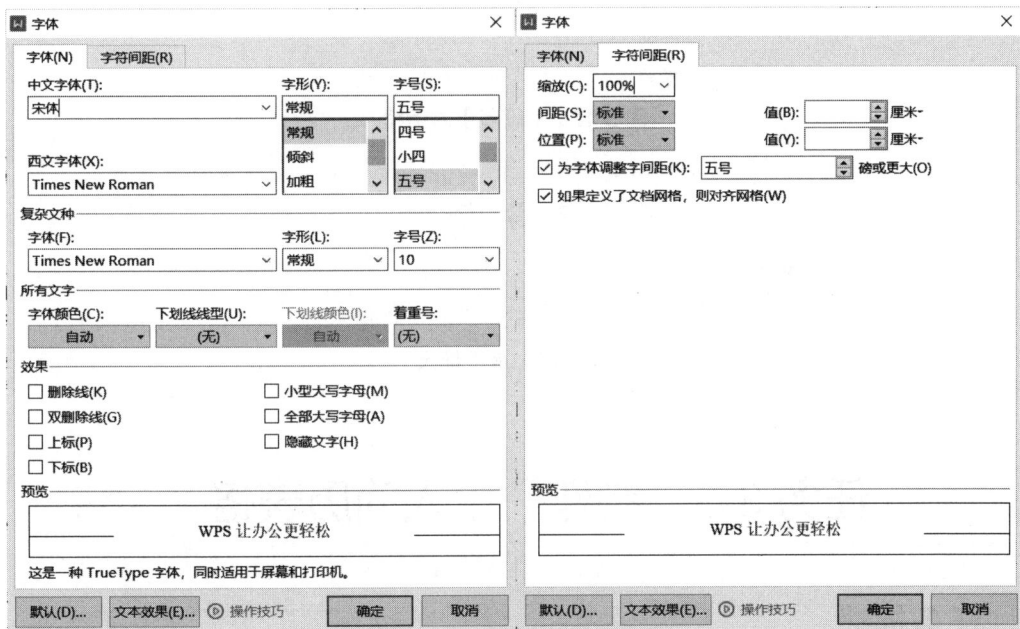

图 3-13　【字体】对话框

3.6　段落格式设置

设置段落格式包括设置文本对齐方式、增加或减少整个段落的左右缩进量、首行缩进、悬挂缩进、段前间距、段后间距、行间距等。单击【开始】选项卡中关于段落设置的按钮，如图 3-14 所示，或者单击【段落】对话框启动器按钮 ，打开【段落】对话框，如图 3-15 所示，设置段落格式。另外拖动如图 3-16 所示水平标尺上的缩进标志可设置首行缩进、悬挂缩进、左缩进和右缩进。

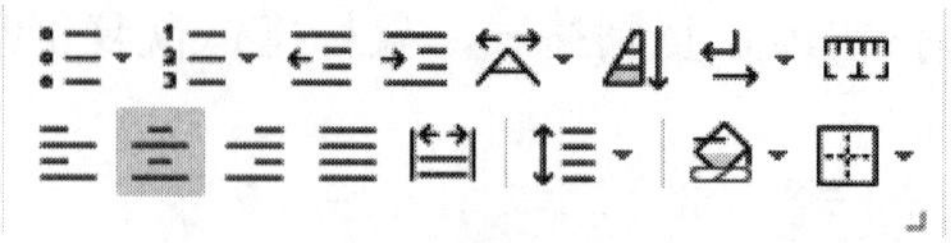

图 3-14　段落设置按钮

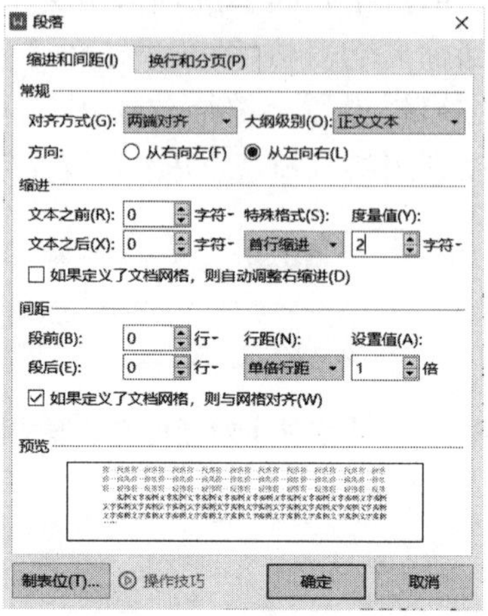

图 3-15　【段落】对话框

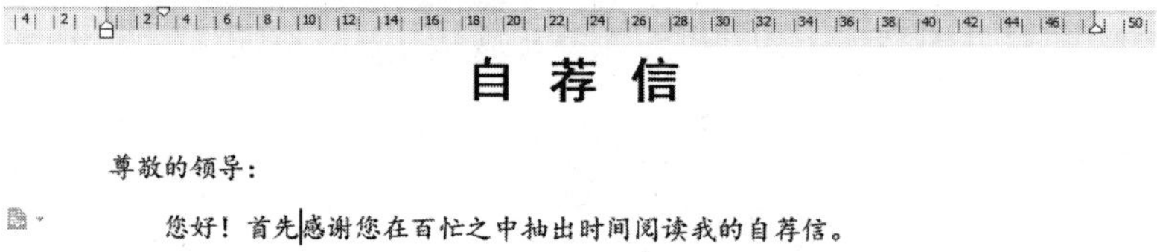

自 荐 信

尊敬的领导：

　　您好！首先感谢您在百忙之中抽出时间阅读我的自荐信。

图 3-16　水平标尺

任务 3-3　制作"个人简历表格"

任务描述

（1）分页。
（2）插入表格并填写表格内容。
（3）编辑和美化表格。最终效果如图 3-17 所示。

任务实施

Step 01　插入分页。

单击【插入】→【分页】按钮，插入分页符，插入点移至新页开始。

图 3-17　"个人简历表格"效果

Step 02　输入标题并设置标题格式。

输入文字"个人简历"，设置格式"隶书、加粗、小初、居中对齐、单倍行距、段后 1 行"，设置标题格式后的效果如图 3-18 所示。

个人简历

图 3-18　设置格式后效果

Step 03　插入表格。

在文字"个人简历"后按【Enter】键换行，使插入点移至下一行。

单击【插入】→【表格】下拉按钮展开命令列表，如图 3-19 所示，选择【插入表格】或【绘制表格】命令插入表格，编辑表格至如图 3-20 所示状态，搭起表格框架。

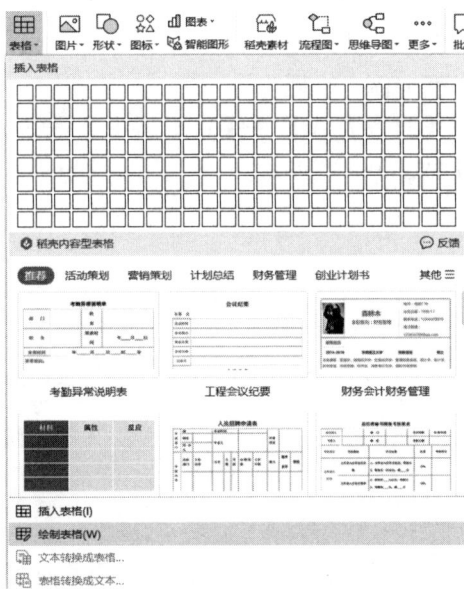

图 3-19　【表格】下拉列表

图 3-20　插入的表格

Step 04　设置表格居中并缩放表格。

单击表格左上角的表格移动控制图标"⊞"选中整个表格，如图 3-21 所示。单击【开始】→【居中】按钮，使表格相对于页面水平居中。

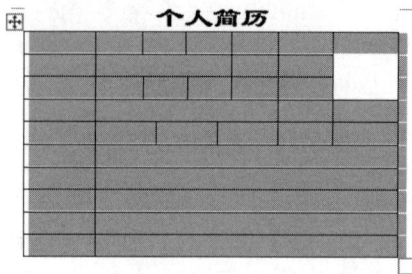

图 3-21　选中表格

移动鼠标至表格右下角，当光标变成"↘"形状时，拖动鼠标缩放表格，使表格基本占满整页，如图 3-22 所示。

Step 05　设置表格中文字格式和对齐方式。

选中表格，设置字体"宋体、小四"。

单击【表格工具】→【对齐方式】→【水平居中】按钮，如图 3-23 所示，使文字在单元格内水平和垂直都居中。

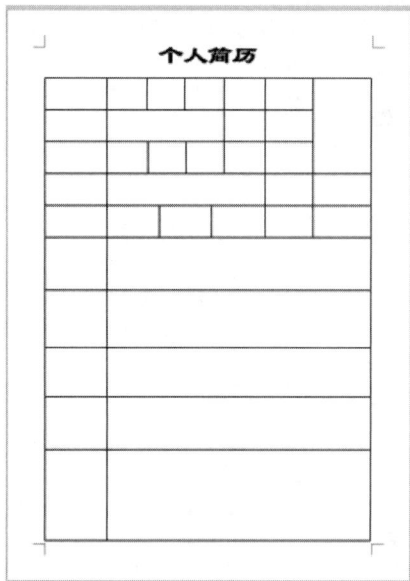

图 3-22　居中和缩放后的表格

图 3-23　设置表格文字对齐方式

Step 06　在表格中填写内容并设置格式。

在表格中输入内容（"配套资源\单元 3\制作个人简历\表格文字素材.docx"文件提供了部分内容，可复制到相应单元格），在右上角单元格中插入图片，调整部分单元格对齐方式，最终效果如图 3-24 所示。

Step 07　设置表格的边框。

在表格内单击鼠标右键，选择【边框和底纹】，打开【边框和底纹】对话框，如

图 3-25 所示，切换到【边框】选项卡，【设置】区选择"自定义"，【线型】选择"实线"，【颜色】选择"黑色"，【宽度】设为"1.5 磅"，右侧【预览】区单击表示上、下、左、右边框的按钮，设置表格外边框。接着在【线型】中选择"虚线"，【颜色】选择"黑色"，【宽度】设为"0.75 磅"，右侧【预览】区单击表示表格内横线和竖线按钮，设置表格内框，单击【确定】按钮关闭【边框和底纹】对话框。设置边框后的表格如图 3-26 所示。

图 3-24　填写信息后的表格

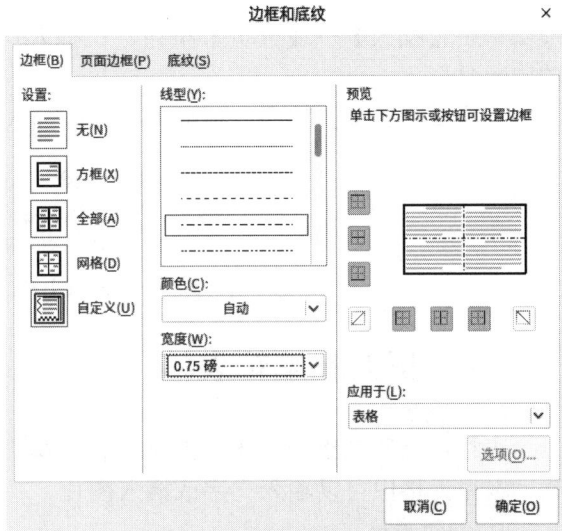

图 3-25　【边框和底纹】对话框

Step 08　设置表格的底纹。

选中第 1 列，打开【边框和底纹】对话框，切换到【底纹】选项卡，设置【填充】为"钢蓝，着色 1，浅色 40%"，【样式】为"清除"，如图 3-27 所示，单击【确定】按钮关闭对话框，即可设置第 1 列的底纹，用类似方法设置其他列、行和单元格的底纹。

图 3-26　设置边框后的表格

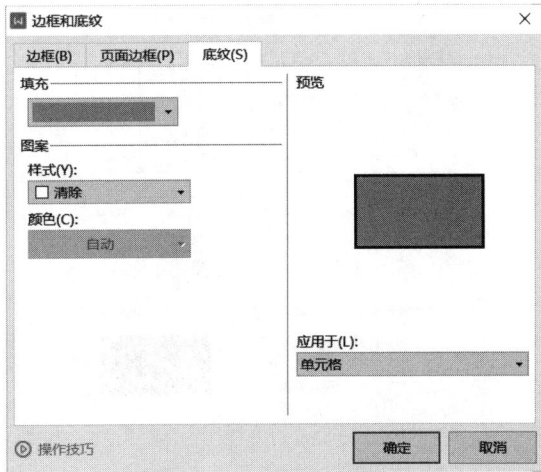

图 3-27　【底纹】选项卡

保存文件。至此，"个人简历表格"页面制作完成，最终效果如图3-17所示。

知 识 链 接

3.7　分页

单击【插入】→【分页】按钮，在插入点位置插入一个分页符，且将插入点开始的内容移至下一页。

单击【空白页】按钮，在插入点前面插入一个空白页，如图3-28所示。

图3-28　【分页】和【空白页】按钮

3.8　插入和编辑表格

表格由行和列组成，水平的称为行，垂直的称为列，行与列的交叉形成表格单元格，在单元格中可以输入文字或插入图片。

1. 创建表格

WPS文字中插入表格的方法如下。

方法1：单击【插入】→【表格】下拉按钮展开命令列表，移动鼠标选择，如图3-29所示，然后单击，在插入点位置插入一个4行4列表格，此方法最多可创建8行24列表格。

方法2：单击如图3-29所示【表格】下拉列表中的【插入表格】命令，打开【插入表格】对话框，如图3-30所示，在【列数】和【行数】框中输入数值，单击【确定】按钮，在文档中插入表格。

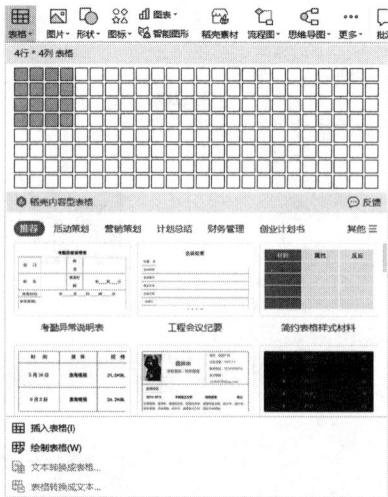

图3-29　使用【表格】菜单插入4列4行表格

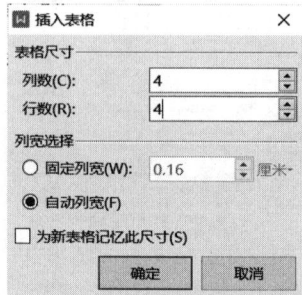

图3-30　【插入表格】对话框

方法 3：【绘制表格】工具结合【擦除】工具创建表格。单击如图 3-29 所示【表格】下拉列表中【绘制表格】命令，鼠标指针变为 "✐"，在任意位置按住鼠标左键拖曳鼠标绘制表格，如图 3-31 所示。

图 3-31　【绘制表格】工具

提示：在绘制表格的同时按下方向键，可手工辅助调整表格行列数，按下【←】键可以减少列数，按下【→】键可以增加列数，按下【↓】键可以减少行数，按下【↑】键可以增加行数。

方法 4：绘制复杂表格时，首先绘制一个矩形，确定边框，然后在矩形内绘制行、列框线，如图 3-32 所示，绘制完成后，按【Esc】键退出表格绘制模式。

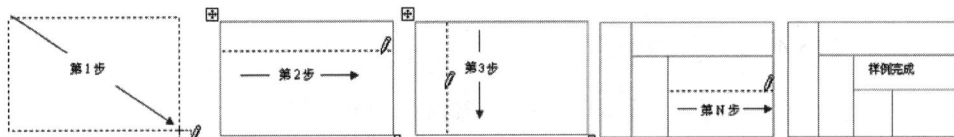

图 3-32　绘制复杂表格

提示：要擦除表格中的某个线条，单击如图 3-33 所示【表格工具】→【擦除】，鼠标指针变为 "✐"，在需要擦除的表格线上单击即可。按【Esc】键或再次单击【擦除】按钮，退出擦除模式。

图 3-33　【表格工具】选项卡

2. 表格操作

（1）选中表格。如图 3-34 所示，单击表格左上角的"表格移动控点"图标⊞可选中表格。

（2）移动表格。将鼠标指针移到"表格移动控点"图标⊞处，当鼠标指针变为"↖"时，按住鼠标左键并拖动鼠标可以移动表格。

（3）缩放表格。将鼠标指针移到表格右下角的"↘"，指针变为"↖"时，按住鼠标左键拖动鼠标实现缩放表格。

（4）表格居中。选中表格后单击【开始】→【居中对齐】按钮，使表格相对于页面居中。

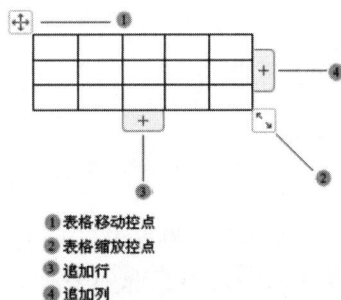

图 3-34　表格操作按钮

（5）拆分表格。将光标定位到要拆分成新表格的第一行任意单元格中，单击图 3-33 所示【表格工具】→【拆分表格】按钮，可选择按行或按列将表格拆分为两个表格。

（6）删除表格中内容。选中表格后按【Delete】键删除表格中的内容，但不会删除表格本身。

（7）删除表格。选中表格后按【Backspace】键，或者右击表格，在弹出的快捷菜单中选择【删除表格】命令可删除表格。

3. 选定单元格、行或列

鼠标指针变为"➚"形状时，单击鼠标选中当前单元格，拖动鼠标，所经过的单元格都会被选中。将鼠标指针移到表格左侧，指针变为"⚋"形状时，单击鼠标选中一行，拖动鼠标可选定连续多行。将鼠标指针移到表格上侧，指针变为"↓"形状时，单击鼠标选定一列，拖动鼠标可选定连续多列。

提示：按【Ctrl】键单击或拖动鼠标，可选中不连续的多行、多列或多个单元格。

4. 编辑表格

编辑表格包括插入和删除行、列或单元格，合并和拆分单元格，调整行高和列宽，设置边框和底纹，调整文字在单元格中的对齐方式等。编辑表格的方法如下。

方法 1：单击如图 3-35 所示【表格样式】选项卡和如图 3-33 所示【表格工具】选项卡中的按钮。

图 3-35 【表格样式】选项卡

方法 2：右击表格，弹出快捷菜单，如图 3-36 所示，选择相应的命令编辑表格。

图 3-36 右击表格弹出的快捷菜单

选中单元格区域，可利用如图 3-37 所示【表格工具】→【自动调整】选项组调节单元格大小。选中多行、多列或多个单元格，单击如图 3-37 所示【平均分布各行】或【平均分布各列】命令，可以快速平均分布行、列或单元格。粗略调整行高或列宽可拖动鼠标实现。将鼠标指针移至表格线，当指针变为"᎒（或↔）"时上下（或左右）拖动鼠标可以调整行高（或列宽）。

设置边框和底纹可以美化表格，方法是选中要设置边框和底纹的区域，右击表格，在如图 3-36 所示快捷菜单中选择【边框和底纹】命令，打开【边框和底纹】

对话框，如图 3-38 所示，在【边框】选项卡中设置边框，在【底纹】选项卡中设置底纹。

图 3-37 【自动调整】下拉菜单

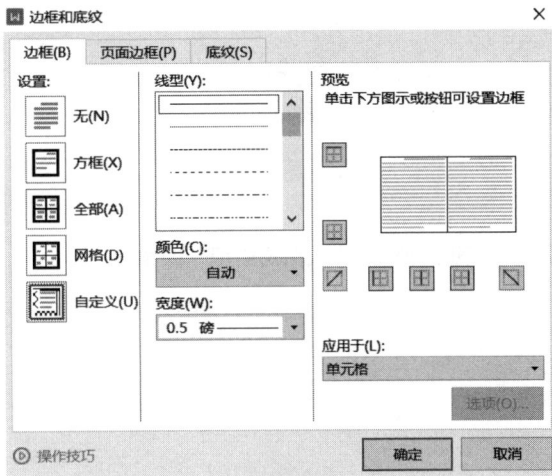

图 3-38 【边框和底纹】对话框

任务 3-4 制作"个人简历封面"

任务描述

在页面中插入和编辑直线、艺术字、图片和文本框，制作如图 3-39 所示页面。
提示：设置文本框的形状轮廓为"无边框颜色"。

任务实施

Step 01 插入交叉的两条直线。

单击【插入】→【形状】下拉按钮展开命令列表，如图 3-40 所示，选择【直线】按钮，鼠标指针变成"十"字，按下【Shift】键向右拖动鼠标绘制水平方向直线，用类似的方法绘制垂直方向直线。设置水平直线高度为"0 厘米"，长度为"15 厘米"，垂直直线高度为"7 厘米"，宽度为"0 厘米"，如图 3-41 所示。

Step 02 设置线条格式。

选中两条直线，右击，弹出快捷菜单，选择【设置对象格式】命令，弹出【属性】窗格，如图 3-42 所示。在【填充与线条】下选中【实线】，【颜色】选择"白色，背景 1，深色 35%"。【宽度】选择"2 磅"。在【效果】中选择【阴影】，选择【外部】中的"左下斜偏移"。设置格式后的效果如图 3-43 所示。

图 3-39　"个人简历封面"效果

图 3-40　【形状】下拉菜单

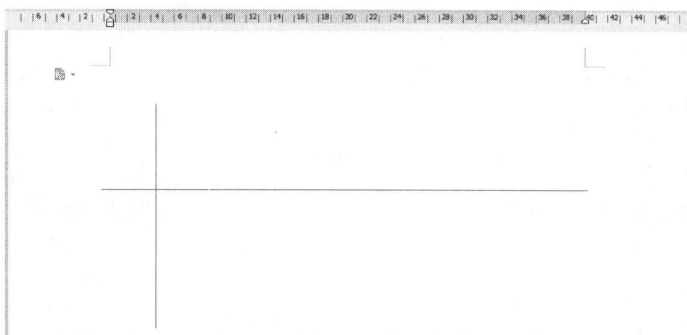

图 3-41　交叉的两条直线

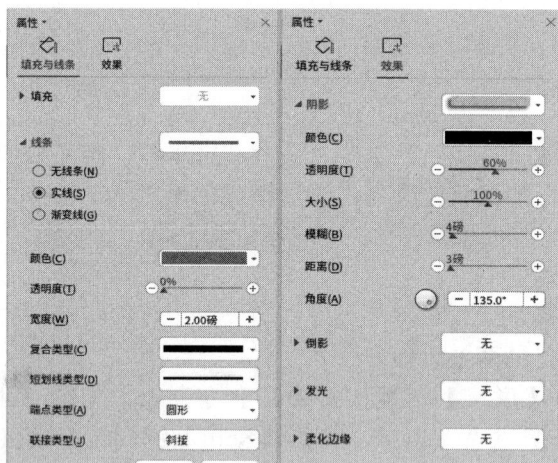

图 3-42　直线的【属性】窗格

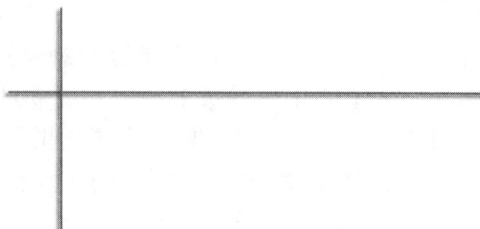

图 3-43　设置格式后的效果

Step 03　插入艺术字"个人简历"。

单击【插入】→【艺术字】下拉按钮展开命令面板，选择"渐变填充-金色，轮廓-着色 4"，如图 3-44 所示，输入文字"个人简历"，拖动艺术字到合适的位置，设置字体为"楷体"，字号为"72"，效果如图 3-45 所示。

图 3-44　选择艺术字样式

图 3-45　插入艺术字"个人简历"后的效果

Step 04　插入图片。

插入图片"配套资源\单元 3\制作个人简历\封面图.jpg"。

Step 05　设置图片环绕方式，调整图片位置和大小。

选中图片，单击图片旁边的【布局选项】按钮，弹出布局选项，如图 3-46 所示，选择【上下型环绕】，拖动图片到合适的位置，调整图片大小，效果如图 3-47 所示。

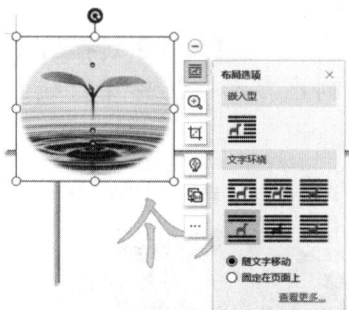

图 3-46　设置图片环绕方式

图 3-47　插入图片后的效果

Step 06　插入文本框。

单击【插入】→【文本框】下拉按钮展开命令列表，选择【横向】命令后拖动鼠标插入一个文本框，在文本框中输入文字，效果如图 3-48 所示。

Step 07　设置文本框格式。

选中文本框，设置格式为"楷体、加粗、二号、1.5 倍行距"。调整文本框到合适位置。

选中文本框，单击【绘图工具】→【轮廓】下拉按钮展开命令列表，选择【无边框颜色】命令，如图 3-49 所示，设置文本框无轮廓。

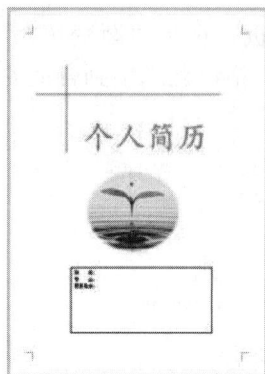

图 3-48　插入文本框后的效果

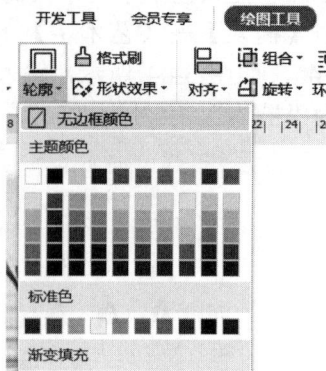

图 3-49　【轮廓】下拉列表

保存文件。至此，"个人简历封面"制作完成，最终效果如图 3-39 所示。

知 识 链 接

3.9　插入和编辑图形

WPS 文字中包括线条、矩形、基本形状、箭头总汇、公式形状、流程图、星与旗帜、标注等 8 类自选图形。

1. 绘制图形

单击【插入】→【形状】下拉按钮展开命令列表，如图 3-50 所示，选择要绘制的图形，例如，选择【基本形状】区中的"笑脸"，鼠标指针变成"十"字，拖动鼠标绘制出笑脸，如图 3-51 所示。用类似方法绘制其他图形。

提示：在【形状】命令列表中选择【椭圆】按钮，按住【Shift】键拖动可以绘制圆；选择【矩形】，按住【Shift】键拖动可以绘制正方形；选择【直线】，按住【Shift】键拖动可以绘制水平或垂直线条。

图 3-50　【形状】下拉列表

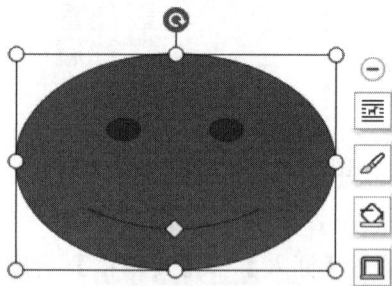

图 3-51　绘制的"笑脸"形状

2. 设置图形格式

选中图形，右击，弹出快捷菜单，选择【设置对象格式】，弹出【属性】窗格，如图 3-52 所示，通过【填充与线条】和【效果】设置图形格式。

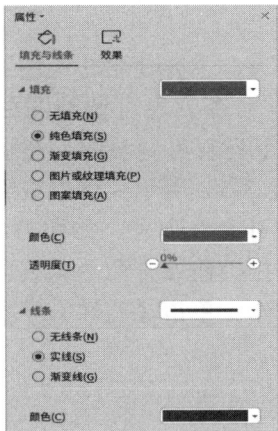

图 3-52　【属性】窗格

选中图形，在功能区中出现【绘图工具】选项卡，如图 3-53 所示。单击【编辑形状】下拉按钮展开命令列表，如图 3-54 所示，单击【更改形状】命令，选择图形，可改变图形的形状，单击【编辑顶点】命令，然后拖动顶点可自由改变图形形状。可以在图形上应用 WPS 内置的形状样式，单击【填充】下拉按钮展开命令列表可设置形状填充，单击【轮廓】下拉按钮展开命令列表可设置形状边框。

图 3-53　绘图工具

选中图形后图形上会出现控制点，如图 3-51 所示，拖动空白小圆 ○ 可调整图形大小，拖动 ◎ 可旋转图形，拖动实心橘黄色菱形可改变图形的形状。

图 3-54　【编辑形状】下拉列表

右击图形，弹出快捷菜单，选择【其他布局选项】，打开【布局】对话框，其中，【大小】选项卡用于设置高度、宽度、旋转角度和缩放比例等，选中【锁定纵横比】复选框可成比例调整大小，如图 3-55 所示。【位置】选项卡用于设置图形位置，如图 3-56 所示。

图 3-55　【大小】选项卡

图 3-56　【位置】选项卡

3. 排列图形

插入多个图形后，为了美观协调要排列图形，主要使用【绘图工具】中的按钮，如图 3-57 所示，单击【环绕】下拉按钮展开命令列表可调整图形环绕方式。单击【上移一层】和【下移一层】下拉按钮展开命令列表可调整图形图层。单击【选择窗格】按钮，打开【选择窗格】任务窗格，如图 3-58 所示，可以查看当前页面有哪些对象及对象的名称。单击【对齐】下拉按钮展开命令列表，如图 3-59 所示，可以快速对齐图形。选中多个图形，单击【组合】下拉按钮展开命令列表可以将多个图形组合为一个图形，进行整体调整位置和大小等操作。单击【旋转】下拉按钮展开命令列表，如图 3-60 所示，可以旋转或翻转所选对象。

图 3-57　绘图工具

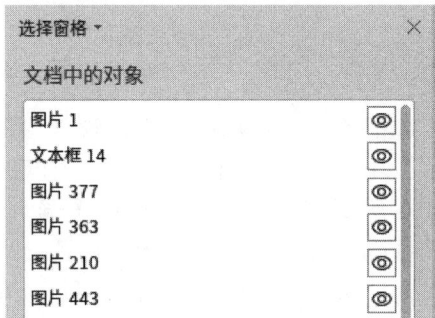

图 3-58　【选择窗格】任务窗格

图 3-59　【对齐】下拉列表

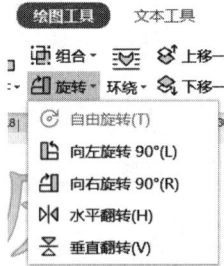

图 3-60　【旋转】下拉列表

3.10　插入和编辑艺术字

艺术字是一种包含特殊文本效果的绘图对象，位于一个无边框的文本框中。单击【插入】→【艺术字】下拉按钮展开命令面板，如图 3-61 所示，选择一种样式后插入艺术字，默认文字"请在此放置您的文字"，如图 3-62 所示，修改默认文字即可。

图 3-61　【艺术字】命令面板

图 3-62　默认文字

选中艺术字，在功能区中会显示【文本工具】选项卡，如图 3-63 所示，单击选项卡中的按钮可编辑艺术字的形状效果、文本效果。

图 3-63　【文本工具】选项卡

3.11　插入和编辑图片

右击图片，弹出快捷菜单，选择【设置对象格式】命令，弹出【属性】任务窗格，如图 3-64 所示，设置图片格式。另外选中图片，在功能区中会出现【图片工具】选项卡，【图片工具】选项卡如图 3-65 所示，可以设置图片格式。单击【颜色】下拉按钮展开命令列表，可调整图片效果，单击【裁剪】下拉按钮展开命令列表，可更改图片形状和大小。【环绕】下拉列表，如图 3-66 所示。插入图片后，默认环绕方式为【嵌入型】，不能灵活移动图片，更改为【上下型环绕】或【四周型环绕】后可灵活移动图片。

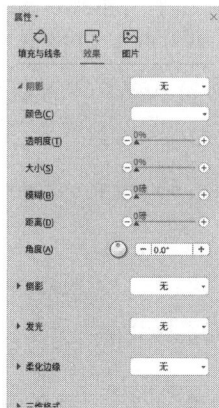

图 3-64　【属性】任务窗格

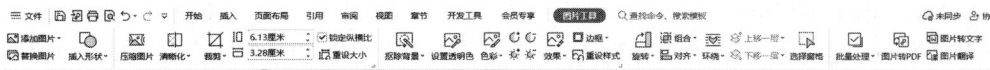

图 3-65　【图片工具】选项卡

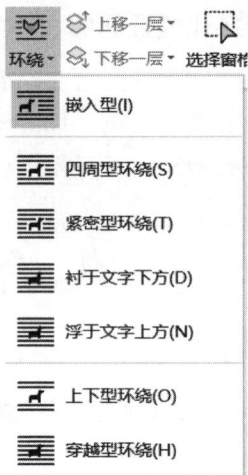

图 3-66 【环绕】下拉列表

3.12 插入和编辑文本框

文本框分为横向和竖向两类。单击【插入】→【文本框】下拉按钮展开命令列表，选择【横向】或者【竖向】命令，鼠标指针变为"十"字形状，拖动鼠标绘制出文本框，然后在文本框中输入文本。

提示：可以将已有文本添加到文本框中。选中文本，单击【插入】→【文本框】按钮，在下拉列表中选择【横向】命令后选中的文本会出现在一个横向文本框中，选择【竖向】命令后选中的文本会出现在一个竖排文本框中。

选中文本框，在【文本工具】选项卡中可以设置文本框的格式，如图 3-67 所示。【文字方向】可设置文字方向。其他形状样式、排列和大小设置与图片、图形和艺术字的格式设置类似，在此不再赘述。

图 3-67 【文本工具】选项卡

提示：文本框中可以插入图形，许多情况下必须要将文本框设置为无填充颜色和无边框颜色。

3.13 插入和编辑智能图形

智能图形是信息和观点的视觉表示形式。单击【插入】→【智能图形】按钮，打开【智能图形】对话框，如图 3-68 所示，选择一种图形，单击【确定】按钮即可插入智能图形。选中智能图形，在功能区中会出现【设计】和【格式】选项卡，如图 3-69 和图 3-70 所示，可设置智能图形格式，智能图形中每个元素的格式设置方法，与普通图形和文本框格式设置方法类似。

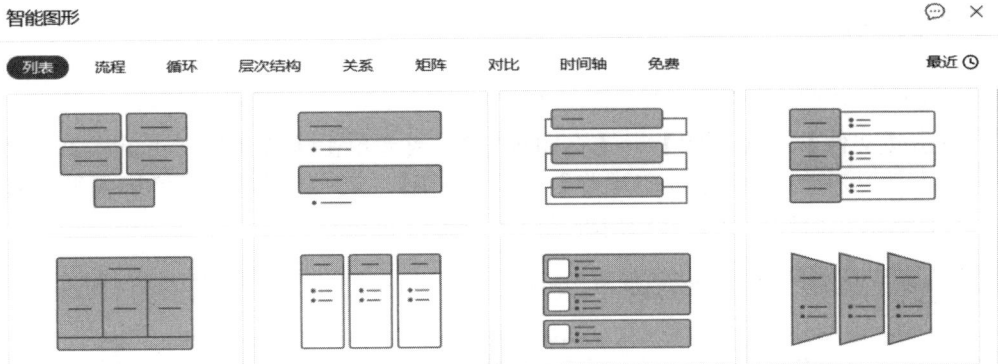

图 3-68　【智能图形】对话框

图 3-69　【设计】选项卡

图 3-70　【格式】选项卡

选中智能图形，如图 3-71 所示，单击图形中的【文本】，输入文本更改名称，单击【设计】→【添加项目】下拉按钮展开命令列表，如图 3-72 所示，选择相关命令添加项目。

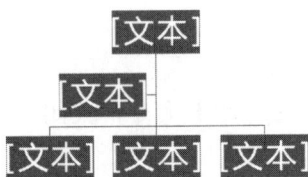

图 3-71　输入文本

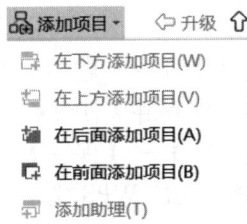

图 3-72　【添加项目】下拉列表

任务 3-5　打印文档和保存文档

任务描述

（1）打印文档。

（2）保存和关闭文档，退出 WPS 文字。

任务实施

Step 01 打印预览设置。

单击【文件】→【打印】→【打印预览】，或者单击【快速访问工具栏】→【打印预览】🔍按钮，弹出【打印预览】窗口，如图 3-73 所示。根据实际需要对打印机、打印方式、打印份数、打印内容等进行设置。

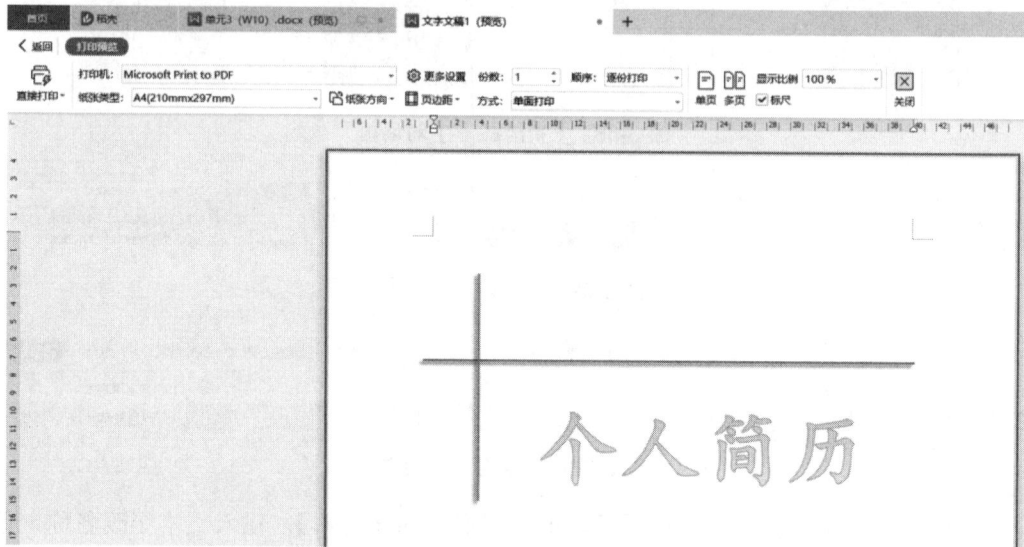

图 3-73　【打印预览】窗口

Step 02 打印文档。

在【打印预览】窗口中单击【直接打印】命令可以打印文档，或者单击【快速访问工具栏】→【打印】🖨️命令，输出为纸质文稿。

Step 03 保存并关闭文档。

单击【文件】→【保存】命令，保存文档。单击【关闭】命令，关闭文档。单击【退出】命令，退出 WPS 文字。

知 识 链 接

3.14　打印预览与输出

1. 打印预览文档

在正式打印前先预览文档。单击【快速访问工具栏】→【打印预览】🔍按钮，或者单击【文件】→【打印】→【打印预览】命令，打开【打印预览】窗口，显示预览效果，如图 3-73 所示。拖动右下角【显示比例】滑块可以调整显示大小。单击【下一页】按钮或【上一页】按钮翻页。单击 ❎ 按钮，退出打印预览，可继续对文档进行编辑。

2. 打印文档

打印前还需要再做一些设置，单击【快速访问工具栏】→【打印】 🖶 按钮，弹出如图 3-74 所示对话框进行设置。

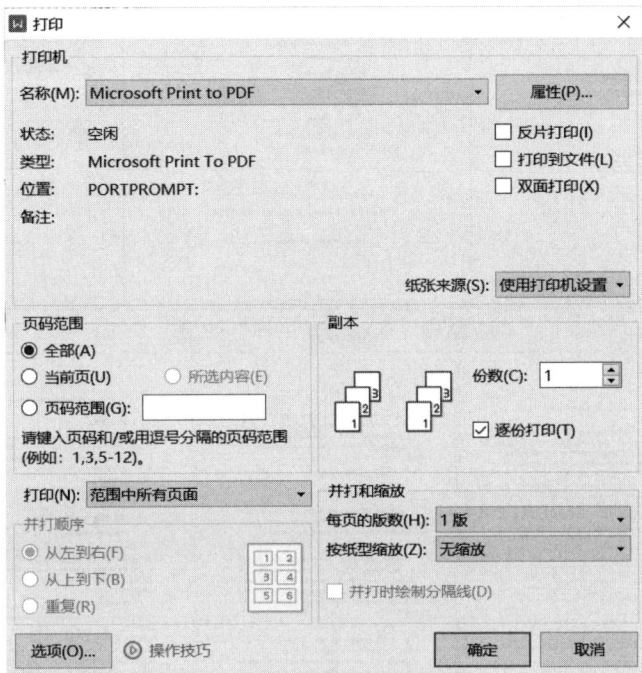

图 3-74　【打印】对话框

【页面范围】中【全部】用于打印所有页，【当前页】用于打印当前页面，【所选内容】用于打印选定区域，【页码范围】用于自定义打印范围。选择【页码范围】后需要在文本框中设置打印的页码。

【双面打印】：选中，可选择双面打印。

【份数】：设置打印份数。

【并打和缩放】：可选择每页打印的版数，可以把几页缩小打印到一张纸上。

设置完成后，单击【确定】按钮打印文档。

学习案例 2：排版毕业论文

毕业论文是学生在完成学业前要求写作并提交的论文，是教学或科研活动的重要组成部分之一。毕业论文一般包括封面、目录、论文主体三部分，主体部分又包括题目、摘要、关键词、正文、致谢、参考文献、注释、附录等。一般学校会对毕业论文有统一的格式要求。

本案例要求排版毕业论文，各页面效果如表 3.2 所示。

表 3.2　毕业论文排版后效果

"毕业论文封面"效果	"毕业论文目录"效果

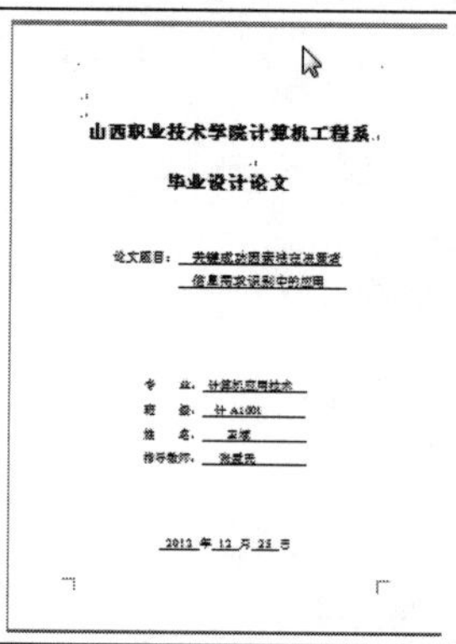

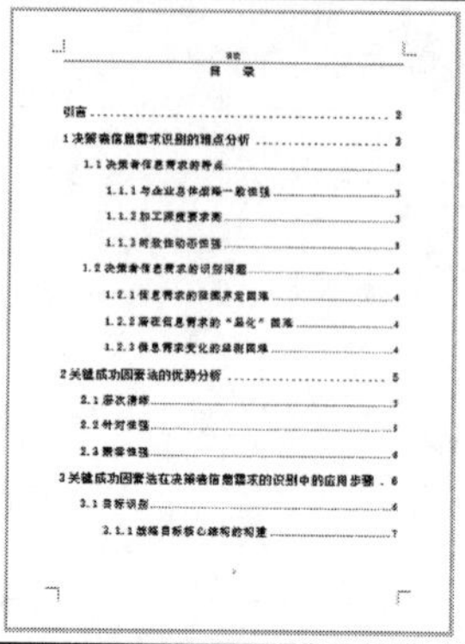

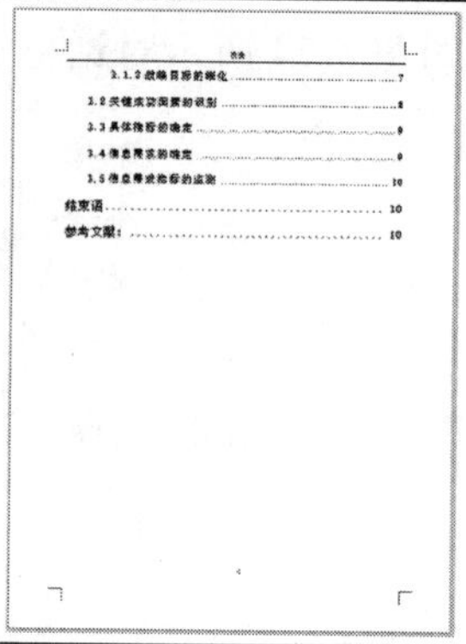

部分"毕业论文主体"效果

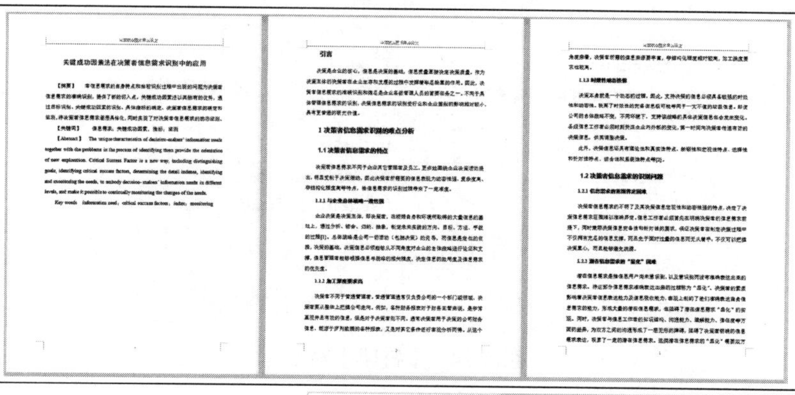

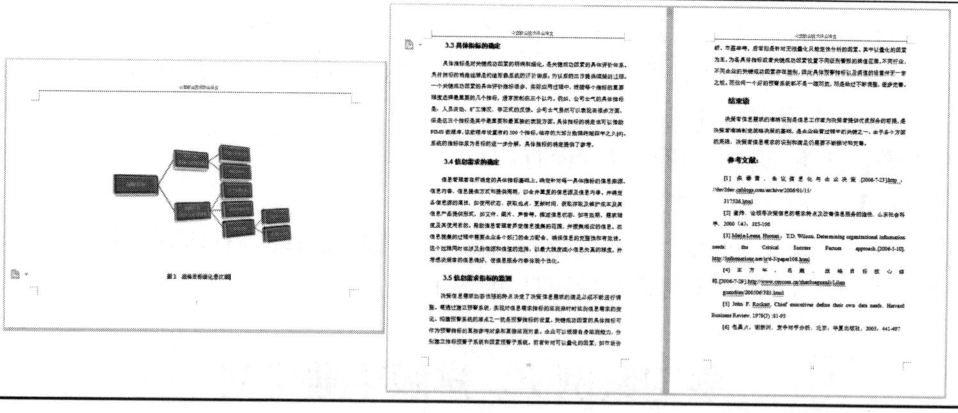

任务 3-6　启动 WPS 文字和打开文档

任务描述

（1）启动 WPS 文字，打开文档"毕业论文文字素材.docx"。

（2）用 WPS 文字的【另存为】功能保存文件，文件名"毕业论文.docx"，保存位置为"D:\WPS 文字"。

任务实施

Step 01　启动 WPS 文字。

Step 02　打开和保存文档。

打开"配套资源\单元 3\排版毕业论文\文字素材.docx"文件，打开【另存为】对话框，设置保存位置为"D:\WPS 文字"，文件名为"毕业论文.docx"，单击【保存】按钮保存文件。

任务 3-7　页面设置

任务描述

（1）设置页边距：上、下边距 2 厘米，左、右 2.5 厘米。
（2）设置页眉距边界 1.5 厘米，页脚距边界 1.75 厘米。
（3）设置每行 36 个字符，每页 38 行。
（4）设置纸张大小 A4， 纸张方向纵向。

任务实施

Step 01　设置页边距和纸张方向。

单击【页面布局】，如图 3-75 所示，在【上】、【下】框中输入"2cm"，在【左】、【右】框中输入"2.5cm"，【纸张方向】选择"纵向"。

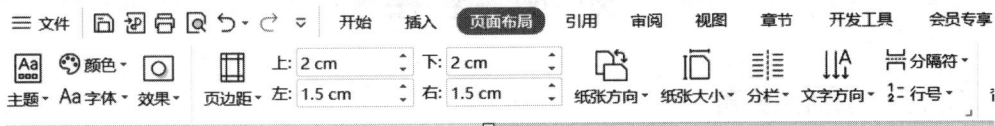

图 3-75　【页面布局】选项卡

Step 02　设置版式。

在【页面布局】选项卡中，单击【页面设置】对话框启动器按钮 ，打开【页面设置】对话框。在【距边界：页眉】框中输入"1.5 厘米"，在【页脚】框中输入"1.75 厘米"，如图 3-76 所示。

Step 03　设置文档网格。

单击【文档网格】选项卡，选中【网格】区下的【指定行和字符网格】，【每行】框输入"36"，【每页】框输入"38"，如图 3-77 所示。单击【确定】按钮关闭【页面设置】对话框。

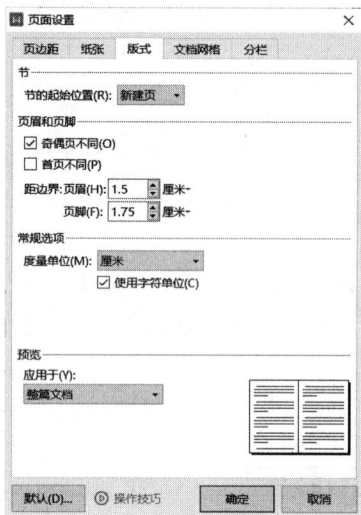

图 3-76 【版式】选项卡

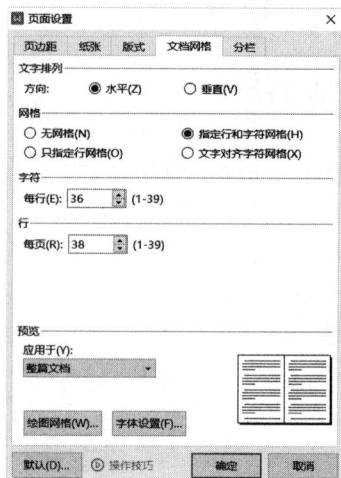

图 3-77 【文档网格】选项卡

Step 04 设置纸张大小。

单击【页面布局】→【纸张大小】下拉按钮展开命令列表，选择"A4（21 厘米×29.7 厘米）"项，如图 3-78 所示。

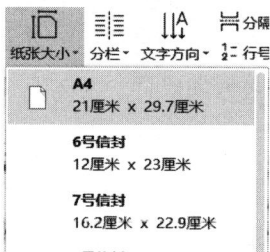

图 3-78 【纸张大小】下拉列表

知 识 链 接

3.15 页面设置

页面设置主要包括页边距、纸张、版式、文档网格等方面的版面设置。单击【页面布局】→【页面设置】对话框启动器按钮 弹出【页面设置】对话框进行页面设置，如图 3-76 所示。或者在【页面布局】中进行页面设置，如图 3-75 所示。

页边距是指页面中文本四周距纸张边缘之间的距离，包括左、右边距和上、下边距，页边距也可以通过【页面设置】对话框或水平和垂直标尺进行调整。

版式可以设置页眉和页脚奇偶页不同和首页不同，以及页眉和页脚距边界的距离。

文档网格中可设置每行的字符数和每页的行数。

任务 3-8　排版论文主体

任务描述

（1）设置论文题目"关键成功因素法在决策者信息需求识别中的应用"的格式"黑体、三号、居中、段前 1 行、段后 1 行、行距固定值 20 磅"。

（2）将文字"摘要"、"关键词"、"Abstract"和"Key words"用"【】"括起来，设置字符格式"黑体、小四"。

（3）修改内置样式。

① 标题 1：黑体、小三，左对齐，段前 1 行，段后 0.5 行，1.2 倍行距。

② 标题 2：黑体、四号、左对齐，段前 1 行、段后 0.5 行、1.73 倍行距。

③ 标题 3：黑体、小四、左对齐，段前 7.8 磅、段后 0.5 行、1.57 倍行距。

（4）修改正文样式。

正文样式为中文设置"宋体、小四"，西文设置"Times New Roman、小四"，行距设置固定值 25 磅，首行缩进 2 字符。

（5）在各级标题上应用样式，要求如下。

① 在红色文字上用"标题 1"样式。

② 在蓝色文字上用"标题 2"样式。

③ 在紫色文字上用"标题 3"样式。

（6）参考文献另起一页。

任务实施

Step 01　设置标题文字格式。

选中标题"关键成功因素法在决策者信息需求识别中的应用"，设置格式为"黑体、三号、居中、段前 1 行、段后 1 行、行距固定值 20 磅"。

Step 02　插入符号"【"和"】"，并设置字符格式。

将插入点定位到合适的位置，单击【插入】→【符号】下拉按钮展开命令列表，选择【符号】→【符号】，单击"【"符号即可在当前位置插入符号，如图 3-79 所示，用类似的方法插入符号"】"，实现将文字"摘要"、"关键词"、"Abstract"和"Key words"用"【】"括起来。

选中文字"【摘要】"、"【关键词】"、"【Abstract】"和"【Key words】"，设置格式为"黑体、小四"。

移动插入点至文字"引言"前面，单击【插入】→【分页】按钮插入分页符。

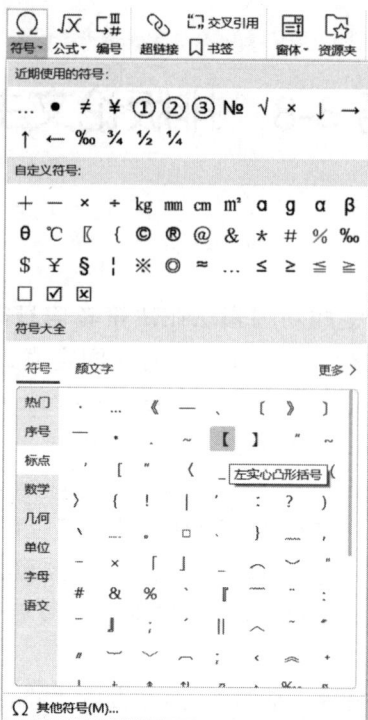

图 3-79 【符号】下拉列表

Step 03 设置各级标题的格式。

设置显示所有样式。单击【开始】选项卡中的下拉扩展按钮 =，如图 3-80 所示，弹出【预设样式】下拉列表，选择【显示更多样式】命令，弹出【样式和格式】任务窗格，单击窗格底部的【显示】下拉按钮展开命令列表，选择【所有样式】命令，如图 3-81 所示。

图 3-80 【样式】选项

图 3-81 【样式和格式】窗格

修改"标题 1"样式。在【样式和格式】窗格中右击【标题 1】样式，弹出快捷菜单，如图 3-82 所示，选择【修改】命令，打开【修改样式】对话框，如图 3-83 所示。【格式】区设置"黑体、小三、左对齐"。单击左下角【格式】按钮，弹出【格式】下拉菜单，如图 3-84 所示，选择【段落】，弹出【段落】对话框。在【间距】区中设置【段前】为"1"行，【段后】为"0.5"行，【行距】为"多倍行距"，【设置值】为"1.2"，如图 3-85 所示，单击【确定】按钮关闭【段落】对话框，返回【修改样式】对话框，单击【确定】按钮完成修改"标题 1"样式。

图 3-82　右击【标题 1】后弹出快捷菜单

图 3-83　【修改样式】对话框

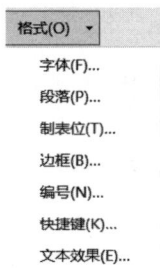

图 3-84　【格式】下拉列表

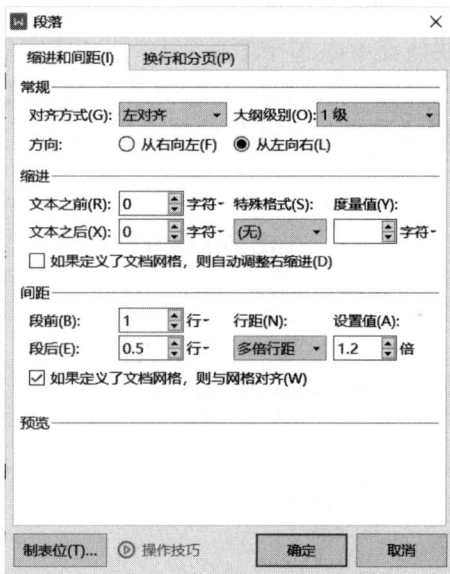

图 3-85　【段落】对话框

修改"标题 2"样式。在【样式】窗格中右击【标题 2】样式，弹出快捷菜单，选择【修改】，打开【修改样式】对话框。设置格式为"黑体、四号、左对齐，段前 1 行、段后 0.5 行、1.73 倍行距"，修改"标题 2"样式后的【修改样式】对话框，如图 3-86 所示。

修改"标题 3"样式。在【样式】窗格中右击【标题 3】样式，弹出快捷菜单，选择【修改】，打开【修改样式】对话框。设置格式为"黑体、小四、左对齐，段前 7.8 磅、段后 0.5 行、1.57 倍行距"。修改"标题 3"样式后的【修改样式】对话框，如图 3-87 所示。

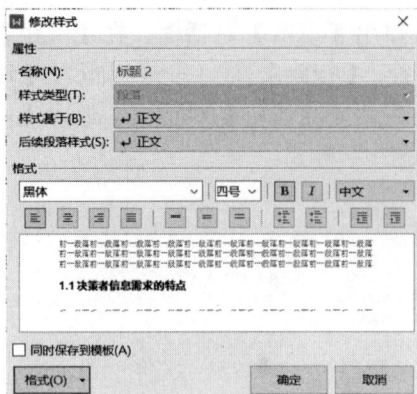

图 3-86　修改"标题 2"样式后的
【修改样式】对话框

图 3-87　修改"标题 3"样式后的
【修改样式】对话框

Step 04　修改正文样式。

单击【开始】→【其他】按钮 弹出【预设样式】列表，如图 3-88 所示，右击
【正文】，弹出快捷菜单，选择【修改】，打开【修改样式】对话框。设置中文格式为
"宋体、小四"，西文格式为"Times New Roman、小四"，单击【格式】按钮，在弹出
的快捷菜单中选择【段落】，打开【段落】对话框。设置首行缩进为 2 字符，行距固
定值为 25 磅，如图 3-89 所示，单击【确定】按钮返回【修改样式】对话框，再单击
【确定】按钮关闭【修改样式】对话框，完成正文样式修改。

图 3-88　【预设样式】列表

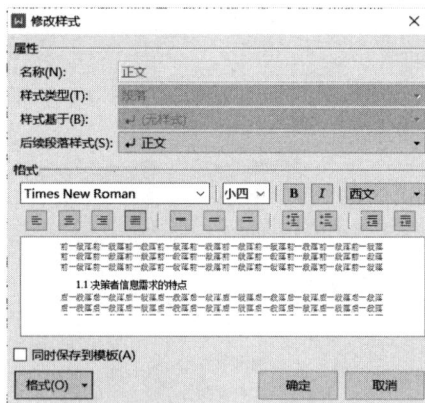

图 3-89　修改"正文"样式后的
【修改样式】对话框

Step 05　应用样式。

移动插入点至红色文字"引言"段落中，单击如图 3-81 所示【样式和格式】任
务窗格中的【标题 1】样式，"引言"段落将应用"标题 1"样式。依次将文中所有红
色文字都应用"标题 1"样式。

移动插入点至蓝色文字"1.1 决策者信息需求的特点"段落中，单击如图 3-81 所
示【样式和格式】任务窗格中的【标题 2】样式，该段落将应用"标题 2"样式。依
次将文中所有蓝色文字都应用"标题 2"样式。

移动插入点至紫色文字"1.1.1 与企业总体战略一致性强"段落中，单击如图 3-

81 所示【样式和格式】任务窗格中的【标题 3】样式，该段落将应用"标题 3"样式。选中所有紫色文字，然后在所有紫色文字上使用"标题 3"样式。

使用样式后的效果如图 3-90 所示，最终效果参见"配套资源\单元 3\排版毕业论文\毕业论文效果文件.PDF"文件。

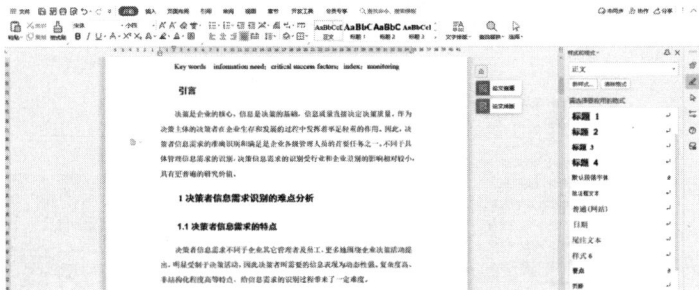

图 3-90　使用样式后的效果

Step 06　插入分页符。

将插入点移至文字"参考文献："的前面，插入分页符，实现参考文献内容另起一页。

保存文件。至此，论文主体排版完成。

知 识 链 接

3.16　插入符号

在文档中经常要输入各种符号，向文档中插入符号的方法如下。

方法 1：单击【插入】→【符号】下拉按钮展开命令列表，选择要插入的符号，或者选择【其他符号】命令，打开【符号】对话框，如图 3-91 所示，找到要插入的符号，单击【插入】按钮插入符号。

图 3-91　【符号】下拉列表

图 3-92　输入法状态条

方法 2：通过软键盘输入。右击如图 3-92 所示输入法状态条中的【输入方式】按钮，弹出快捷菜单，选择【软键盘】，弹出软键盘，单击右上角的键盘按钮，弹出软键盘类型选择列表，如图 3-93 所示，选择一种符号类型，例如选择【数字序号】，打开相应的软键盘，如图 3-94 所示，在图 3-93 中选择【关闭软键盘】命令，关闭软键盘。

图 3-93　选择软键盘类型

图 3-94　【数字序号】软键盘

3.17　应用样式

样式是特定格式的集合，WPS 文字有内置样式，用户也可以自定义样式。应用样式可以简化操作，而且有助于保持整篇文档的一致性。

1. 内置样式

WPS 文字内置了很多样式，并将常用样式在应用样式列表中列出。单击【开始】→【其他】按钮，弹出【预设样式】列表，如图 3-95 所示。将光标移至某个段落，在【预设样式】列表中选择一个样式，或者在如图 3-81 所示【样式和格式】任务窗格中选择一个样式，则当前段落应用该样式。

图 3-95　【预设样式】列表

2. 自定义样式

用户可以自定义样式。

（1）新建样式。单击如图 3-95 所示【预设样式】列表中的【新建样式】命令，或者单击如图 3-96 所示【样式和格式】任务窗格的【新样式】按钮，打开【新建样式】对话框，如图 3-97 所示。【名称】后输入新建样式名称，注意不能与内置样式同名。【样式类型】后选择一种样式类型，常用的类型有字符、段落等。【格式】区域可预览样式效果，单击【格式】按钮可做更多设置，比如字体、段落、边框和编号等的格式。

图 3-96 【样式和格式】任务窗格

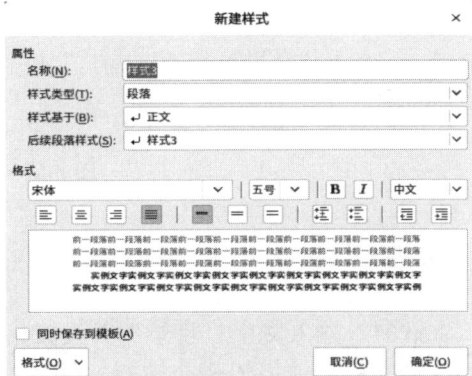

图 3-97 【新建样式】对话框

（2）修改样式。在样式名上右击，弹出快捷菜单，选择【修改】项，打开【修改样式】对话框修改样式。内置样式和自定义样式都可以修改，修改样式后，WPS 文字会自动更新整个文档中应用该样式的文本格式。

（3）删除样式。在样式名上右击，弹出快捷菜单，选择【删除】项，即可删除该样式。只能删除自定义的样式，不能删除内置样式。

（4）应用样式。选中或将插入点定位到要应用样式的段落，选择一种样式即可应用该样式。

提示：只能删除自定义样式，不能删除内置样式。而无论是自定义样式还是内置样式都可以修改。

任务 3-9　插入目录

任务描述

（1）插入自动生成的目录，一级标题格式为"宋体、小三"，其他标题格式为"宋体、四号"，1.5 倍行距，最终效果如图 3-98 所示。

（2）根据需要更新目录。

图 3-98　插入的目录

任务实施

Step 01　输入文字"目录"并设置格式。

在论文标题前插入一个空行，输入文字"目录"，设置格式为"黑体、三号、段前 30 磅、段后 30 磅、行距固定值 20 磅，居中对齐"。

Step 02　插入目录并设置目录文字格式

单击【引用】→【目录】下拉按钮展开命令列表，选择三级目录格式，如图 3-99 所示，或者选择【自定义目录】命令，弹出【目录】对话框，如图 3-100 所示。单击【确定】按钮在当前插入点插入目录。

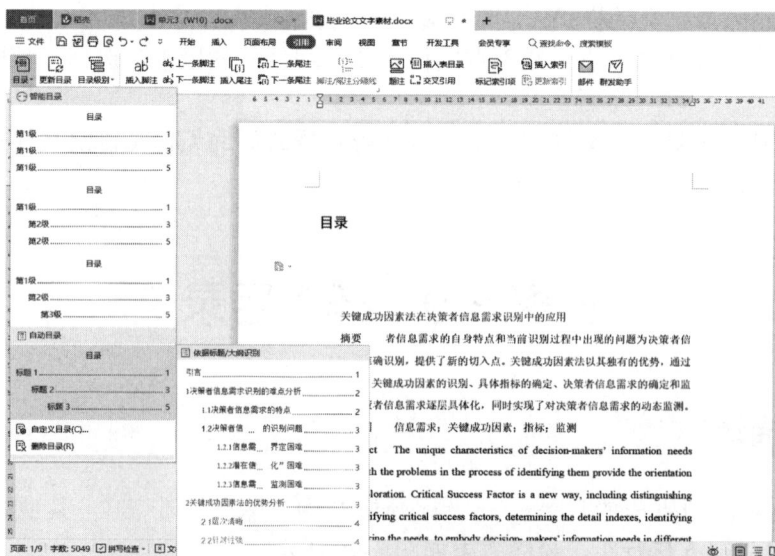

图 3-99　【目录】下拉列表

提示：如果在各级标题上使用的不是内置的标题 1、标题 2 等样式，而是自定义的样式，比如自定义样式"1 级标题"、"2 级标题"和"3 级标题"，并在相应的标题上使用了，则插入目录时，在打开如图 3-100 所示【目录】对话框后要单击【选项】按钮，在弹出的【目录选项】对话框中删除【目录级别】下的默认值，设置【1 级标题】样式的【目录级别】值为"1"，【2 级标题】样式的【目录级别】值为"2"，【3 级标题】样式的【目录级别】值为"3"，如图 3-101 所示，单击【确定】按钮返回【目录】对话框，单击【确定】按钮插入目录。

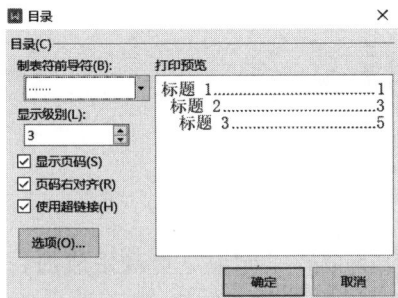

图 3-100　【目录】对话框

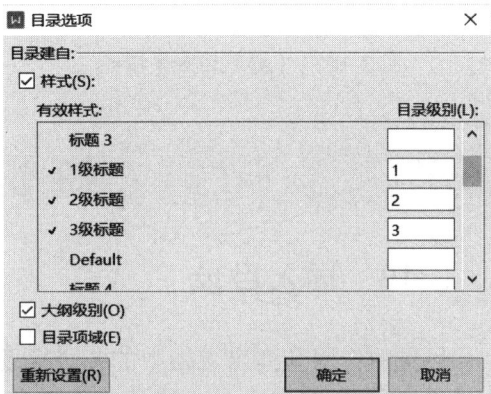

图 3-101　【目录选项】对话框

Step 03　设置目录格式

全选插入的目录，设置格式为"宋体、四号，1.5 倍行距；首行缩进：0 字符"。按住【Ctrl】键选中所有一级标题，设置字号为"小三"，插入目录后的页面效果如图 3-102 所示。

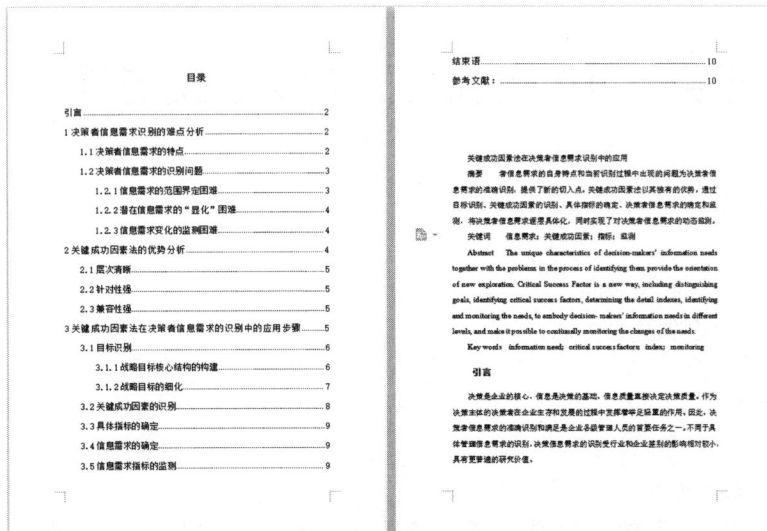

图 3-102　插入目录后的页面效果

提示：可以单击【开始】选项卡中的【增加缩进量】按钮和【减少缩进量】按钮调整目录各级标题的缩进量。

插入目录后如果对文档进行了修改，应该更新目录。方法是选中目录，单击【引用】→【更新目录】按钮，如图 3-103 所示，弹出【更新目录】对话框，如图 3-104 所示，根据情况选择【只更新页码】（只是标题所对应的页码有变化）或【更新整个目录】（标题有变化），单击【确定】按钮完成更新目录。

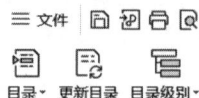

图 3-103　【更新目录】按钮

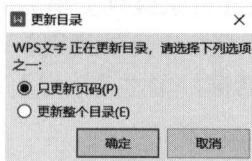

图 3-104　【更新目录】对话框

知 识 链 接

3.18　插入目录

目录的作用是列出文档中的各级标题及其所在的页码。如果是自动生成的目录，按住【Ctrl】键单击目录中的某个标题，可以跳转到该标题对应的内容。

自动生成目录的实质是提取文档中使用了指定样式的文字。因此要自动生成目录，必须先在标题上使用样式，样式可以是内置样式，如标题 1、标题 2 和标题 3 等样式，也可以是自定义样式。自动生成的目录更新很方便。

如果在文档中进行了更改，就需要更新目录。具体操作如前所述。

提示：如果目录变动较大，可以删除插入的目录，重新插入目录。

任务 3-10　插入"毕业论文封面"

任务描述

（1）在论文中插入封面。

（2）排版使整体美观协调。

任务实施

Step 01　插入封面。

按【Ctrl+Home】组合键移动插入点至文档首文字"目录"的前面，单击【插入】→【对象】弹出下列列表，如图 3-105 所示，选择【文件中的文字】，打开【插入文件】对话框，选择"配套资源\单元 3\排版毕业论文\毕业论文封面.docx"，插入封面文件。

Step 02　排版封面页。

选中封面页所有内容，设置首行缩进为"0 字符"，调整文字字体和段落其他格式，使整体美观协调，如图 3-106 所示（为方便后续操作，让文字"目录"仍然在封面页）。

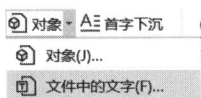

图 3-105　【对象】下拉列表　　　　　图 3-106　插入封面文件并调整格式后效果

任务 3-11　设置页眉和页脚

任务描述

（1）插入页眉和页脚，最终效果参考"配套资源\单元 3\排版毕业论文\毕业论文效果文件.PDF"文件，要求如下。

①封面没有页眉和页脚。

②目录页眉为"目录"，格式为"宋体、五号、居中、有下画线"，页脚为罗马数字格式页码，从"i"开始编码。

③论文主体的页眉为"山西职业技术毕业论文"，格式为"宋体、五号、居中、有下划线"。页脚为阿拉伯数字格式页码，从"1"开始编码，居中。

（2）使文档中的智能图形在一个横向的页面。

制作思路

（1）插入分节符使封面、目录、论文主体在不同的节中。

（2）根据情况取消或保留【与上一节相同】提示信息。

（3）插入页码时分两步完成，第一步设置页码格式，第二步插入页码。

（4）页眉文字下有线或没线，实质是文字所在段落有下画线或没有下画线，在【边框和底纹】对话框中进行更改。

任务实施

Step 01 插入分节符使封面、目录和论文主体在不同节中。

将插入点移至文字"目录"的前面，单击【页面布局】→【分隔符】下拉按钮展开命令列表，如图 3-107所示，选择【分节符】中的【下一页分节符】命令，使封面和目录在不同节。将插入点移至论文标题"关键成功因素法在决策者信息需求识别中的应用"的前面，插入一个下一页分节符，使目录和论文主体在不同节，在页眉或页脚位置双击，显示封面在第 1 节，目录在第 2节，论文主体在第 3 节，即为分节成功，正确分节后的页面效果如图 3-108 所示。

图 3-107 【分隔符】下拉列表

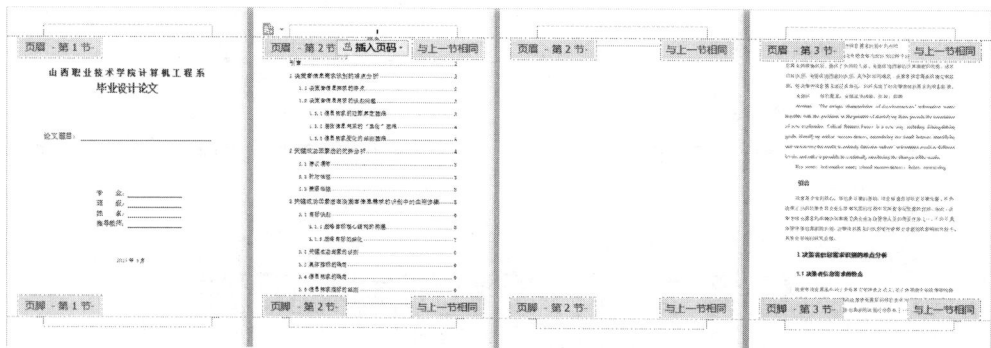

图 3-108 插入两个【下一页】分节符后的页面效果

Step 02 设置目录部分的页码。

将插入点移至目录页脚位置，会看到【与上一节相同】提示信息，如图 3-109 所示，单击【页眉和页脚】中的【同前节】按钮，如图 3-110 所示，【与上一节相同】提示信息消失，如图 3-111 所示。

图 3-109 显示"与上一节相同"提示信息

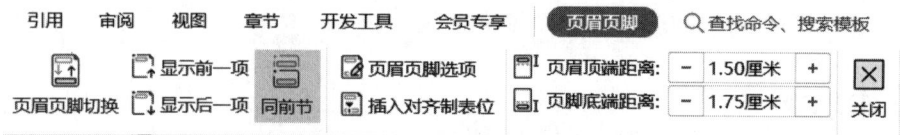

图 3-110 【页眉页脚】选项卡

图 3-111 不显示"与上一节相同"提示信息

Step 03 在目录中插入页码。

单击图 3-111 中的【插入页码】，弹出【插入页码】对话框，如图 3-112 所示，单击【样式】选择小写罗马数字，【位置】选择【居中】，【应用范围】选择【本节】，如图 3-113 所示，单击【确定】按钮返回。

图 3-112 【插入页码】对话框　　图 3-113 设置后的【插入页码】对话框

设置后的目录页码如图 3-114 所示，此时的目录页码为"ⅱ"。然后单击【重新编号】按钮，将页码变为"ⅰ"，如图 3-115 所示。

图 3-114 插入页码后的目录

图 3-115 设置【重新编号】后页码变为"ⅰ"

Step 04 在论文主体部分插入页码。

将插入点移至论文主体第 3 节第 1 页页脚位置，单击【插入页码】按钮，打开对话框。【样式】选择阿拉伯数字格式，【位置】选择【居中】，【应用范围】选择【本页及之后】，如图 3-116 所示，单击【确定】按钮关闭对话框，完成在论文主体插入页码。

提示：目录和论文主体都有页码，可以在【与上一节相同】提示信息显示的状态插入页码。页码格式不同，所以要在【页码格式】对话框中重新设置页码格式。

Step 05 设置目录部分页眉。

将插入点移至目录的页眉位置，此时有"与上一节相同"提示信息，单击【同前节】按钮取消"与上一节相同"提示信息，然后输入文本"目录"，设置格式为"宋体、五号、居中"，如图 3-117 所示。

图 3-116 【插入页码】对话框

图 3-117 目录部分的页眉

图 3-118 【页眉横线】下拉列表

单击【页眉和页脚】选项卡中的【页眉横线】下拉按钮展开命令列表，选择横线的线型，如图 3-118 所示，即可使文字"目录"下有横线。

提示：单击【删除横线】，可以取消文字下方的横线。

Step 06 设置论文主体部分页眉。

将插入点移至【页眉-第 3 节-】位置，单击【同前节】按钮，"与上一节相同"提示信息消失，删除文字"目录"，输入"山西职业技术毕业论文"，如图 3-119 所示，在论文主体部分插入页眉。

单击【页眉和页脚】选项卡中的【页眉横线】下拉按钮展开命令列表，选择横线的线型，如图 3-118 所示，即可使文字"山西职业技术毕业论文"下有横线。

图 3-119 论文主体页眉

Step 07 使智能图形在一个横向页面。

将插入点移至文字"（如图 2）"的后面，插入下一页分节符，将插入点移至文字"图 2 战略目标细化层次图"后面，再插入下一页分节符，使智能图形单独在第 4 节，设置纸张方向为"横向"，如图 3-120 所示。

双击智能图形所在页的页脚页码，打开如图 3-121 所示【重新编号】下拉按钮展开命令列表，选择【页码编号续前节】命令，使智能图形所在页的页码接着第 3 节编码为"8"。用类似方法更改智能图形所在页下一页的页码，使其接着第 4 节编码为"9"。

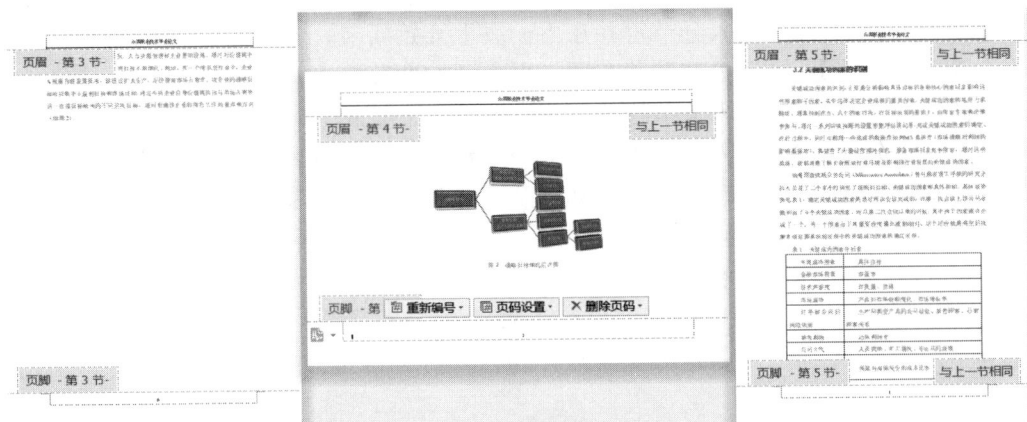

图 3-120　设置智能图形在第 4 节且纸张方向为"横向"

图 3-121　【重新编号】下拉按钮展开命令列表

保存文件。至此，论文排版完成，最终效果如表 3.2 所示。

知 识 链 接

3.19　分节

"节"是文档页面设置的基本单位，对于新建的文档，默认整个文档为一节，同一节内各页的格式完全相同，插入分节符可以将文档分成多个节，为每节设置各自的格式，且不会影响其他节的格式设置。文档页面设置包括页边距、纸张、版式和文档网格等。

单击【页面布局】→【分隔符】下拉按钮 ⌇分隔符 ▾ 展开命令列表，如图 3-122 所示，分节符有 4 种类型。

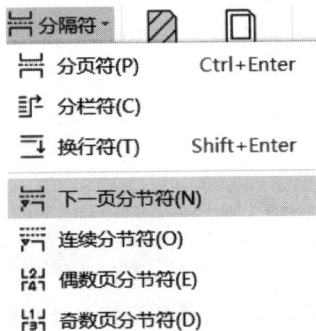

图 3-122　【分隔符】下拉列表

【下一页分节符】：插入分节符并在下一页上开始新节。

【连续分节符】：插入分节符并在同一页上开始新节。

【偶数页分节符】：插入分节符并在下一偶数页开始新节。

【奇数页分节符】：插入分节符并在下一奇数页开始新节。

单击【章节】→【章节导航】按钮，弹出【章节】任务窗格，可以看到文档中的分节情况，如图 3-123 所示。可以对节进行新增、合并、删除和重命名操作。

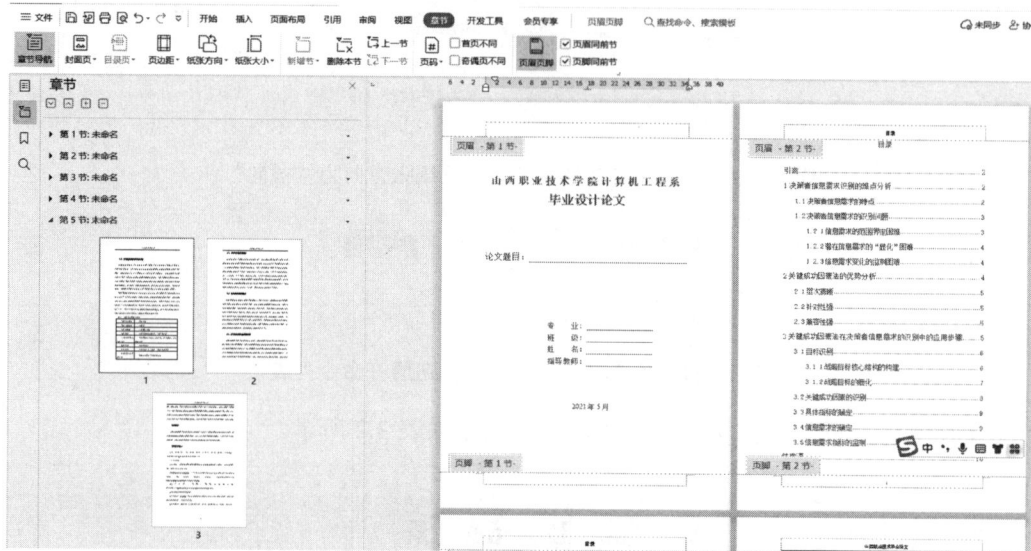

图 3-123 【章节导航】按钮

3.20 设置页眉和页脚

页眉出现在页面顶端，内容一般为章标题、文档标题和公司标志等。页脚出现在页面的底端，内容一般为页码。

（1）插入页眉和页脚。单击【插入】→【页眉页脚】，或单击【章节】→【页眉页脚】，或在页眉（或页脚）位置双击可进入页眉页脚编辑区域，同时在功能区显示【页眉页脚】选项卡，如图 3-124 所示，插入页眉（或页脚）内容。单击【同前节】按钮可使页眉或页脚的"与上一节相同"提示信息显示或消失。若【同前节】按钮处于选中状态，"与上一节相同"提示信息显示，编辑当前节的页眉或页脚，上一节的页眉和页脚跟着改变。若【同前节】按钮不处于选中状态，"与上一节相同"提示信息消失，编辑当前节的页眉或页脚，上一节的页眉和页脚不变。

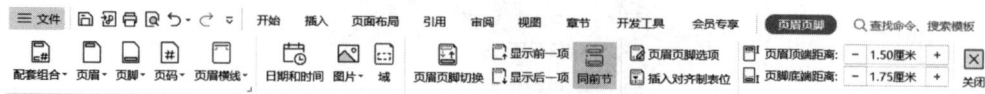

图 3-124 【页眉页脚】选项卡

（2）设置奇偶页页眉和页脚不同。选中【章节】→【奇偶页不同】复选框，或单

击【页眉页脚】→【页眉页脚选项】按钮，打开【页眉/页脚设置】对话框，选择
【奇偶页不同】复选框，然后可设置奇偶页页眉和页脚不同。

（3）删除页眉或页脚。单击图 3-124 中的【页眉】下拉按钮展开命令列表，选择
【删除页眉】命令可删除页眉。单击图 3-124 中的【页脚】下拉按钮展开命令列表，
选择【删除页脚】命令可删除页脚。

（4）删除页码。单击图 3-124 中的【页码】下拉按钮展开命令列表，选择【删除
页码】，可快速删除页码。

（4）退出页眉或页脚设置。在页眉或页脚区域外任意位置单击，或单击【页眉页
脚】→【关闭】按钮，可退出页眉或页脚设置。

3.21　插入页码

有时需要在页眉插入页码，有时需要在页脚插入页码。

（1）插入页码。单击图 3-124 中的【页码】下拉按钮展开命令列表，如图 3-125
所示，选择一种样式即可在当前位置插入页码。或者单击页眉或页脚位置的【插入页
码】按钮，弹出如图 3-126 所示对话框。在【样式】中选择一种编号，在【应用范
围】区选择应用范围，单击【确定】按钮即可在当前位置插入页码。

（2）更改页码编号。在如图 3-121 所示【重新编号】下拉按钮展开命令列表中，
选择要编号方式，即可更改页码编号。

图 3-125　【页码】下拉列表　　　　图 3-126　【页码】对话框

学习案例 3：制作成绩通知单

成绩通知单是由成绩管理部门出具的考生成绩凭证，一般都有统一的模板。本案
例用 WPS 文字邮件合并功能快速制作批量成绩通知单，效果如表 3.3 所示。

表 3.3　批量制作出的成绩单效果

成绩通知单效果

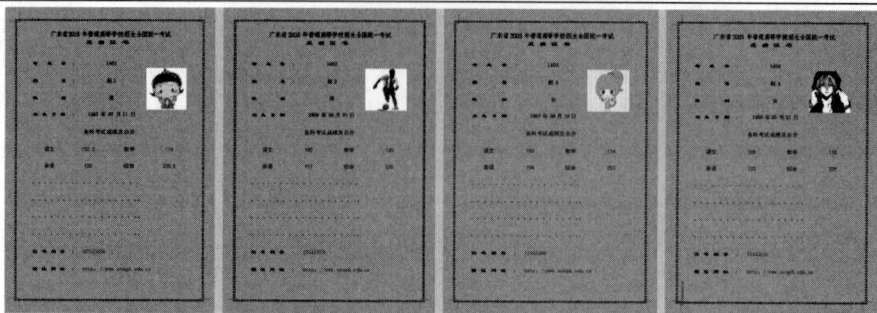

任务 3-12　确定数据源

任务描述

建立文件"学生成绩表.docx"，输入所有学生成绩信息，作为邮件合并时的数据源。效果如图 3-127 所示。

考生号	姓名	性别	出生日期	语文	数学	英语	综合	证书编号	照片
1401	赵1	男	1987 年 07 月 11 日	102.5	116	120	230.5	12345678	赵1.jpg
1402	赵2	男	1988 年 06 月 1 日	100	120	117	225	12345679	赵2.jpg
1403	赵3	女	1987 年 09 月 18 日	100	114	104	253	12345680	赵3.jpg
1404	赵4	女	1988 年 05 月 21 日	105	118	123	209	12345681	赵4.jpg

图 3-127　"学生成绩表.docx"文件效果

任务实施

Step 01　创建文件。

启动 WPS 文字，将新建的文件保存到"D:\WPS 文字"下，文件名设为"学生成绩表.docx"。插入表格，并输入数据，如图 3-127 所示。

Step 02　保存文件。

提示：大多数情况下，数据源文件是提前准备好的，注意作为 WPS 文字中创建的数据源文件，第一行必须是列标题，中间不能有空行。另外数据源文件也可以是 WPS 表格文件。

任务 3-13 创建主文档

任务描述

新建文件"成绩证书模板.docx"作为邮件合并的主文档，效果如图 3-128 所示，要求如下。

（1）设置上、下、左、右边距为"1 厘米"。

（2）设置纸张为"大 32 开"，方向为"纵向"。

（3）为页面设置页面颜色和艺术型页面边框。

（4）用表格布局数据，设置表格无边框。

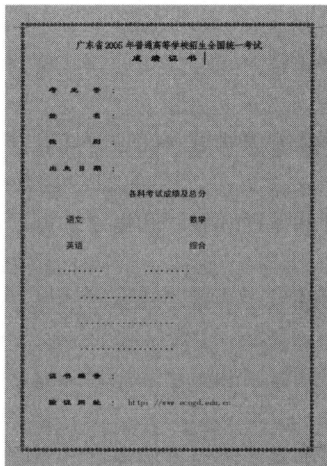

图 3-128 "成绩证书模板"文件效果

任务实施

Step 01 启动 WPS 文字和保存文档。

启动 WPS 文字，保存文件到"D:\WPS 文字"，文件名设为"成绩证书模板.docx"。

Step 02 设置页边距和纸张方向。

打开【页面设置】对话框，设置上、下、左和右页边距为"1 厘米"，设置纸张为"大 32 开（14×20.3 厘米）"，单击【确定】按钮关闭对话框。

Step 03 为页面加边框。

打开【边框和底纹】对话框，切换到【页面边框】选项卡，【设置】区选择"方框"，设置【宽度】为"5"磅，【艺术型】为🍎🍎🍎🍎🍎，如图 3-129 所示，单击【选项】按钮打开【边框和底纹选项】对话框。在【边距】区的【上】、【下】、【左】、【右】框中分别输入"15"磅，如图 3-130 所示，单击【确定】按钮返回【边框和底纹】对话框，再次单击【确定】按钮关闭【边框和底纹】对话框。

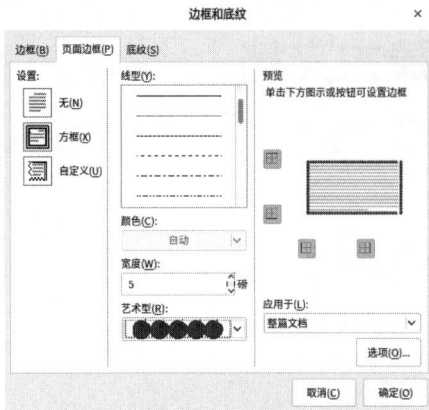

图 3-129 【边框和底纹】对话框

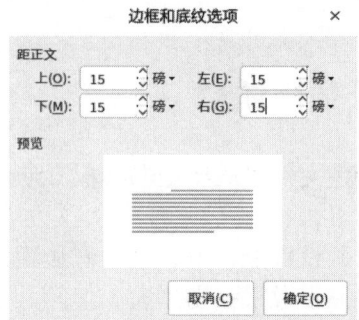

图 3-130 【边框和底纹选项】对话框

Step 04 为页面加背景。

单击【页面布局】→【背景】→【其他背景】→【纹理】命令，打开【填充效果】对话框，单击【纹理】选项卡下的"纸纹 1"，如图 3-131 所示，设置后的页面效果如图 3-132 所示。

Step 05 输入标题，并设置标题格式。

将插入点移至文档首部，输入文字"广东省 2005 年普通高等学校招生全国统一考试"，设置格式为"仿宋、小四、加粗、紧缩 0.5 磅、居中"。按【Enter】键换行，输入文字"成绩证书"，设置格式为"隶书、小四、加粗、加宽 5 磅、居中"。

Step 06 插入并编辑表格。

插入并编辑表格，文字"考生号"等设置格式为"隶书、五号、加粗、居中对齐"，文字"各科考试成绩及总分"设置格式为"黑体、五号、居中"，其余设置格式为"宋体、五号、居中"，排版后的效果如图 3-133 所示。

提示："···········"是通过插入多个符号"·"的方法实现的。

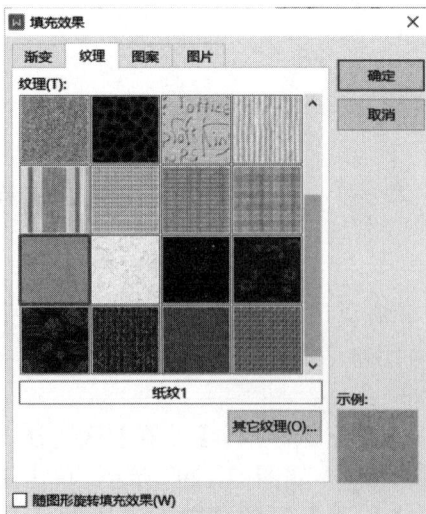

图 3-131 【填充效果】对话框

图 3-132 设置页面背景后效果

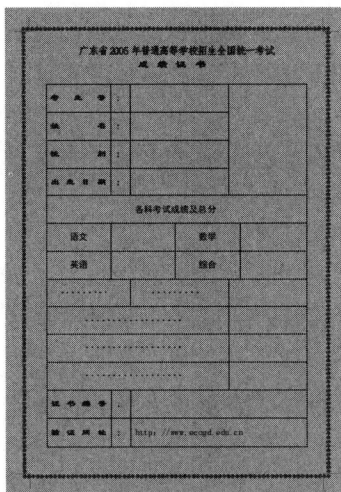

图 3-133　插入和编辑表格后的成绩单

Step 07　设置表格无框线。

选中表格，单击【开始】→【边框】下拉按钮展开命令列表，选择【无框线】命令，如图 3-134 所示，取消表格边框。

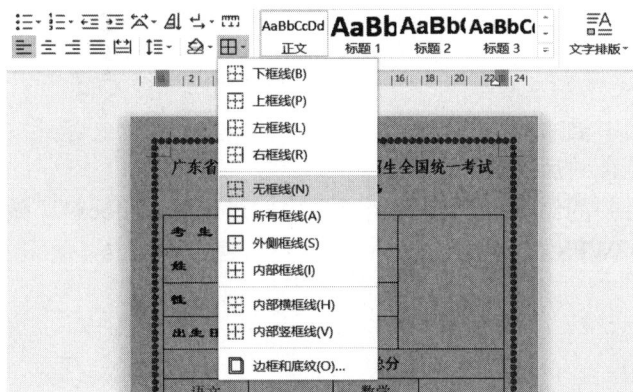

图 3-134　设置表格"无框线"

保存文档。至此，主文档"成绩证书模板.docx"制作完成，效果如图 3-132 所示。

知 识 链 接

3.22　页面边框和页面颜色

用户可以为文档设置页面颜色、边框、水印或稿纸等效果。单击【页面布局】→【背景】下拉按钮展开命令列表，如图 3-135 所示，选择需要的颜色，或者选择【其他背景】弹出下拉菜单，设置填充图案、纹理和渐变。

单击【页面布局】→【页面边框】按钮，弹出【边框和底纹】对话框。页面边框可以选择线条形式的边框，也可以选择【艺术型】边框，如图 3-136 所示。

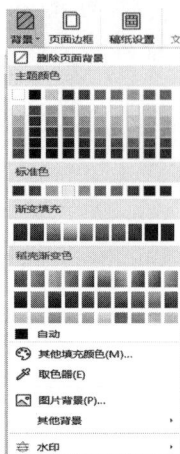

图 3-135　【背景】下拉列表

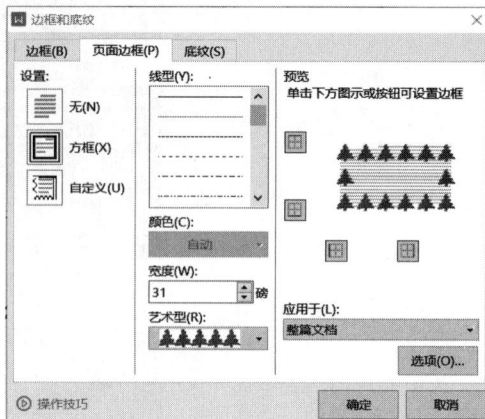

图 3-136　【边框和底纹】对话框

任务 3-14　使用邮件合并

任务描述

（1）在主文档中插入域。

（2）预览邮件合并后的效果。

（3）将邮件合并的结果保存到文档"学生成绩通知单.docx"，效果如图 3-137 所示，保存位置"D:\WPS 文字"。

任务实施

Step 01　复制所有文件到同一个文件夹。

复制文件夹"配套资源\单元 3\成绩单"中的所有图片到主文档所在的文件夹"D:\WPS 文字"。

Step 02　打开主文档"成绩证书模板.docx"。

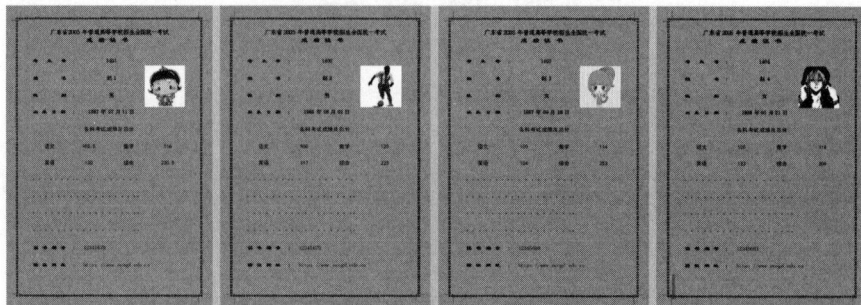

图 3-137　"学生成绩通知单.docx"文件效果

Step 03　选择收件人。

单击【引用】→【邮件】按钮出现【邮件合并】选项卡，如图 3-138 所示，单击【打开数据源】下拉按钮展开命令列表，选择【打开数据源】命令弹出【选择数据源】对话框，选择文件 "D:\WPS 文字\学生成绩表.docx"。

图 3-138　【邮件合并】选项卡

Step 04　插入合并域。

将插入点定位到要插入考生号的单元格中，单击【邮件合并】→【插入合并域】按钮，弹出【插入域】对话框，如图 3-139 所示，选择【考生号】，在当前位置插入《考生号》域，如图 3-140 所示，用类似方法插入除照片域外的其他域。

图 3-139　【插入域】对话框

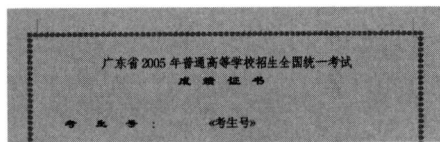

图 3-140　插入《考生号》域

Step 05　预览信函。

单击【邮件合并】→【查看合并数据】按钮预览结果，如图 3-141 所示，此时主文档调入了数据源文件数据，如图 3-142 所示。单击 ←、→、⊲ 和 ▷ 按钮在不同记录间切换。

图 3-141　【查看合并数据】按钮

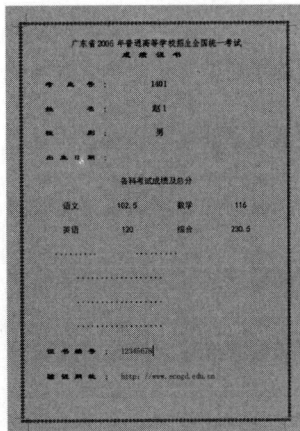

图 3-142　预览结果

Step 06　插入照片域。

打开照片所在的文件夹，右击文件夹名，在弹出的快捷菜单中选择【复制地址】命令，复制照片所在的路径，如图 3-143 所示。

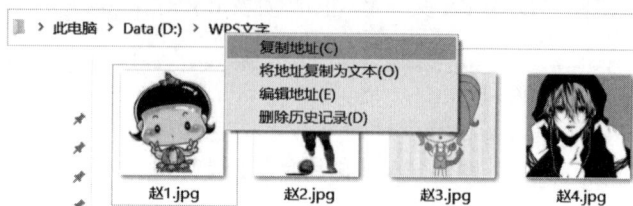

图 3-143　复制照片的路径

将插入点定位到要插入照片的单元格中，单击【插入】→【文档部件】下拉按钮展开命令列表，如图 3-144 所示，选择【域】命令打开【域】对话框，【域名】区选择【插入图片】，参照提示，在【域代码】区输入如下代码"INCLUDEPICTURE "D:\\WPS 文字\\赵 1.jpg""，如图 3-145 所示，单击【确定】按钮返回主文档。

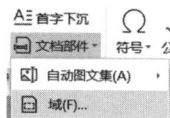

图 3-144　【文档部件】下拉列表

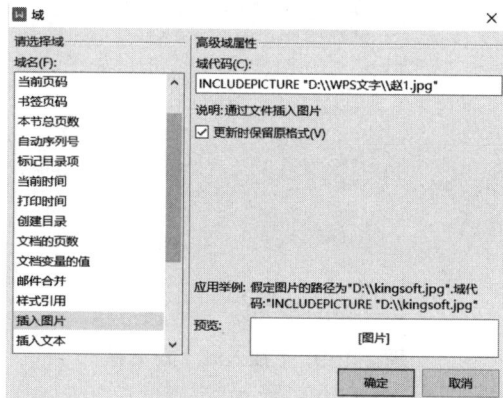

图 3-145　【域】对话框

插入照片域后的效果如图 3-146 所示，如果照片不能正常显示，可按【Alt+F9】组合键切换到域结果。

提示：按【Alt+F9】组合键可在域结果和域代码之间切换，图 3-146 所示是域结果状态，图 3-147 所示是域代码状态。

删除图 3-147 中红色框的部分，单击【插入合并域】下拉按钮展开命令列表，选择【照片】，此时照片区如图 3-148 所示。

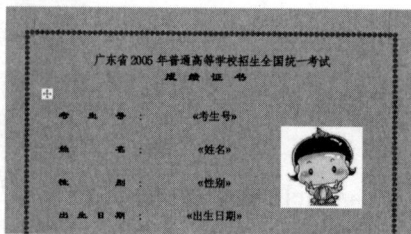

图 3-146　插入照片域后的效果

图 3-147　按【Alt+F9】后的照片区显示

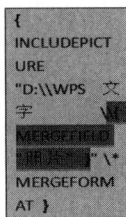

图 3-148　插入"照片"域后的照片区显示

再次按【Alt+F9】组合键隐藏域代码，切换到域结果状态，此时显示为照片，如图 3-149 所示。

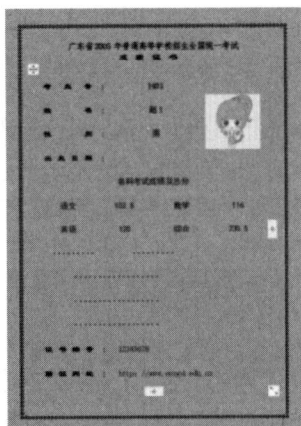

图 3-149　插入照片后的主文档

提示：若照片显示不正常，可先按【Ctrl+A】组合键全选，再按【F9】键刷新，即可正常显示。若还不能正常显示照片，检查是否将数据源文件、主文档和编辑好的照片放在同一个文件夹中。

Step 07　合并到新文档。

单击【邮件合并】→【合并到新文档】按钮，打开【合并到新文档】对话框，如图 3-150 所示，选中"全部"，单击【确定】按钮后 WPS 文字自动创建一个名为"文字文稿 1.docx"的新文档，包含 4 个学生的成绩单，按【Ctrl+A】组合键全选，再按【F9】键刷新，此时页面效果如图 3-151 所示。

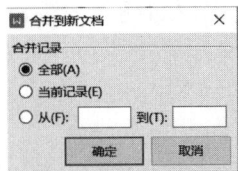

图 3-150　【合并到新文档】对话框

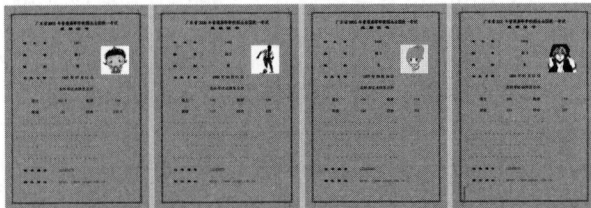

图 3-151　"文字文稿 1.docx"效果

提示：如果对"文字文稿 1.docx"不满意，可以返回主文档，编辑后重新进行邮件合并，此时名称默认为"文字文稿 2.docx"，依次类推。

Step 08　保存邮件合并结果到文件"学生成绩通知单.docx"。

打开【另存为】对话框，选择保存位置"D:\WPS 文字"，文件名设为"学生成绩通知单.docx"。

至此，完成批量制作成绩单，生成四个学生的成绩单，最终效果如图 3-137 所示。

提示：数据源文件中有多少条记录，一次就可以制作出多少个同学的成绩单，也可以制作部分同学的成绩单，只要在如图 3-150 所示【合并到新文档】对话框中合理设置即可。

知 识 链 接

3.23   邮件合并

通过邮件合并功能可以批量制作录取通知书、邀请函等，省去重复工作。【邮件合并】选项卡如图 3-152 所示，邮件合并的一般步骤为：

①确定数据源；②建立主文档；③打开数据源；④插入合并域；⑤查看合并数据；⑥合并输出结果。

图 3-152   【邮件合并】选项卡

单元小结

本单元对 WPS 文字进行了系统介绍，主要包括以下几个方面。

（1）WPS 文字的基本操作，包括启动和退出 WPS 文字、WPS 文字的窗口、WPS 文字文档的创建、保存、打开、关闭、退出等。

（2）WPS 文字文档的格式设置，包括设置字符和段落格式、应用样式设置文档格式。

（3）WPS 文字文档的页面设置与打印，包括页面设置、页眉和页脚设置、插入页码、设置页面边框、打印预览和打印文档等方面。

（4）WPS 文字表格操作，包括插入表格、编辑表格、美化表格等。

（5）WPS 文字图文混排，包括图片、艺术字、图形和文本框的插入与编辑。

（6）WPS 文字的邮件合并功能的使用。

单元习题

扫码测验

单元 4　WPS 表格

【知识目标】

（1）熟悉 WPS 表格工作界面，理解 WPS 表格中单元格、工作表、工作簿等基本概念。

（2）掌握 WPS 表格数据输入与编辑。

（3）掌握 WPS 表格工作表格式设置与页面设置。

（4）理解相对引用、绝对引用以及混合引用的概念并掌握其使用方法。

（5）理解 WPS 表格公式、常用函数的定义。

（6）了解函数的分类和常用函数的使用方法。

（7）掌握 WPS 表格中排序、筛选、分类汇总等统计分析工具的使用。

（8）理解 WPS 表格图表的基本概念，掌握插入和编辑图表的方法。

【技能目标】

（1）能熟练操作 WPS 表格单元格、工作表、工作簿。

（2）会在 WPS 表格中插入和编辑图形、图片、艺术字、文本框。

（3）会美化 WPS 表格工作表，会设置打印页面格式并打印。

（4）会输入、修改、移动和复制 WPS 表格公式，能灵活运用 WPS 表格函数。

（5）会用 WPS 表格的排序、筛选、分类汇总等功能进行数据管理。

（6）会插入、编辑、美化 WPS 表格图表。

【素质目标】

通过案例制作学生成绩管理系统，学生学习 WPS 表格相关操作，培养学生计算思维和数字化创新与发展素养，培养学生耐心和细心做事习惯。

学习案例：制作学生成绩管理系统

学生成绩管理主要是完成学生信息采集、浏览、查询、统计分析等任务，对于学校任课老师和管理者至关重要。

本案例以管理某班级学生成绩信息为例，使用 WPS 表格设计制作了一个小型学生成绩管理系统，包含 7 个工作表，各工作表通过超链接自由切换，实现方便快捷地浏览、查询、统计分析学生成绩信息功能，提高学生成绩管理效率。各个工作表效果如表 4.1 所示。

表 4.1　学生成绩管理系统各工作表效果

"首页"工作表效果	"使用说明"工作表效果

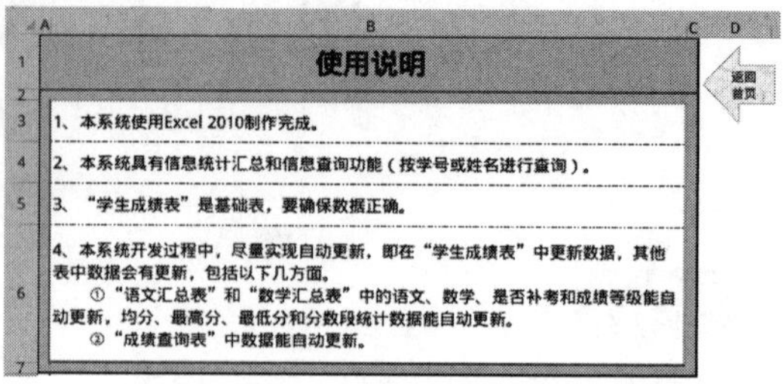

"学生成绩表"工作表部分数据效果	"语文汇总表"工作表部分数据效果

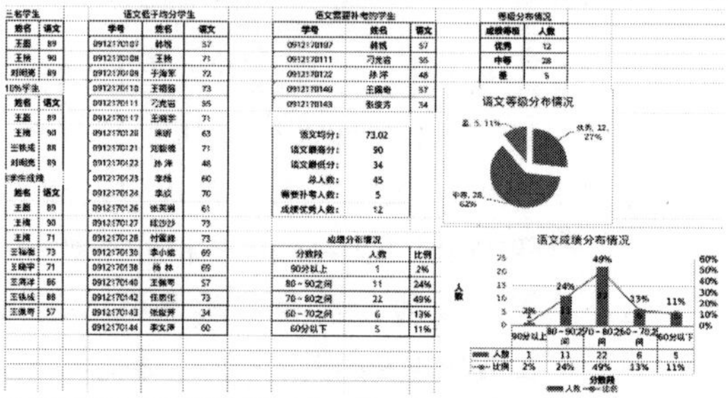

"数学汇总表"工作表部分数据效果	"其他项汇总"工作表部分数据效果

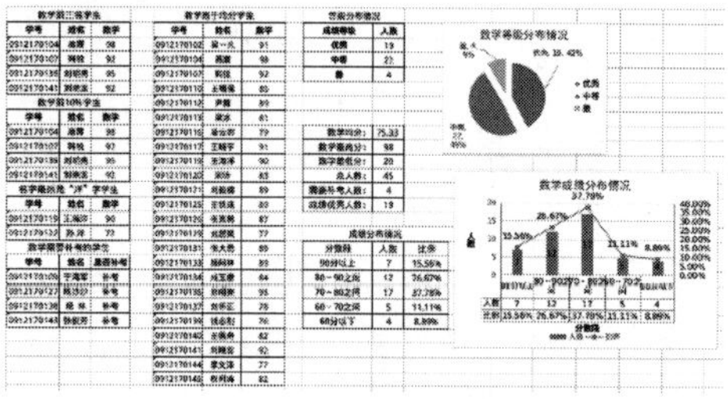

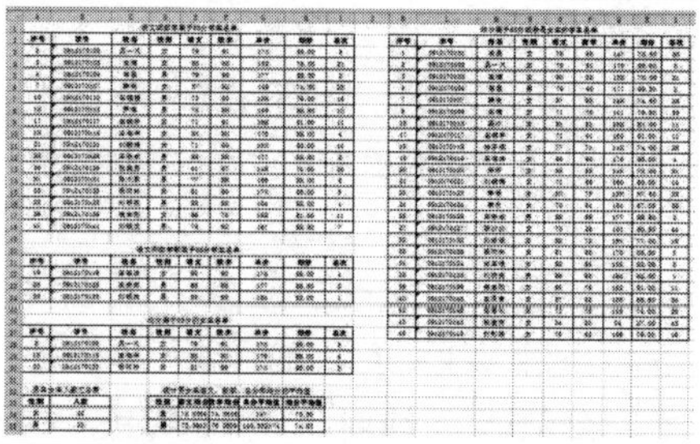

"信息浏览查询表"工作表效果

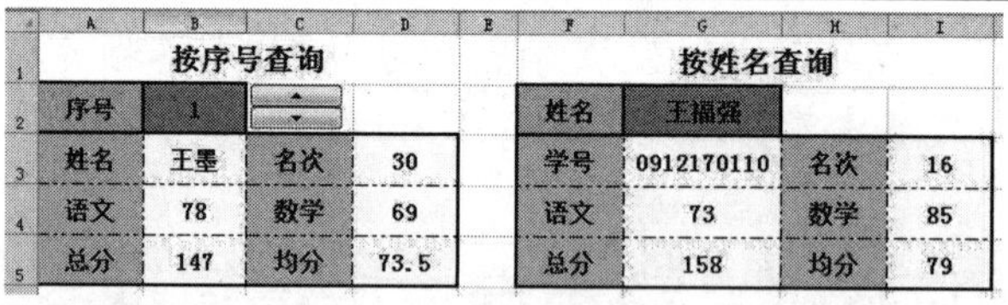

任务 4-1　新建和保存 WPS 表格工作簿

任务描述

（1）启动 WPS Office。

（2）保存工作簿，文件名设为"学生成绩管理系统.xlsx"，保存位置为"D:\WPS 表格"。

任务实施

单击【开始】菜单中的【WPS Office】命令或者双击桌面快捷方式图标【WPS Office】，启动 WPS Office，单击【文件】→【新建】命令，切换到选择新建文件类型的界面，选择【新建表格】→【新建空白表格】，打开如图 4-1 所示 WPS 表格工作窗口，同时系统自动创建一个名称为"工作簿 1"的表格文件。用户可在编辑区进行输入和编辑操作。单击【文件】→【保存】命令，弹出【另存为】对话框，保存位置选择"D:\WPS 表格"，文件名设为"学生成绩管理系统.xlsx"。

4.1 WPS 表格工作窗口

WPS 表格工作窗口如图 4-1 所示，主要由标签栏、功能区、编辑栏、任务窗格、工作表编辑区、工作表列表区等部分组成。

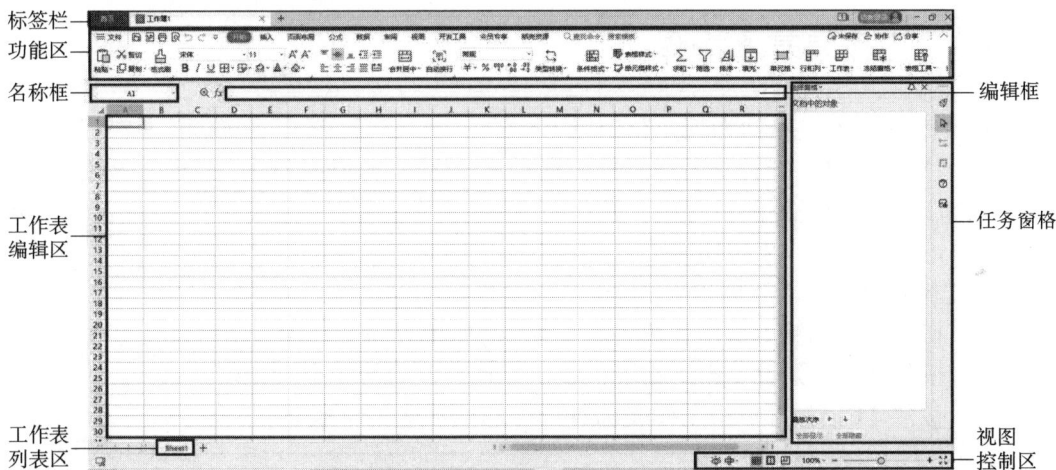

图 4-1　WPS 表格工作窗口

编辑栏：由 3 部分组成，自左至右依次为名称框、工具按钮和编辑框。

名称框：显示活动单元格地址或定义的名称，在名称框中输入单元格地址或名称，按【Enter】键可选中指定单元格或名称引用区域，例如，输入"B8"，按【Enter】键可快速定位到 B8 单元格（B 列和第 8 行交叉的单元格）。

工具按钮：单击按钮可在查看公式和公式结果之间进行切换，单击按钮打开【插入函数】对话框，可选择要插入的函数。双击进入编辑模式后，单击按钮取消编辑单元格，单击按钮确认编辑单元格。

编辑框：显示活动单元格中的数据或公式，并可在其中直接编辑。

状态栏：为调整缩放比例区，单击视图工具按钮可在护眼模式、阅读模式、普通视图、页面布局和分页预览之间切换。

无(N)

✓ 平均值(A)

✓ 计数(C)

计数值(O)

最小值(I)

最大值(M)

✓ 求和(S)

✓ 带中文单位分隔(H)

使用千位分隔符(T)

按万位分隔(E)

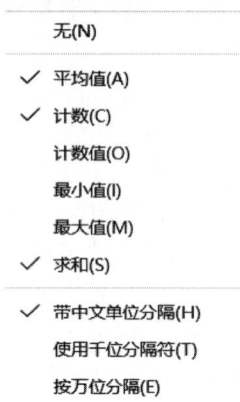

图 4-2　右击状态栏弹出快捷菜单

分页预览可以看到打印时页面的分割。在阅读模式下，单击某个单元格时，可非常方便地查看与它同行同列的数据。在护眼模式下页面变成绿色。右击状态栏弹出快捷菜单，可自定义状态栏，如图 4-2 所示，可设置当选中数据时状态栏的显示项。目前设置下，选中语文列数据，状态栏显示选中数据的平均值、个数和求和，可以通过设置增加最大值和最小值等项。

选中或取消选中如图 4-3 所示【视图】→【编辑栏】复选框，可显示/隐藏编辑栏，选中或取消选中【显示行号列标】复选框可以显示/隐藏行号和列标，还可以冻结窗格和拆分窗口。

图 4-3　【视图】选项卡

4.2　工作表基本操作

WPS 表格工作表纵向为列，分别以字母 A、B、C 等命名，横向为行，分别以数字 1、2、3 等命名，行列交叉形成单元格，单元格以"列标+行号"命名，例如，B8 是 B 列和第 8 行交叉处的单元格。新建的 WPS 表格文件默认包含 1 个工作表，名称为 Sheet1，单击新工作表按钮 ╋ 可插入新工作表。

1. 选择单个或多个工作表

（1）在工作表标签上单击，可使其成为当前工作表。

（2）按住【Shift】键单击工作表标签，可选择连续的多个工作表。

（3）按住【Ctrl】键单击工作表标签，可选择不连续的多个工作表。

2. 创建工作表

右击工作表标签"Sheet1"，弹出快捷菜单，选择【插入】命令，弹出【插入工作表】对话框，选择要插入工作表的数量及位置，单击【确定】按钮可在 Sheet1 工作表前面或后面插入新工作表，默认名称"Sheet2"。

3. 移动和复制工作表

直接拖动工作表标签可将工作表移动到新位置，按住【Ctrl】键的同时拖动可复制工作表。另外右击工作表标签，弹出快捷菜单，选择【移动或复制工作表】命令，弹出【移动或复制工作表】对话框，指定移动后的位置，单击【确定】按钮完成工作表移动，如果在【移动或复制工作表】对话框中选中【建立副本】复选框，则为复制工作表。

4. 重命名工作表

双击工作表标签，工作表标签变为蓝底白字，直接输入新名称，按【Enter】键重命名工作表，另外右击工作表标签，弹出快捷菜单，选择【重命名】命令，输入新名称后按【Enter】键完成。

5. 删除工作表

右击要删除的工作表标签，在快捷菜单中选择【删除工作表】命令即可将工作表删除。

任务 4-2　制作"学生成绩表"工作表

任务描述

（1）复制文件"成绩表.xlsx"中"Sheet1"工作表到"学生成绩管理系统.xlsx"文件中，并将"Sheet1"工作表重命名为"学生成绩表"。

（2）在姓名列前插入学号和序号列，在姓名列后插入性别列，在数学列后添加总分、均分和名次列，设置列标题格式为"宋体、加粗、10 号、水平和垂直居中"。

（3）加表格标题"学生成绩表"，设置格式为"宋体、加粗、14 号、水平和垂直居中"。

（4）设置表格框线，设置文字格式为"宋体、10 号、水平和垂直居中"。设置第 1 行行高为"30"，第 2～47 行行高为"18"。设置自动调整 A 到 I 列列宽。

（5）输入数据。要求序号和学号列用拖动填充柄方式输入，性别列用在下拉列表中选择方式输入，总分、均分和名次列通过函数计算输入，均分列数据保留两位小数。效果参考图片文件"配套资源\单元 4\图片\学生成绩表.jpg"。

任务实施

Step 01　复制工作表。

打开素材文件"成绩表.xlsx"，右击 Sheet1 标签，弹出快捷菜单，选择【移动或复制工作表】，弹出【移动或复制工作表】对话框，【工作簿】下选择"（新工作簿）"，选中【建立副本】复选框，如图 4-4 所示，单击【确定】按钮关闭对话框。此时系统自动新建文件"工作簿 1"，仅包含 Sheet1 工作表，双击标签"Sheet1"，输入文字"学生成绩表"，按【Enter】键后工作表重命名成功，此时效果如图 4-5 所示。保存"工作簿 1"，位置为"D:\WPS 表格"，文件名设为"学生成绩管理系统.xlsx"。

Step 02　在"学生成绩表"工作表中添加列。

选中姓名和语文列，右击，弹出快捷菜单，如图 4-6 所示，选择【插入】命令，在姓名列前插入两列，用类似方法在姓名列后插入一列。在 A1、B1、D1、G1、H1 和 I1 单元格中分别输入"序号"、"学号"、"性别"、"总分"、"均分"和"名次"，设置 A1:I1 单元格文字格式为"宋体、加粗、10 号、水平和垂直居中"。

图 4-4　【移动或复制工作表】对话框

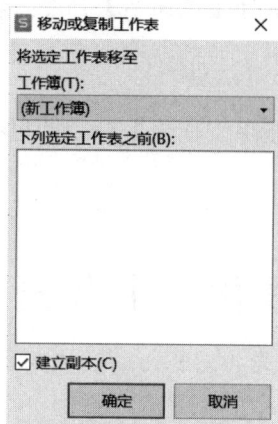

图 4-5　重命名工作表

Step 03　插入表格标题。

在行号 1 上右击，弹出快捷菜单，选择【插入】命令，在列标题行前加一个空行。在 A1 单元格中输入文字"学生成绩表"，设置格式为"宋体、加粗、14 号、水平和垂直居中"。选中 A1:I1 单元格区域，单击【开始】→【合并居中】按钮，使文字"学生成绩表"居中显示。

Step 04　设置表格格式。

选中 A3:I47 单元格区域，设置格式为"宋体、10 号、水平和垂直居中"。选中 A2:I47 单元格区域，单击【开始】→【所有框线】按钮 田 ·加框线。

在行号 1 上右击，弹出快捷菜单，选择【行高】命令，弹出【行高】对话框，如图 4-7 所示，设置行高为"30"磅，选中第 2～47 行，设置行高为"18"磅。

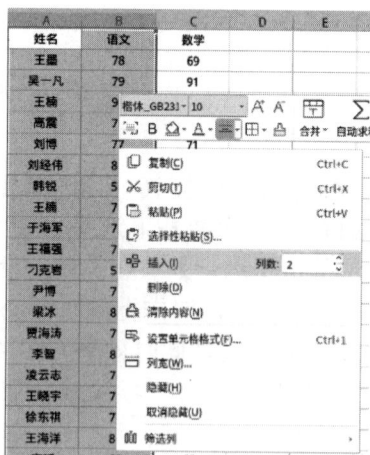

图 4-6　右击列标弹出的快捷菜单

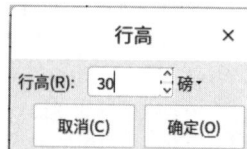

图 4-7　【行高】对话框

Step 05　输入序号、学号和性别列数据。

在 A3 单元格中输入"1"，拖动填充柄至 A47 单元格或双击填充柄，输入序号列数据。

在 B3 单元格中输入"0912170101"，双击填充柄，输入学号列数据。

选中 D3:D47 单元格区域，单击【数据】→【有效性】按钮，打开对话框。【允许】下选择"序列"，【来源】下输入"男,女"，关闭对话框，完成数据验证设置。在 D3:D47 中选择输入性别信息（具体对照文件"配套资源\单元 4\图片\性别信息.jpg"输入）。

Step 06　计算总分、均分和名次。

选中 G3 单元格，在编辑栏输入"=SUM(E3:F3)"，按【Enter】键计算出总分。

选中 H3 单元格，在编辑栏输入"=AVERAGE(E3:F3)"，按【Enter】键计算出均分。

选中 I3 单元格，在编辑栏输入"=RANK(G3,$G$3:$G$47)"，按【Enter】键计算出名次。

选中 G3:I3 单元格区域，双击 I3 单元格的填充柄，完成填写总分、均分和名次。

选中 H3:H47 单元格区域，单击【开始】→【数字】中的增加小数位按钮 使均分列数据保留两位小数。

选中 A 到 I 列，单击【开始】→【行和列】下拉按钮展开命令列表，选择【最适合的列宽】命令调整列宽，如图 4-8 所示，并设置对齐方式为"水平和垂直居中"。

保存文件。至此，学生成绩表制作完成，效果参考文件"配套资源\单元 4\图片\学生成绩表.jpg"。

图 4-8　【行和列】下拉列表

知 识 链 接

4.3　单元格基本操作

1. 选中单元格

在单元格上单击即可选中单元格。单元格区域用"左上角单元格地址:右下角单元格地址"格式表示，例如，A1:C5。选定单元格区域的方法如下。

（1）单击行号或列标选中一行或一列。

（2）按住【Shift】键在行号上单击或拖动，选中连续的多行，按住【Ctrl】键在行号上单击或拖动，选中不连续的多行。用类似方法选中连续的多列或不连续的多列。

（3）在名称框中输入"B3:E8"，按【Enter】键选中 B3:E8 单元格区域。

（4）按【Ctrl+A】组合键或单击"全选"按钮（行号"1"上方或列标"A"左边）全选工作表。

（5）全选工作表后，按【Ctrl+Shift+End】组合键选中工作表中有数据区域。

2. 单元格的合并与拆分

方法 1：使用功能区按钮。单击【开始】→【合并居中】下拉按钮展开命令列表，如图 4-9 所示，各项含义如下。

【合并居中】：将所选单元格合并为一个较大的单元格，并使新单元格数据居中显示。

【合并单元格】：将所选单元格合并为一个大单元格，数据对齐方式不变。

【合并内容】：将所选单元格的内容合并到一个大单元格中。

【按行合并】：将所选单元格按行进行合并。

【跨列居中】：将所选单元格按列居中显示。

【取消合并单元格】：快速取消合并。

【拆分并填充内容】：可拆分被合并到一个单元格中的内容。

方法 2：在【单元格格式】对话框中设置。单击【开始】→【单元格格式：对齐方式】对话框启动器按钮 ，弹出【单元格格式】对话框，切换到【对齐】选项卡，如图 4-10 所示，在【文本控制】区域选中或取消选中【合并单元格】复选框。

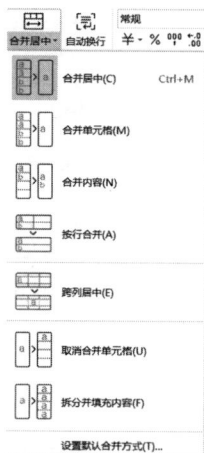

图 4-9 【合并居中】下拉列表

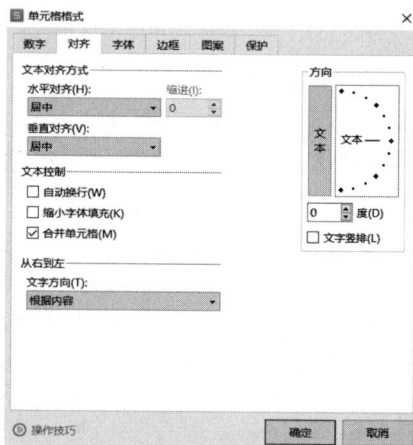

图 4-10 【单元格格式】对话框

3. 调整行高和列宽

方法 1：拖动行号或列标之间的框线。

方法 2：使用对话框调整行高和列宽。右击行号，弹出快捷菜单，如图 4-11 所示，选择【行高】命令，弹出【行高】对话框，如图 4-12 所示，输入数值，单击【确定】按钮，设置选中行的行高。用类似方法调整列宽。

图 4-11 右击行号弹出的快捷菜单

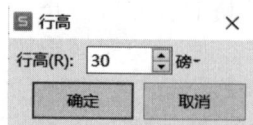

图 4-12 【行高】对话框

方法 3：使用功能区按钮。单击【开始】→【行和列】下拉按钮展开命令列表，如图 4-13 所示，选择【最适合的行高】或【最适合的列宽】，使行高或列宽恰好与内容匹配。

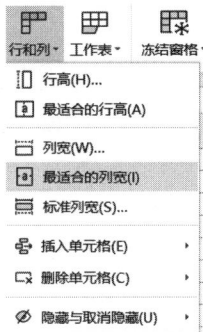

图 4-13　【行和列】下拉列表

提示：工作表中出现"######"，不是数据错误，而是单元格宽度不足导致的。

4. 插入行或列

选中一行或多行，右击，弹出如图 4-11 所示快捷菜单，选择【插入】命令，在选中行的上面插入一行或多行。用类似方法插入一列或多列。

5. 删除行或列

选中一行或多行，右击，弹出如图 4-11 所示快捷菜单，选择【删除】命令，删除选中的一行或多行。用类似方法删除一列或多列。

6. 隐藏和显示行或列

（1）隐藏行或列。选择要隐藏的行或列，右击，弹出如图 4-11 所示快捷菜单，选择【隐藏】命令，隐藏选中的行或列。

（2）显示隐藏的行或列。例如，显示被隐藏的第 5 行，可以选中第 4～6 行或包括第 4～6 行的更大范围，右击，弹出如图 4-11 所示快捷菜单，选择【取消隐藏】命令，就可以使第 5 行显示出来。用类似方法显示更多的隐藏行或列。

提示：如果公式引用的单元格被删除，该公式将显示错误值"#REF！"。

7. 清除单元格

单元格中可以有内容、格式、批注和超链接等，内容包括公式和数据，格式包括数字格式、条件格式和边框，清除单元格时单元格中的信息可以被全部清除，也可以被选择性清除。选中单元格，单击【开始】→【清除】下拉按钮展开命令列表，如图 4-14 所示，选择【全部】命令，单元格中的内容、格式和批注等会被全部删除。其他选项则清除相应的项。

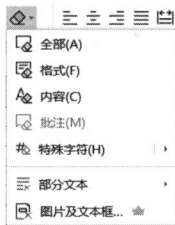

图 4-14　【清除】下拉列表

4.4　WPS 表格数据输入与编辑

输入数据时，按【Enter】键确认输入，活动单元格自动下移一行；按【Tab】键确认输入，活动单元格自动右移一列；按【Esc】键则取消输入。

1. 输入文本型数据

文本是指当作字符串处理的数据。对于邮政编码、身份证号码、电话号码等纯数字形式的数据，也视为文本数据，输入方法如下。

方法 1：先输入英文半角单引号"'"，然后输入数字。比如输入 0300 时，输入"'0300"则显示 0300，如果直接输入 0300 则显示 300。

方法2：选中单元格，单击【开始】→【常规】 `常规` ，弹出下拉列表，如图4-15所示，选择【文本】，然后输入数字，可完整显示输入的内容。

文本类型数据默认左对齐，单击【开始】→【自动换行】按钮实现自动换行，如图4-16所示，在插入点处按【Alt+Enter】组合键可实现强制换行。

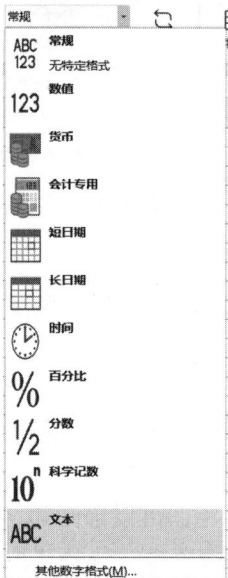

图 4-15　【常规】下拉列表　　　　　　图 4-16　【对齐方式】和【自动换行】

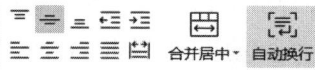

2. 输入数值型数据

数值型数据默认右对齐，可包括数字 0～9、"."、"+"、"-"、"%"、"（"、"）"、"/"、千位符","、指数标识"E"和"e"，以及"¥"、"$"、"€"等货币符号。输入数值型数据的规则如下。

（1）输入分数。先输入一个零和一个空格，例如，在单元格中输入"0 2/5"，则显示"2/5"，如果直接输入"2/5"，则显示"2月5日"。

（2）输入负数。输入负号"-"和数字或者将数字置于括号"()"中，例如，在单元格中输入"(1)"，则显示"-1"。

（3）如果输入大于或等于 12 位的数据，则自动用文本显示该数据，例如，输入 11 个 9 的数字"99999999999"，则正常显示，如果输入 1 后面 11 个 0 的 12 位数字"100000000000"，则显示为文本"100000000000"，自动显示为文本。

3. 输入日期和时间型数据

日期和时间型数据默认右对齐。WPS 表格内置了一些日期与时间格式，如图 4-17 和图 4-18 所示。当输入的数据与这些格式相匹配时，WPS 表格会自动将它们识别为日期或时间数据。

（1）输入日期。按照年、月、日的顺序输入，用斜杠"/"或连字符"-"分隔表示年、月、日的数字，例如，可以输入"2011/12/12"或者"2011-12-12"。

图 4-17　设置日期

图 4-18　设置时间

（2）输入时间。按照时、分、秒的顺序输入，用半角冒号 ":" 分隔表示时、分、秒的数字。如果按 12 小时制，则要输入时间后空一格，再输入字母 AM（上午）或 PM（下午）。例如，输入 "4:30:20 PM"，则与输入 "16:30:20" 表示的时间一样。按【Ctrl＋'】组合键可输入当前时间。

4.5　数据的快速填充

在 WPS 表格中输入一些有规律的数据时，可以用下面的方法快速输入。

1. 快速在多个单元格中输入相同的数据

在如图 4-19 所示的空单元格中输入 "缺考"，操作步骤。

（1）按住【Ctrl】键依次在空单元格上单击选中四个空单元格（注：C11 单元格为空单元格）。

（2）输入数据 "缺考" 后按【Ctrl+Enter】组合键，或者选择如图 4-20 所示的【填充】下拉按钮展开命令列表中的【填充空白单元格】命令，打开【空白单元格填充值】对话框，设置【填充值】→【指定字符】为 "缺考"。

提示：在按【Ctrl+Enter】组合键前只在活动单元格 C11 中显示 "缺考"。

2. 从下拉列表中选择

右击 B12 单元格，在弹出的快捷菜单中选择【从下拉列表中选择】，WPS 表格将列出所在列所有相邻单元格中的内容供用户选择，如图 4-21 所示。

图 4-19　输入相同数据

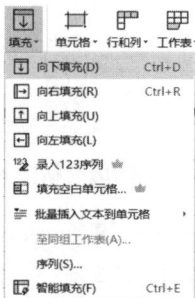

图 4-20　【填充】下拉列表

3. 使用菜单命令复制填充

选中 S4:S7，单击【开始】→【填充】→【向下填充】命令，如图 4-20 所示，填充后的效果如图 4-22 所示。

图 4-21　下拉列表中选择输入数据

学号	姓名	语文	数学	总分	名次	获奖情况
C12	刘晓龙	91	84	175	1	一等奖
C02	张大勇	93	79	172	2	一等奖
C08	刘怀正	91	77	168	3	二等奖
C01	李小斌	84	78	162	4	二等奖
C11	王佩奇	84	76	160	5	二等奖
C09	杨　林	73	82	155	6	二等奖

图 4-22　填充效果

提示：根据需要选择【填充】下的【向下填充】、【向上填充】、【向左填充】或【向右填充】，比如填写数据的单元格位于选中区域的最下面，可以选择【向上填充】，依次类推。

4. 使用填充柄填充

填充柄是活动单元格右下角的黑色方块，拖动填充柄可填充相同数据或者序列数据。使用填充柄有如下规律。

（1）直接拖动填充柄和按下【Ctrl】键拖动填充柄效果不同，且在复制数据和序列填充数据之间切换。如图 4-23 所示，在 A2 单元格中输入"2"，拖动右下角的填充柄，A 列显示 1 到 12，是序列填充；在 B2 单元格中输入"1"，按下【Ctrl】键拖动右下角的填充柄，B 列都显示 1，则是复制数据。

（2）拖动数值数据和拖动含数字的字符数据效果相同。如图 4-23 所示，在 C2 单元格中输入"2 月"，拖动右下角的填充柄，C 列显示 1 月到 12 月，是序列填充；在 D2 单元格中输入"1 月"，按下【Ctrl】键拖动右下角的填充柄，D 列都显示 1 月，则是复制数据。

（3）停止拖动填充柄后出现【自动填充选项】图标 ，单击图标 ，弹出下拉列表，如图 4-24 所示，可选择填充方式。

图 4-23　拖动填充柄输入数据

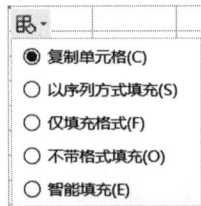

图 4-24　选择填充方式

（4）用鼠标右键拖动填充柄停止后直接显示下拉列表。如图 4-25 所示，在 A1:A3 区域输入 1、2 和 3，用右键拖动 A1 右下角的填充柄至 A4 单元格停止，弹出下拉列表，可选择填充方式，选择【序列】命令，弹出【序列】对话框，按图 4-26

所示设置，单击【确定】按钮完成自动填充操作，填充后的效果如图 4-27 所示。

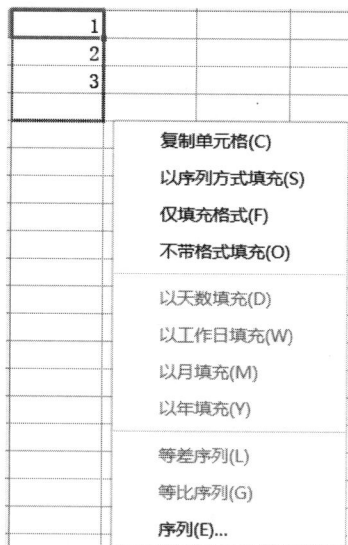

图 4-25　选择填充的方式

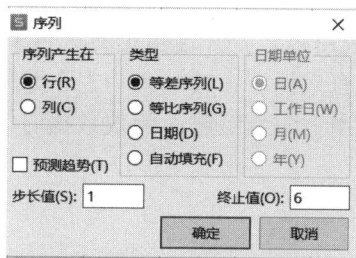

图 4-26　【序列】对话框

图 4-27　填充后的效果

5. 自定义序列填充

WPS 表格提供了内置的自定义列表，可以根据需要创建自己的自定义列表。创建和使用自定义序列"一年级、二年级、三年级、四年级"的步骤如下。

（1）选择【文件】→【选项】命令，弹出【选项】对话框，如图 4-28 所示，左侧选择【自定义序列】，在右侧【输入序列】中输入内容"一年级、二年级、三年级、四年级"，单击【添加】按钮，将定义的序列添加到【自定义序列】列表框中，如图 4-29 所示。

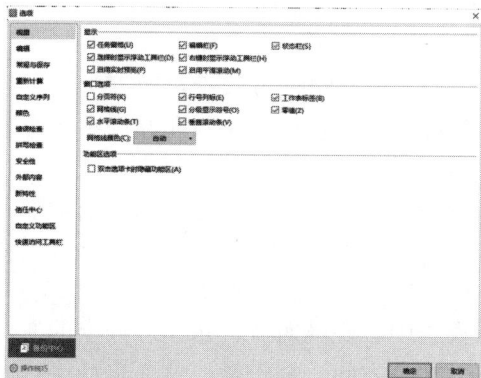

图 4-28　【选项】对话框

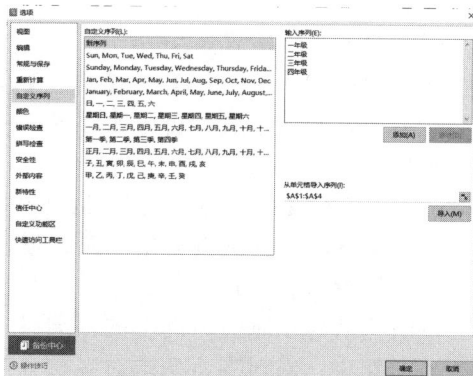

图 4-29　添加自定义序列

图 4-30　自定义序列填充效果

（2）在单元格 A1 中输入"一年级"，选中 A1 单元格，拖动右下角的填充柄，可完成自定义序列填充，如图 4-30 所示。

4.6　设置数据有效性

使用数据有效性可以控制用户输入到单元格的数据或值的类型，实现将数据输入限制在某个日期范围内、使用列表限制选择，或者确保只输入正整数等。单击【数据】→【有效性】按钮，如图 4-31 所示，打开【数据有效性】对话框，如图 4-32 所示，在【设置】选项卡中设置数据有效性，在【输入信息】选项卡中设置选定单元格时的提示信息，在【出错警告】选项卡中设置输入无效数据时的出错警告。

图 4-31　【有效性】按钮

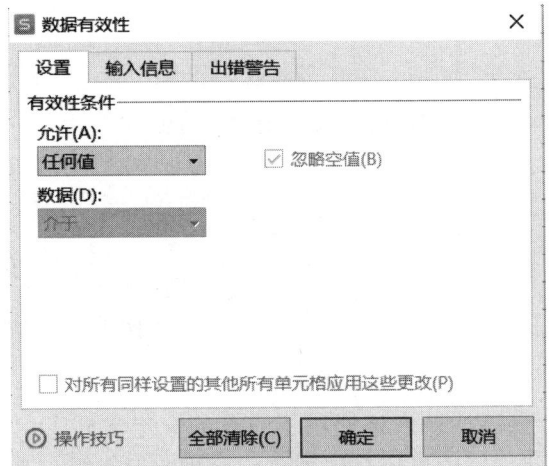

图 4-32　【数据有效性】对话框

4.7　设置单元格格式

单元格格式包括数字格式、对齐方式、字体格式、边框和底纹等。

（1）设置数字格式。

方法 1：使用【开始】→【常规】 常规 下拉按钮，可以设置数据类型，还可以设置会计数字格式、百分比样式、千位分隔样式、增加小数位数和减少小数位数等，如图 4-33 所示。

方法 2：在【单元格格式】对话框中设置，如图 4-34 所示，在【数字】选项卡左侧【分类】区域选择数据类型，在右侧设置具体数字格式。

（2）设置对齐方式。

对齐方式包括垂直方向上的顶端对齐、垂直居中、底端对齐，水平方向上的左对齐、水平居中、右对齐、两端对齐、分散对齐、文字方向、缩进量、是否自动换行和如何合并单元格。

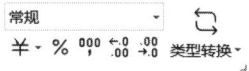

图 4-34　【数字】选项卡

图 4-33　【常规】组

方法 1：使用【开始】→【对齐方式】选项组按钮，如图 4-35 所示。

方法 2：在【单元格格式】对话框的【对齐】选项卡中设置。

（3）设置字体格式。

字体格式使用【开始】→【字体】选项组按钮，或者在【单元格格式】对话框的【字体】选项卡中设置。

（4）设置边框和底纹。

在【单元格格式】对话框的【边框】和【图案】选项卡中设置，如图 4-36 和图 4-37 所示，方法与 WPS 表格中的方法类似。

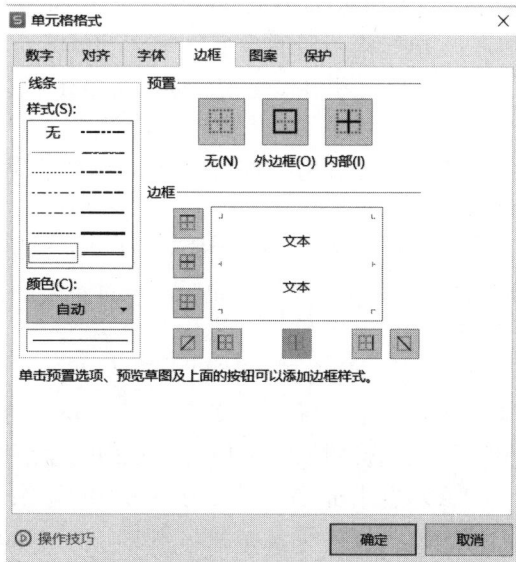

图 4-36　【边框】选项卡

图 4-35　【对齐方式】选项组

图 4-37　【图案】选项卡

4.8　单元格引用

单元格引用是指在公式中使用单元格地址作为运算项，单元格地址代表了单元格数据。

1. 单元格地址和单元格区域地址

（1）单元格地址。单元格地址中列标在前、行号在后，如 A1、B4。

（2）单元格区域。单元格区域用"左上角单元格地址:右下角单元格地址"表示，中间是英文半角冒号，如 A1:C5 表示 A1 单元格为左上角 C5 单元格为右下角的单元格区域。

（3）多个单元格或单元格区域。用英文半角逗号"，"分隔多个单元格或单元格区域地址，如"A1,B2:D4,E6,F4:H6"表示的单元格区域出 A1、E6 两个单元格和 B2:D4 及 F4:H6 两个单元格区域共 4 部分组成。

2. 单元格引用的类型

（1）相对引用。在公式中直接使用列标和行号，复制公式后单元格地址随之改变。

（2）绝对引用。在公式中列标和行号前加"$"符号，复制公式后单元格地址不变。

（3）混合引用。在公式中列标和行号一个使用绝对地址，另一个使用相对地址，如$A1、B$1 等，复制公式后，绝对引用部分不发生变化，相对引用部分会随之变化。

3. 使用引用

单元格引用分三种情况。

（1）引用当前工作表中的单元格。在单元格中直接输入单元格的地址，例如，"=C2"表示引用当前工作表中 C2 单元格的值。

（2）引用非当前工作表中的单元格。引用形式为"<工作表名称>!<单元格地址>"，感叹号为英文半角，例如，"=Sheet2!C2"表示引用 Sheet2 工作表 C2 单元格的值。

（3）引用非当前文件中的单元格。引用形式为"<[工作簿文件名]><工作表名

称>!<单元格地址>"，例如，"='[成绩表.xlsx]Sheet1'!$C$2"表示引用学生成绩表.xlsx文件中 Sheet1 工作表 C2 单元格的值。文件名放在方括号中，文件路径和工作表名称放在半角单引号中。

4.9 插入和编辑批注

选中要添加（或编辑）批注的单元格，单击【审阅】→【新建批注】（或编辑批注）按钮，如图 4-38 所示，或者右击要添加批注的单元格，在快捷菜单中选择【插入批注】（或【编辑批注】）命令，在选中单元格的右上角弹出批注文本框，在文本框中输入批注文字，然后单击批注框外部任意位置。

图 4-38 【批注】选项组

提示：插入批注的单元格右上角会出现红色小三角形，当指针移至插入批注的单元格时会显示批注，另外可以对批注文本进行调整字体大小等简单的格式设置。

任务 4-3 新建和编辑"排序.xlsx"文件

任务描述

（1）对"学生成绩表"工作表排序，按总分从高到低重排，将排序结果复制到"排序.xlsx"文件中，修改表格标题为"按总分排序后成绩表 1"。

（2）对"学生成绩表"工作表排序，按总分从高到低排序，总分相同时数学成绩高的排在前面，将排序结果复制到"排序.xlsx"文件中，修改表格标题为"按总分排序后成绩表 2"。

（3）对"学生成绩表"工作表排序，按姓名的笔画数排序，笔画少的在前，笔画多的在后，将排序结果复制到"排序.xlsx"文件中，修改表格标题为"按姓名笔画数排序后成绩表"。

（4）关闭"排序.xlsx"文件，恢复"学生成绩表"工作表至按序号从小到大排序。

任务实施

Step 01 新建工作簿"排序.xlsx"。
Step 02 打开工作簿"学生成绩管理系统.xlsx"，使"学生成绩表"为当前工作表。
Step 03 按总分从高到低排序数据。

选中总分列下任意一个单元格，单击【开始】→【排序】下拉按钮，展开下拉列表，如图 4-39 所示，选择【降序】命令，实现按总分从高到低重排数据。在"学生成绩表"工作表标签上右击，在弹出的快捷菜单中选择【移动或复制工作表】，打开【移动或复制工作表】对话框，复制当前"学生成绩表"工作表到"排序.xlsx"文件，如图4-40所示。修改"排序.xlsx"的"学生成绩表"工作表名称为"按总分排序后成绩表1"。

图4-39　【排序】下拉列表

图4-40　【移动或复制工作表】对话框

Step 04　按总分从高到低排序数据，要求总分相同时数学成绩高的排在前面。

返回"学生成绩管理系统.xlsx"的"学生成绩表"工作表，选中数据列表中任意一个单元格，单击图4-39中的【排序】按钮，打开【排序】对话框，设置主要关键字和次要关键字，如图4-41所示，实现按总分从高到低排序，总分相同时数学成绩高的排在前面。

复制当前工作表到"排序.xlsx"文件，在"排序.xlsx"文件中增加"学生成绩表"工作表，修改"学生成绩表"工作表名称为"按总分排序后成绩表2"。

图4-41　【排序】对话框

Step 05　按姓名的笔画数从少到多排序。

返回"学生成绩管理系统.xlsx"的"学生成绩表"工作表，再次打开【排序】对话框，此时显示的仍是上次的排序选项，单击【次要关键字】行，再单击【删除条件】按钮，将次要关键字删除，【主要关键字】选择"姓名"，【次序】选择"升序"，单击【选项】按钮，打开【排序选项】对话框，选中【笔画排序】，如图4-42所示，关闭所有对话框，完成按笔画从少到多排序。

复制当前工作表到"排序.xlsx"文件，在"排序.xlsx"文件中增加"学生成绩表"工作表，修改"学生成绩表"工作表名称为"按姓名笔画数排序后成绩表"。

图4-42　设置按姓名笔画排序

Step 06　保存排序结果，恢复"学生成绩表"到排序前状态。

保存"排序.xlsx"文件后关闭"排序.xlsx"文件。

返回"学生成绩管理系统.xlsx"的"学生成绩表"工作表，选中"序号"列下任意一个单元格，单击图 4-39 中的【升序】命令，数据按序号升序重排，恢复到排序前状态。

知 识 链 接

4.10　数据排序

数据排序是对列表中的数据重新排列。单击如图 4-39 所示【排序】下拉列表中【升序】或【降序】命令，实现按活动单元格所在列的升序或降序重排数据。经常会出现主要关键字的值相同的情况，此时可以指定次要关键字，需要打开【排序】对话框指定，如图 4-43 所示。

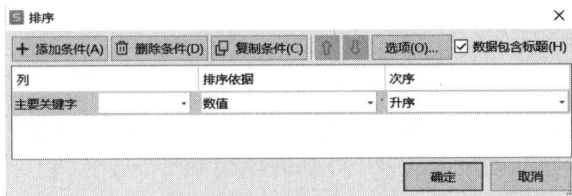

图 4-43　【排序】对话框

排序依据常见的是数值，还可以是单元格颜色、字体颜色和单元格图标。排序方式有升序、降序和自定义序列（如：一等奖、二等奖和三等奖）三种，打开【排序】对话框，在【次序】下选择【自定义序列】，如图 4-44 所示，可以按自定义序列排序。

大多数字符数据按拼音排序，有时需要按笔画排序，比如委员会名单经常按笔画排序，笔画少的排在前面，笔画多的排在后面。此时需要在如图 4-43 所示【排序】对话框中单击【选项】按钮，打开【排序选项】对话框，如图 4-45 所示，选中【笔画排序】，即可按笔画多少排序。大多数排序都是按列排序，要按行排序，在对话框中，选中【按行排序】即可。

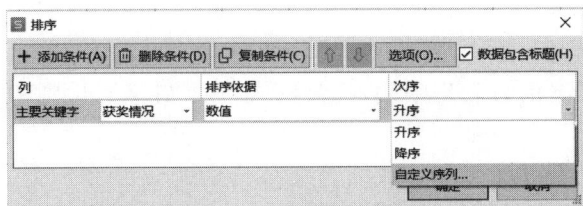

图 4-44　【次序】下选择"自定义序列"

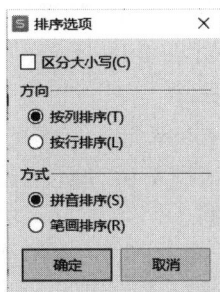

图 4-45　【排序选项】对话框

任务 4-4　制作"语文汇总表"工作表

任务描述

（1）在"学生成绩表"工作表后面插入一个新工作表"语文汇总表"。

（2）通过单元格引用实现在"语文汇总表"中复制"学生成绩表"的序号、学号、姓名、性别和语文列数据。在语文列后加"是否补考"列和"成绩等级"列。

（3）设置工作表格式为"宋体、10 号、水平和垂直居中"，列标题加粗，设置最适合的列宽。

（4）在"是否补考"和"成绩等级"列填写数据。

（5）筛选出语文成绩前三名学生。

（6）筛选出语文成绩低于语文平均分的学生。

（7）筛选出语文成绩在前 10% 的学生。

（8）筛选出需要补考语文的学生。

（9）筛选出姓"王"的学生。

（10）分析语文成绩，计算语文均分、最高分、最低分、总人数、需要补考人数和成绩优秀人数。统计各分数段人数（按 90 分及以上、80～89 分、70～79 分、60～69 分和 60 分以下五个分数段统计）。

（11）按成绩等级"优秀"、"中等"和"差"的顺序重排数据。

（12）用分类汇总功能统计"优秀"、"中等"和"差"各等级人数。

（13）基于等级统计数据生成图表。

（14）基于分数段统计数据生成图表。

任务实施

Step 01　插入一个新工作表，工作表名"语文汇总表"。

Step 02　在"语文汇总表"中填写序号、学号、姓名、性别和语文列数据。

选中"语文汇总表"的 A1 单元格，输入"="，然后单击"学生成绩表"的 A2 单元格，按【Enter】键，A1 单元格显示数据"序号"，编辑栏显示"=学生成绩表!A2"，如图 4-46 所示，表示当前工作表的 A1 单元格引用了"学生成绩表"的 A2 单元格数据。

拖动 A1 单元格的填充柄到 E1 单元格，再选中 A1:E1 单元格区域，拖动 E1 单元格的填充柄到 E46 单元格，完成在"语文汇总表"中输入序号、学号、姓名、性别和语文列数据。

在 F1 和 G1 单元格中分别输入"是否补考"和"成绩等级"。

Step 03　设置表格格式。

选中 A1:G46 单元格区域，加框线，设置格式为"宋体、10 号、水平和垂直居中"，选中 A1:G1 单元格区域，设置"加粗"。设置第 1～100 行的行高为"18"。设置最适合的列宽。

Step 04　填写"是否补考"列和"成绩等级"列数据。

在 F2 单元格中使用公式 "=IF(E2<60,"补考","")" 填写数据，双击填充柄在 F2:F46 单元格区域填写数据。在 G1 单元格中使用公式"=IF(E2>=80,"优秀",IF(E2>=60,"中等","差"))" 填写数据，双击填充柄在 G2:G46 单元格区域填写数据。

Step 05　筛选出语文成绩前三名学生。

在要筛选数据区域 A1:G46 中选中任意一个单元格。单击【数据】中的【自动筛选】按钮 ，在每个列标题右侧出现一个下拉箭头按钮 。单击列标题"语文"右侧的 ，弹出下拉列表，选择【数字筛选】下的【前十项】，如图 4-47 所示，打开【自动筛选前 10 个】对话框，将 10 修改为 3，如图 4-48 所示，筛选出语文成绩排前三名的学生。复制学号、姓名和语文列数据到 B49 为左上角的单元格区域。合并 B48:D48 单元格，输入"语文前三名学生"。

单击【开始】→【筛选】下拉按钮展开命令列表，选择【全部显示】按钮，如图4-49 所示，清除刚才的筛选，数据全部显示出来。

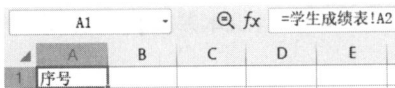

图 4-46　通过引用在 A1 单元格填写数据

图 4-47　【数字筛选】下拉列表

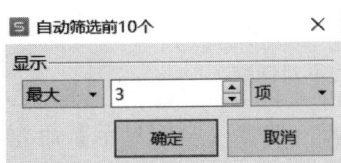

图 4-48　【自动筛选前 10 个】对话框

图 4-49　【筛选】下拉列表

Step 06　筛选出语文成绩在前 10%的学生。

打开【自动筛选前 10 个】对话框，将"项"调整为"百分比"，如图 4-50 所示，筛选出语文成绩在前 10%的学生。复制学号、姓名和语文列数据到以 B54 为左上角的单元格区域。合并 B53:D53 单元格，输入"语文前 10%学生"。

单击【开始】→【筛选】下拉按钮展开命令列表，选择【全部显示】按钮，使数据全部显示。

Step 07　筛选出语文成绩低于语文平均分的学生。

单击语文右侧的下拉箭头▼，弹出下拉列表，选择如图 4-47 所示【数字筛选】下的【低于平均值】命令，即可筛选出语文成绩低于平均分的学生。复制学号、姓名和语文列数据到以 F49 为左上角的单元格区域。合并 F48:H48 单元格，输入"语文低于均分学生"。

单击【开始】→【筛选】下拉按钮展开命令列表，选择【全部显示】按钮，使数据全部显示。

Step 08　筛选出姓"王"的学生。

单击姓名右侧的下拉箭头▼，弹出下拉列表，选择【文本筛选】下的【开头是】，如图 4-51 所示，打开【自定义自动筛选方式】对话框，在【开头是】后输入"王"，如图 4-52 所示，单击【确定】按钮即可筛选出姓"王"的学生。复制学号、姓名和语文列数据到以 B61 为左上角的单元格区域。合并 B60:D60 单元格，输入"'王'姓学生成绩"。

图 4-50　【自动筛选前 10 个】对话框

图 4-51　【文本筛选】下拉列表

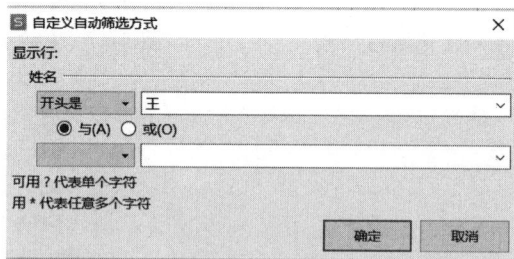

图 4-52　【自定义自动筛选方式】对话框

单击【开始】→【筛选】下拉按钮展开命令列表，选择【全部显示】命令，使数据全部显示。

Step 09　筛选语文需要补考的学生。

单击是否补考后的下拉箭头▼，弹出下拉列表，取消【全选】项，只选中【补考】项，如图 4-53 所示，单击【确定】按钮即可筛选出语文需要补考的学生。复制学号、姓名和语文列数据到以 J49 为左上角的单元格区域。合并 J48:L48 单元格，输入"语文需要补考的学生"。

退出自动筛选。单击【开始】→【筛选】→【筛选】命令，或单击【数据】中的【自动筛选】按钮 自动筛选 退出自动筛选状态，列标题右侧的 ▼ 消失。

Step 10　语文成绩分析汇总。

在 J56:L69 单元格区域按图 4-54 所示输入文字和设置格式。

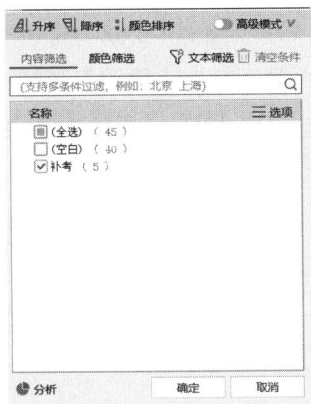

图 4-53　自动筛选下拉列表　　　图 4-54　输入数据并设置格式

在 K56 单元格中使用公式"=AVERAGE(E2:E46)"计算语文均分。

在 K57 单元格中使用公式"=MAX(E2:E46)"计算语文最高分。

在 K58 单元格中使用公式"=MIN(E2:E46)"计算语文最低分。

在 K59 单元格中使用公式"=COUNTA(B2:B46)"计算总人数。

在 K60 单元格中使用公式"=COUNTIF(F2:F46,"补考")"计算需要补考的人数。

在 K61 单元格中使用公式"=COUNTIF(G2:G46,"优秀")"计算等级为"优秀"的人数。

在 K65 单元格中使用公式"=COUNTIF(E2:E46,">=90")"计算 90 分及以上人数。

在 K66 单元格中使用公式"=COUNTIFS(E2:E46,">=80", E2:E46,"<90")"计算 80～89 分人数。

在 K67 单元格中使用公式"=COUNTIFS(E2:E46,">=70", E2:E46,"<80")"计算 70～79 分人数。

在 K68 单元格中使用公式"=COUNTIFS(E2:E46,">=60", E2:E46,"<70")"计算 60～69 分人数。

在 K69 单元格中使用公式"=COUNTIF(E2:E46,"<60")"计算 60 分以下人数。

在 L65 单元格中使用公式"=K65/$K$59"计算 90 分及以上学生比例。双击 L65 单元格的填充柄，L66:L69 单元格区域自动填充数据。

选中 L65:L69 单元格区域，设置"百分比"数字格式。

Step 11　按成绩等级"优秀"、"中等"和"差"的顺序重排数据。

打开【排序】对话框，【主要关键字】选择"成绩等级"，【次序】选择"自定义序列"，打开【自定义序列】对话框。在【输入序列】下依次输入"优秀"、"中等"和"差"，如图 4-55 所示，单击【添加】按钮将自定义序列添加到左侧列表中，单击【确定】按钮返回【排序】对话框，【次序】下自动更改为"优秀,中等,差"，单击

【确定】按钮，数据按自定义顺序重排。

Step 12　用分类汇总功能统计各等级人数。

单击【数据】→【分类汇总】按钮，如图 4-56 所示，打开【分类汇总】对话框，如图 4-57 所示，【分类字段】选择"成绩等级"，【汇总方式】选择"计数"，【选定汇总项】选中"成绩等级"复选框，单击【确定】按钮完成分类汇总。

单击左侧分级显示按钮 1 2 3 中的 2，选中汇总结果数据，如图 4-58 所示，单击【开始】→【查找】下拉按钮展开命令列表，选择【定位】命令，如图 4-59 所示，打开【定位】对话框。选中"可见单元格"选项，如图 4-60 所示，单击【确定】按钮关闭对话框，选中可见数据。按【Ctrl+C】组合键复制可见数据，选中 N49 单元格，按【Ctrl+V】组合键粘贴，如图 4-61 所示，编辑 N48:O53 单元格区域，最终结果如图 4-62 所示。

图 4-55　按自定义序列排序

图 4-56　【分类汇总】按钮

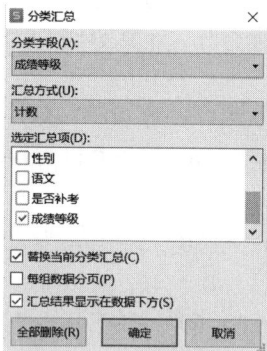

图 4-57　【分类汇总】对话框

图 4-58　按成绩等级分类汇总后效果

图 4-59　【查找】下拉列表

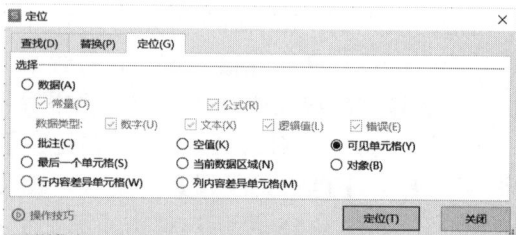

图 4-60　【定位】对话框

是否补考	成绩等级
优秀 计数	12
中等 计数	28
差 计数	5
总 计数	45

图 4-61　分类汇总结果

N	O
等级分布情况表	
成绩等级	人数
优秀	12
中等	28
差	5

图 4-62　编辑后的分类汇总结果

Step 13　基于等级统计数据生成图表。

生成图表。选中等级分布情况表所在单元格区域 N49:O52，单击【插入】→【插入饼图或圆环图】下拉按钮展开命令列表，如图 4-63 所示，选择【饼图】，创建图表。右击生成的图表，在快捷菜单中选择【设置数据系列格式】，打开【系列选项】窗格，设置【饼图分离程度】值为"15%"，如图 4-64 所示。

添加标题。选中图表，单击【图表工具】→【添加元素】→【图表标题】，弹出下拉列表，选择【图表上方】，如图 4-65 所示，删除默认标题文字"人数"，输入"语文等级分布情况"完成添加标题。

添加数据标签。选中图表，单击【图表工具】→【添加元素】→【数据标签】，弹出下拉列表，选择【更多选项】，如图 4-66 所示，或右击任意一个饼图，在快捷菜单中选择【设置数据标签格式】，打开【设置标签格式】窗格，选中"类别名称"、"值"和"百分比"等复选框，如图 4-67 所示，完成饼图数据标签格式设置。设置图例在右侧，调整饼图的大小和位置，最终效果如图 4-68 所示。

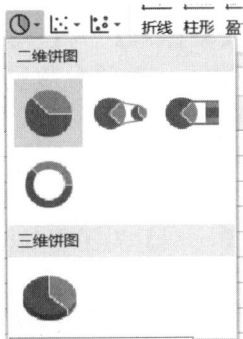

图 4-63　【插入饼图或圆环图】下拉列表

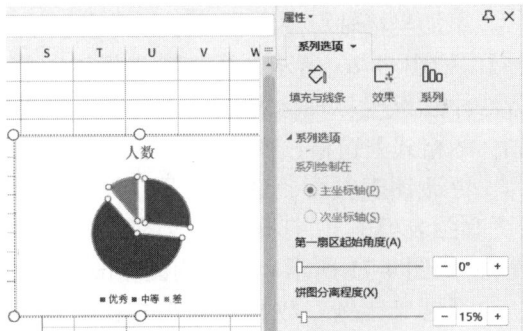

图 4-64　创建的分离型饼图

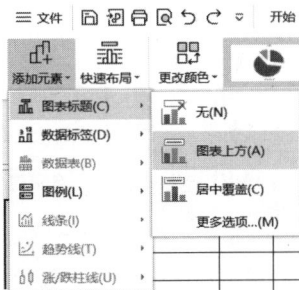

图 4-65　【图表标题】下拉列表

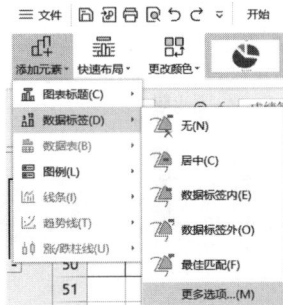

图 4-66　【数据标签】下拉列表

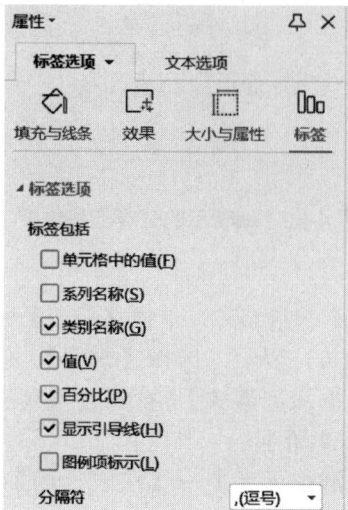

图 4-67　【设置标签格式】窗格

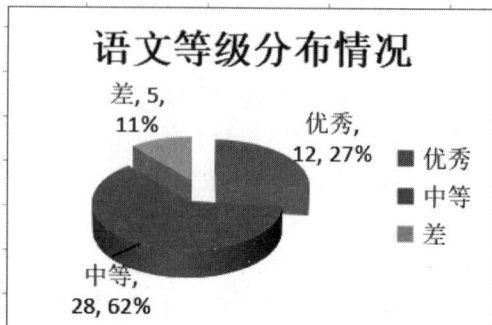

图 4-68　语文等级分布情况饼图最终效果

Step 14　基于分数段统计数据生成图表。

生成图表。选中成绩分布情况表所在单元格区域 J64:L69，单击【插入】→【插入柱形图】下拉按钮 📊 展开命令列表，选择【簇状柱形图】创建图表，如图 4-69 所示。

添加标题，选中图表，单击【图表工具】→【添加元素】→【图表标题】，弹出下拉列表，选择【图表上方】，修改标题文字为"语文成绩分布情况"，完成添加标题。

添加坐标轴标题。在【添加元素】下拉列表中选择【轴标题】→【主要横向坐标轴】，如图 4-70 所示，添加横坐标轴，修改横坐标轴标题文字为"分数段"。用类似方法添加纵坐标轴标题，标题文字为"人数"。选中纵坐标轴标题，打开【设置坐标轴标题格式】窗格，在【大小与属性】选项卡中可以设置标题文字竖排。

更改图表类型。选中表示比例的红色柱，单击【图表工具】→【更改类型】→【更改图表类型】，打开【更改图表类型】对话框，更改【比例】的图表类型为"折线图"，如图 4-71 所示，将比例图更改为折线图，如图 4-72 所示。

设置"比例"数据系列格式在次坐标轴。右击折线图，打开【设置数据系列格式】窗格，选中"次坐标轴"，如图 4-73 所示，将比例的数据系列格式设置在次坐标轴，如图 4-74 所示。

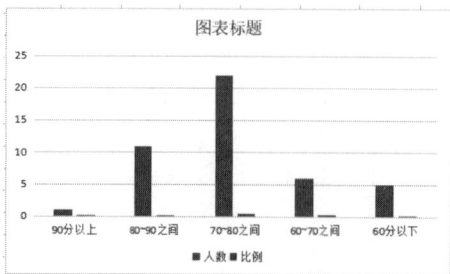

图 4-69　创建的簇状柱形图

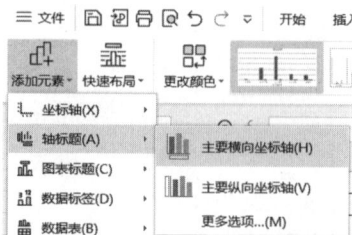

图 4-70　【轴标题】下拉列表

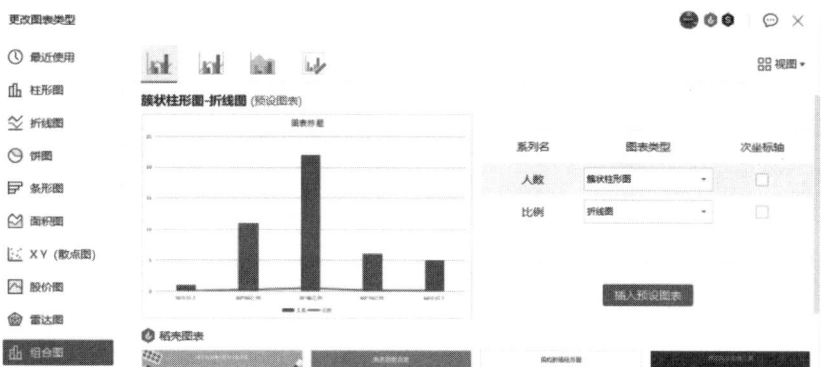

图 4-71 【更改图表类型】对话框

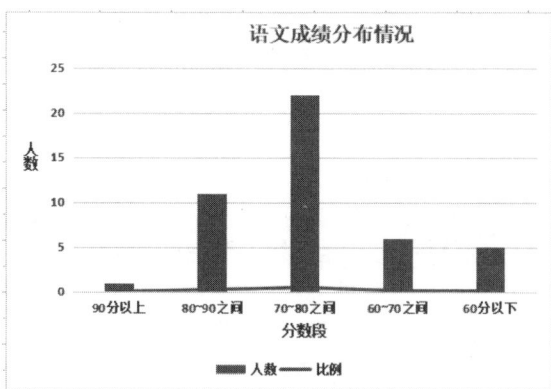

图 4-72 更改"比例"图表类型后效果

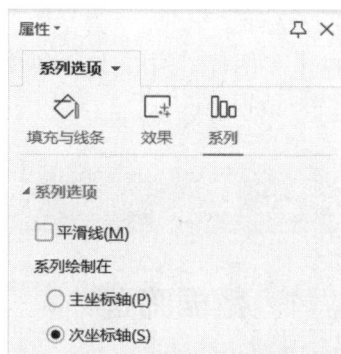

图 4-73 设置数据系列在次坐标轴

添加数据表。单击【添加元素】→【数据表】→【显示图例项标示】，如图 4-75 所示，添加数据表。

更改图例位置。右击图例，在快捷菜单中选择【设置图例格式】选项，打开【设置图例格式】窗格，在【图例选项】选项卡中选中"靠下"，如图 4-76 所示，更改图例位置。

添加数据标签。选中折线图，添加上方数据标签。选中柱形图，添加居中数据标签。

调整图表的大小和位置，最终效果如图 4-77 所示。

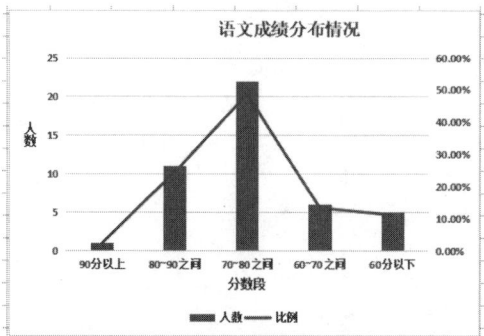

图 4-74 设置数据系列格式在次坐标轴

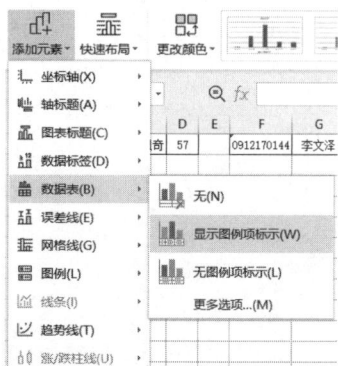

图 4-75 【数据表】下拉列表

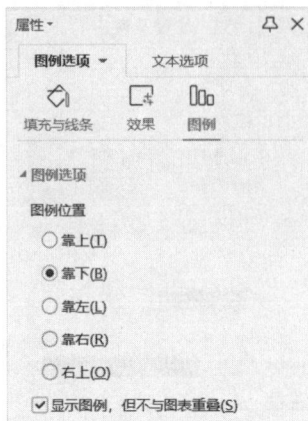

图 4-76 【设置图例格式】窗格

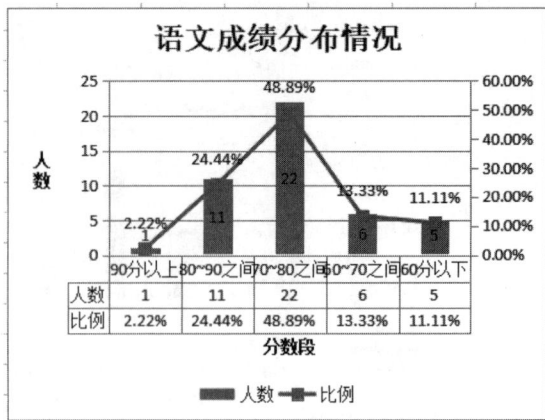

图 4-77 成绩分布情况最终效果

保存文件。至此，"语文汇总表"工作表制作完成，完整效果参考文件夹"配套资源\单元 4\图片\"中文件"语文汇总表.jpg"、"语文汇总表_成绩表.jpg"和"语文汇总表_统计数据.jpg"。

知 识 链 接

4.11 数据筛选

数据筛选实现仅显示那些满足指定条件的行，并隐藏那些不希望显示的行。筛选分自动筛选和高级筛选。

1. 自动筛选

单击【数据】→【筛选】按钮，按钮呈选中状态，数据清单每个列标题右侧出现下拉箭头 ，单击 弹出下拉列表，选择筛选项对应的复选框进行自动筛选。再次单击【筛选】按钮，按钮呈非选中状态。列标题右侧 消失，退出自动筛选。

自动筛选时，基于数据列的数据类型，单击下拉箭头 后出现文本筛选、数字筛选和日期筛选，如图 4-78 所示。

图 4-78 自动筛选

2. 高级筛选

如果查询条件较为复杂，例如筛选语文或数学高于 85 分的同学，可以使用高级筛选。高级筛选需要定义 3 个区域，分别是查询数据区域、查询条件区域和存放筛选结果区域。

（1）选择条件区域与设置筛选条件。

选择工作表空白区域作为条件区域，设置筛选条件，设置筛选条件的规则如下。

① 条件区域中列标题和值要放在不同单元格。

② 条件区域中列标题要与数据区域列标题完全一致，最好通过复制方法完成。

③ "与"关系的条件必须出现在同一行，例如，筛选总分在 160 分以上的男同学的条件设置，如图 4-79 所示。

④ "或"关系的条件要出现在不同行，例如，筛选总分在 160 分以上或者是男同学的条件设置，如图 4-80 所示。

L 性别	M 总分
男	>160

图 4-79 筛选总分在 160 分以上的男同学

L 性别	M 总分
男	
	>160

图 4-80 筛选总分在 160 分以上或者男同学

（2）设置高级筛选。

单击【数据】中的【筛选】对话框启动器按钮 ，打开【高级筛选】对话框，如图 4-81 所示。

① 【方式】区指定筛选结果存放的位置。"在原有区域显示筛选结果"是指通过隐藏不符合条件的行来筛选列表区域，【将筛选结果复制到其他位置】是指通过将符合条件的数据行复制到工作表的其他位置来筛选列表区域。

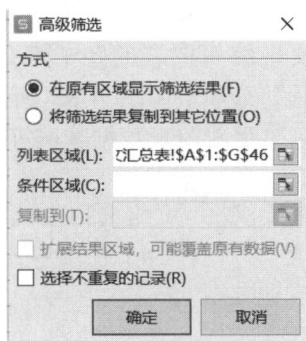

② 【列表区域】框输入待筛选数据区域地址。

③ 【条件区域】框输入条件区域地址。

④ 【复制到】框输入存放筛选结果的左上角单元格地址。

图 4-81 【高级筛选】对话框

4.12 图表的使用

图表以图形方式表示工作表中数据之间的关系和数据变化的趋势，有助于直观、形象地分析对比数据。WPS 表格提供了柱形图、折线图、饼图、条形图、面积图、XY（散点图）、股价图、雷达图等 8 种基本类型的图表，还提供了组合图。

创建图表时，先选中图表数据区域，然后单击【插入】→【全部图表】下拉按钮展开命令列表，选择【全部图表】命令，打开【图表】对话框，如图 4-82 所示，选择一种图表类型并插入图表。创建的图表主要由图表区、绘图区、标题、数据系列、坐标轴、图例、数据表等部分组成，在图表中移动光标，停留时会显示光标所在区域的名称。

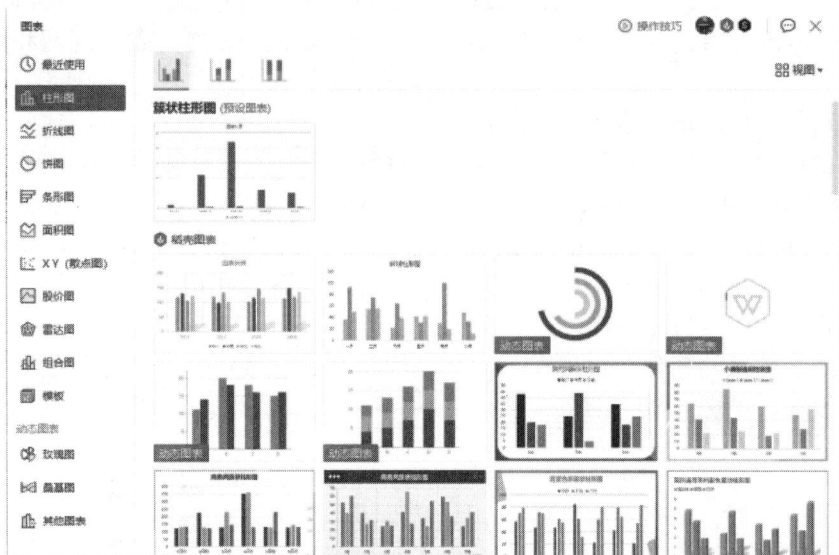

图 4-82　【图表】对话框

选中创建的图表，在功能区中会出现【绘图工具】、【文本工具】和【图表工具】三个选项卡。【绘图工具】和【文本工具】选项卡如图 4-83 和图 4-84 所示，两者结合实现编辑图表的各个部分，如图表标题的填充、字体的大小等格式设置。【图表工具】选项卡如图 4-85 所示，实现添加图表元素、快速布局、更改图表类型、切换行/列、更改图表数据区域等操作。

图 4-83　【绘图工具】选项卡

图 4-84　【文本工具】选项卡

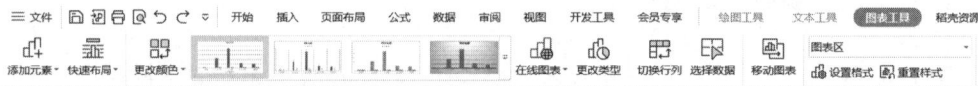

图 4-85　【图表工具】选项卡

4.13　数据分类汇总

分类汇总是对工作表中的数据按列值进行分类，并按类进行汇总，包括求和、求平均值、求最大值、求最小值等。分类汇总分两步完成，先通过排序分类，使列值相同的数据排在一起，再单击【数据】→【分类汇总】按钮，如图 4-86 所示，打开

【分类汇总】对话框，如图 4-87 所示，根据要求设置实现汇总。

图 4-86　【分类汇总】按钮　　　　　图 4-87　【分类汇总】对话框

分类汇总完成后数据能分级显示，默认情况下，数据按 3 级显示，单击工作表左侧的 **1**、**2**、**3** 按钮进行分级显示切换。单击 **+**、**-** 按钮也可以切换分级。

要删除当前的分类汇总，使工作表恢复初始状态，方法是单击如图 4-87 所示【分类汇总】对话框中的【全部删除】按钮。如果是多次分类汇总，则要在第二次打开如图 4-87 所示【分类汇总】对话框后，取消选中【替换当前分类汇总】复选框。

4.14　使用公式计算

1. 公式的组成

WPS 表格中的公式以"="开始，由常量数据、单元格引用、函数、运算符组成，比如"=D4*0.4+E4*0.6"和"=SUM(D4:E4)"。运算符有算术运算符、字符运算符和比较运算符三种。算术运算符包括+（加号）、-（减号）、*（乘号）、/（除号）、%（百分号）、^（乘幂）等，字符运算符有"&"，比较运算符包括=（等号）、<（小于）、<=（小于等于）、>（大于）、>=（大于等于）、<>（不等于）等。公式中括号"()"优先，括号和运算符都要用英文半角的，不能用全角的。

2. 公式的输入与计算

先选定要输入公式的单元格，输入"="号，再输入公式（例如，"=B2+B30"），按【Enter】键或 ✓ 确认后，WPS 表格会自动进行数据的计算并在单元格中显示结果。在系统默认状态下，单元格内显示公式的计算结果，编辑框中显示计算公式。按钮 🔍 用于在编辑框中切换公式和公式计算结果。

4.15　使用函数计算

函数是 WPS 表格事先已定义好的具有特定功能的内置公式，例如，SUM（求和）、AVERAGE（求平均值）等，所有的函数必须以等号"="开始，必须按语法要求输入。在 WPS 表格中内置了 10 大类几百种函数，用户可以直接调用。

1. 函数的组成和使用

函数一般由函数名和用括号括起来的一组参数构成，其一般格式：<函数名>(参数 1,参数 2,参数 3,…)，函数名用于确定要执行的运算类型，参数则用于指定参与运算的数据。有 2 个或 2 个以上参数时，参数之间用半角逗号","分隔，有时需要使用半角冒号":"分隔。常见的参数有数值、字符串、逻辑值、名称和单元格引用等。函数还可以嵌套使用，即一个函数可以作为另一个函数的参数。有时函数没有参数，例如，返回系统当前日期的函数 TODAY()。函数的返回值（运算结果）可以是数值、字符串、逻辑值、错误值等。常见错误信息及出错原因如表 4.2 所示。

表 4.2 常见错误信息及出错原因

错误信息	出错原因
######	结果太长，单元格容不下，增加列宽即可解决
#VALUE!	参数或运算对象的类型不正确
#DIV/0!	除数为 0
#NAME?	拼写错误或使用了不存在的名称
#N/A	在函数或公式中没有可用的数值
#REF!	在公式中引用了无效的单元格
#NUM!	函数或公式中某个参数有问题，或运算结果的数太大或太小
#NULL!	使用了不正确的区域运算或不正确的单元格引用

2. 输入函数

（1）在编辑框中直接输入函数。选定单元格，输入英文半角等号"="，然后输入函数名及函数的参数，校对无误后确认，如图 4-88 所示。

图 4-88 在编辑框输入函数

（2）在常用函数列表中选择函数。选定单元格，输入英文半角等号"="，在名称框位置展开常用函数列表，如图 4-89 所示，在列表中选择一个函数。

（3）在【插入函数】对话框中选择函数。选定单元格，单击编辑栏【插入函数】按钮，系统自动在选定的单元格中输入"="，同时弹出【插入函数】对话框，如图 4-90 所示，选择函数后，打开【函数参数】对话框，如图 4-91 所示，确定参数，完成函数计算。

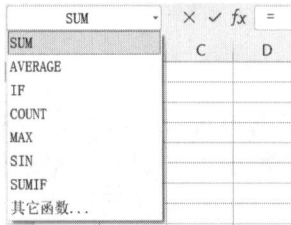

图 4-89 常用函数列表

图 4-90 【插入函数】对话框

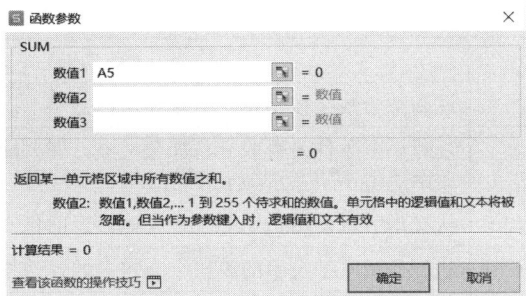

图 4-91　【函数参数】对话框

3. 自动计算

单击【开始】→【求和】按钮，如图 4-92 所示，或者单击【公式】→【自动求和】按钮，如图 4-93 所示，可以对指定或默认区域的数据进行求和运算。其运算结果显示在选定列的下方第 1 个单元格中或者选定行的右侧第 1 个单元格中。

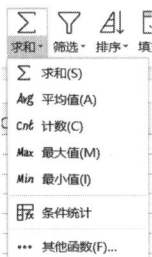

图 4-92　【求和】下拉列表

图 4-93　【公式】→【自动求和】按钮

4. 常用函数

常用函数及其功能介绍如表 4.3 所示。

表 4.3　常用函数及其功能介绍

函数名称	函数功能
求和函数 SUM()	计算其参数或者单元格区域中所有数值之和，参数可以是数值或单元格引用（如 E3:E7）
求平均值函数 AVERAGE()	计算其参数的算术平均值，参数可以是数值或者包含的名称、数组或单元格引用（如 F3:F7）
求最大值函数 MAX()	求一组数值中的最大值，参数可以是数值或单元格引用，忽略逻辑值和文本字符
求最小值函数 MIN()	求一组数值中的最小值，参数可以是数值或单元格引用，忽略逻辑值和文本字符
统计数值型数据个数函数 COUNT()	计算包含数字的单元格以及参数列表中数值型数据的个数，参数可以是各种不同类型的数据或者单元格引用，但只对数值型数据进行计数，非数值型数据不计数
统计满足条件的单元格数目函数 COUNTIF()	计算单元格区域中满足给定条件的单元格数目
取整函数 INT()	将数字向下舍入到最接近的整数

函数名称	函数功能
圆整函数 ROUND()	返回某个数字按指定位数取整后的数字
判断函数 IF()	判断一个条件是否成立，如果成立，即判断条件的值为 TRUE，则返回"值1"，否则返回"值2"
字符串截取函数 MID()	从文本字符串中指定的位置开始，返回指定长度的字符串
左截取函数 LEFT()	从一个文本字符串的第一个字符开始返回指定个数的字符
按列查找函数 VLOOKUP()	在表格或数值数组的首列查找指定的数值，并由此返回表格或数组当前行中指定列处的数值（默认情况下，表是升序的）。VLOOKUP 函数与 HLOOKUP 函数属于同一类函数，VLOOKUP 是按列查找的，而 HLOOKUP 是按行查找的
当前日期函数 TODAY()	返回日期格式的当前日期
日期时间函数 NOW()	返回日期时间格式的当前日期和时间
年函数 YEAR()	返回日期的年份值，即 1 个 1900～9999 之间的整数
月函数 MONTY()	返回月份值，即一个 1～12 之间的整数
日函数 DAY()	返回 1 个月中的第几天的数值，即 1 个 1～31 之间的整数
时函数 HOUR()	返回小时数值，即 1 个 0～23 之间的整数
分函数 MINUTE()	返回分钟数值，即 1 个 0～59 之间的整数
秒函数 SECOND()	返回秒数值，即 1 个 0～59 之间的整数
星期函数 WEEKDAY()	返回某日期为星期几。默认情况下，其值为 1（星期天）到 7（星期六）之间的整数

任务 4-5　制作"数学汇总表"工作表

任务描述

（1）复制"语文汇总表"工作表，将副本改名为"数学汇总表"。

（2）将"数学汇总表"中的"语文"列更改为"数学"列。

（3）筛选出数学成绩前三名学生。

（4）筛选出数学成绩高于数学平均分的学生。

（5）筛选出数学成绩在前 10%的学生。

（6）筛选出需要补考数学的学生。

（7）筛选出名字最后是"洋"字的学生。

（8）分类汇总数学"优秀"、"中等"和"差"各等级人数。

（9）基于数学成绩等级分布更新饼图。

（10）基于数学成绩各分数段分布更新柱形图。

任务实施

Step 01 插入“数学汇总表”。

复制“语文汇总表”工作表，将副本改名为“数学汇总表”，位置在“语文汇总表”之后。

Step 02 更改“语文”列为“数学”列。

选中“数学汇总表”的 E1 单元格，输入“=学生成绩表!F2”，如图 4-94 所示，按【Enter】键，将列标题“语文”更改为“数学”。拖动 E1 单元格的填充柄到 E46 单元格，完成更改“语文”列为“数学”列，“是否补考”和“成绩等级”列数据自动更新。选中 E2:E46 单元格区域，取消字体加粗。

Step 03 数据筛选。

在要筛选数据区域 A1:G46 中选中任意一个单元格。单击【数据】→【筛选】按钮，在每个列标题右侧出现一个下拉箭头按钮。单击列标题“数学”右侧的，弹出下拉列表，做如下筛选，方法与在“语文汇总表”中操作类似。

（1）筛选数学成绩前三名学生。

（2）筛选数学成绩高于数学平均分的学生。

（3）筛选数学成绩在前 10%的学生。

（4）筛选出需要补考数学的学生。

（5）筛选出名字最后是“洋”字的学生。

Step 04 分类汇总数学“优秀”、“中等”和“差”各等级人数。

先按成绩等级“优秀”、“中等”和“差”的顺序重排数据，再打开【分类汇总】对话框，设置按成绩等级计数，方法与在“语文成绩表”中操作类似。

复制分类汇总结果到 J48:K52 单元格区域，调整格式，最终效果如图 4-95 所示。

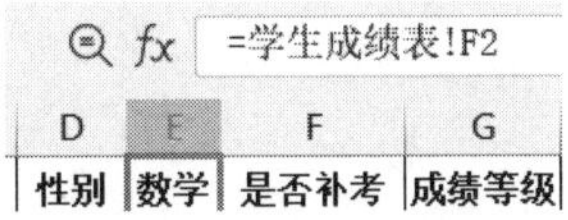

图 4-94 更改列标题

等级分布情况表	
成绩等级	人数
优秀	19
中等	22
差	4

图 4-95 调整格式后的等级分布情况表

Step 05 更新饼图图表标题和数据源。

选中饼图，单击【图表工具】→【选择数据】按钮，如图 4-96 所示，打开【编辑数据源】对话框，更改【图表数据区域】框后为“=数学汇总表!$J$49:$K$52”，单击【确定】按钮关闭对话框，完成图表数据更新。更改饼图图表标题为“数学等级分布情况”。

调整饼图的大小和位置，最终效果如图 4-97 所示。

Step 06 更改图表标题。

选中柱形图所在的图表，更改图表标题为“数学成绩分布情况”。

调整图表的位置和大小，最终效果如图 4-98 所示。

提示：数学平均分、最高分、最低分、总人数、需要补考人数和成绩优秀人数，以及各分数段人数的统计数据会自动更新，不需要重新统计。

保存文件。至此，"数学汇总表"工作表制作完成，完整效果参考文件夹"配套资源\单元 4\图片\"中文件"数学汇总表.jpg"、"数学汇总表_成绩表.jpg"和"数学汇总表_统计数据.jpg"。

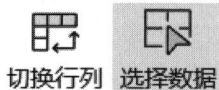

图 4-96　【选择数据】按钮

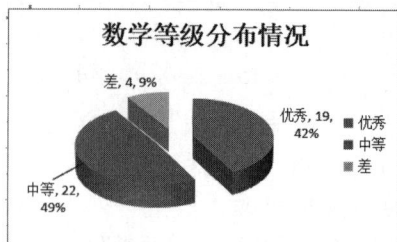

图 4-97　数学等级分布情况饼图最终效果

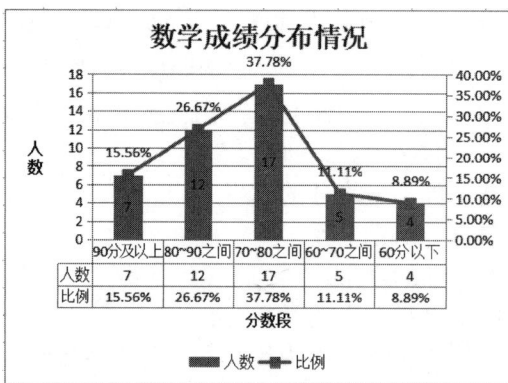

图 4-98　数学成绩分布情况最终效果

知 识 链 接

4.16　使用选择性粘贴

单元格中的公式、数值、格式、批注等可以全部复制，也可以部分复制。复制单元格区域后，打开【选择性粘贴】对话框，如图 4-99 所示，根据要达到的目的选择，选择的选项不同，结果不同。

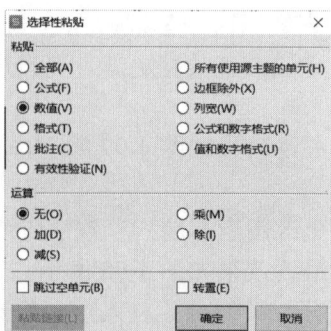

图 4-99　【选择性粘贴】对话框

4.17 数据透视表

数据透视表是一种可以从源数据列表中快速汇总大量数据并提取有效信息的交互式报表，能够帮助用户深入分析和组织数据。汇总数据包括计算和、平均值、最大值、最小值和计数等，所进行的计算与数据在数据透视表中的排列有关，可改变版面布置，以便按照不同方式分析数据。每一次改变版面布置时，数据透视表会立即按照新的布置重新计算数据。另外，如果原始数据发生更改，可以通过刷新更新数据透视表数据。

数据透视表是常用的数据分析工具，利用它可以直接对数据进行排序、筛选、分类汇总或计算。

1. 创建数据透视表

选中目标区域中的任意单元格，单击【插入】选项卡中的【数据透视表】按钮，弹出【创建数据透视表】对话框，选择要分析的数据源，选择放置数据透视表的位置，单击【确定】按钮，创建空白数据透视表，如图 4-100 所示。

2. 编辑数据透视表

（1）选择字段，调整字段在数据透视表区域的位置。

在【字段列表】区域选择字段，相应字段的内容出现在数据透视表中，拖动字段到不同的区域，版面跟着变化。各区域中字段对应位置如图 4-101 所示，字段在数据透视表中的位置按如下规则排列。

提示：选择字段的顺序会影响版面布置。

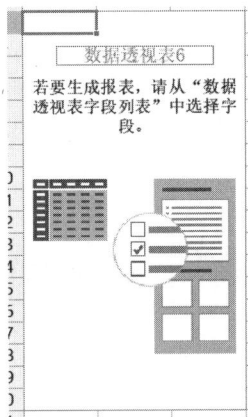

图 4-100 创建空白数据透视表

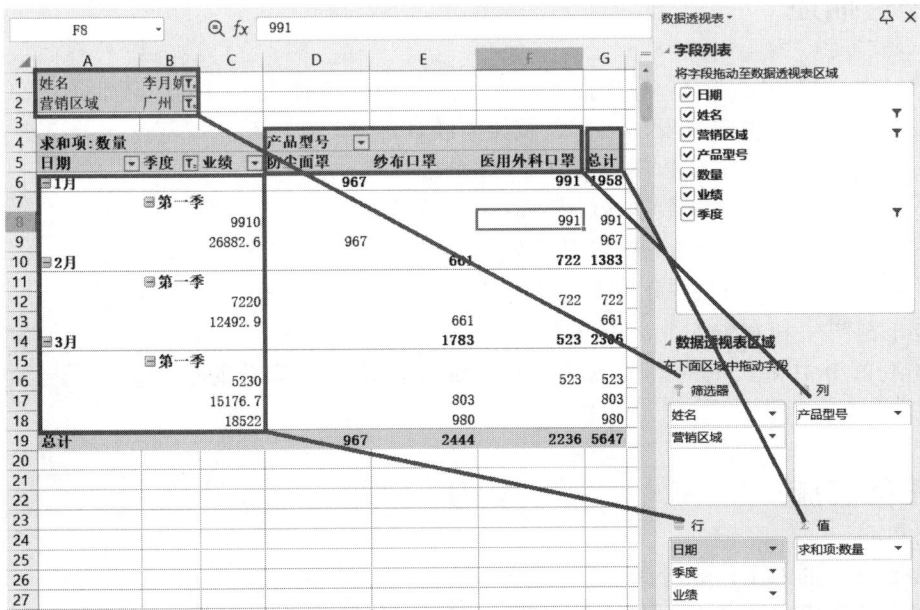

图 4-101 数据透视表区域

- 数据透视表中最左边的标题是行字段，对应【行】区域中的字段值。
- 数据透视表中最上边的标题是列字段，对应【列】区域中的字段值。
- 数据透视表中列字段上边的标题是筛选字段，对应【筛选器】区域中的字段值。
- 值字段出现在数据透视表的最右侧，默认显示"求和项"。

（2）字段分析工具。数据透视表创建后，用户可根据需求对字段进行一系列的设置，如字段项的筛选和排序、值字段设置、项目分组等。

（3）编辑数据透视表。选中数据透视表中的任意单元格，选择【设计】选项卡中的命令，如图 4-102 所示，或者选择【分析】选项卡中的命令，如图 4-103 所示，编辑数据透视表。

图 4-102　【设计】选项卡

图 4-103　【分析】选项卡

任务 4-6　制作"其他项汇总"工作表

任务描述

（1）在"语文汇总表"后面插入一个新工作表，工作表名设为"其他项汇总"。

（2）基于"学生成绩表"工作表做如下统计汇总。

①筛选出语文成绩或数学成绩高于 85 分的学生。

②筛选出语文成绩和数学成绩都高于 85 分的学生。

③筛选出均分高于 85 分或者是女生的学生。

④筛选出均分高于 85 分的女生。

⑤汇总男生和女生人数（用分类汇总方式）。

⑥汇总男生和女生的语文成绩、数学成绩、总分和均分的平均值（用分类汇总方式）。

任务实施

Step 01　插入工作表并改名。

在"语文汇总表"后面插入一个新工作表，修改表名为"其他项汇总"。选中第

1～40 行，设置行高为"18"。

Step 02 筛选语文成绩或数学成绩不低于 85 分的学生。

使"学生成绩表"工作表为当前工作表。

复制 E2:F2 单元格数据到 K2:L2 单元格区域，在 K3 和 L4 单元格中都输入"＞=85"，如图 4-104 所示。选中待筛选数据区域 A2:I47 中的任意一个单元格，单击【数据】→【高筛选级】对话框启动器按钮⌐，如图 4-105 所示，打开【高级筛选】对话框，【方式】选中"将筛选结果复制到其他位置"，【列表区域】设置"学生成绩表!$A$2:$I$47"，【条件区域】设置"学生成绩表!$K$2:$L$4"，【复制到】设置"学生成绩表!$L$58"，如图 4-106 所示，单击【确定】按钮关闭对话框，筛选出语文成绩或数学成绩高于 85 分的学生。

提示：在此筛选中条件"语文＞=85"和"数学＞=85"是或关系，因此两个"＞=85"要放在不同行，如图 4-104 所示。

移动筛选结果到"其他项汇总"工作表 A2 单元格为左上角的区域。合并 A1:I1 单元格后输入文字"语文成绩或数学成绩高于 85 分学生名单"，如图 4-107 所示。

Step 03 筛选语文成绩和数学成绩都高于 85 分的学生。

使"学生成绩表"工作表为当前工作表。

复制 E2:F2 单元格数据到 O2:P2 单元格区域，在 O3 和 P3 单元格都输入"＞=85"，如图 4-108 所示。打开【高级筛选】对话框，【方式】选中"将筛选结果复制到其他位置"，【列表区域】设置"学生成绩表!$A$2:$I$47"，【条件区域】设置"学生成绩表!$O$3:$P$3"，【复制到】设置"学生成绩表!$L$8"，单击【确定】按钮关闭对话框，筛选出语文成绩和数学成绩都高于 85 分的学生。

图 4-104 设置条件为语文成绩或数学成绩高于 85 分

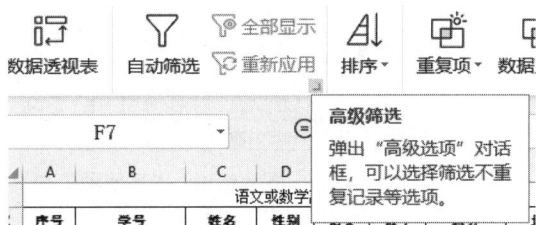

图 4-105 【高筛选级】对话框启动器按钮

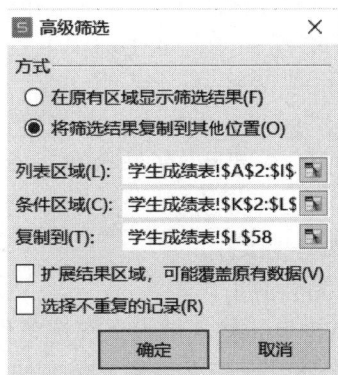

图 4-106 【高级筛选】对话框

149

1	语文或数学高于85分学生名单							
2	序号	学号	姓名	性别	语文	数学	总分	均分	名次
3	2	0912170102	吴一凡	女	79	91	170	85.00	5
4	3	0912170103	王楠	女	90	62	152	76.00	21
5	4	0912170104	高震	男	79	98	177	88.50	2
6	7	0912170107	韩锐	女	57	92	149	74.50	25
7	10	0912170110	王福强	男	73	85	158	79.00	16
8	12	0912170112	尹博	男	76	89	165	82.50	10
9	17	0912170117	王晓宇	女	71	91	162	81.00	11
10	19	0912170119	王海洋	女	86	90	176	88.00	4
11	21	0912170121	刘毅楠	女	71	89	160	80.00	14
12	25	0912170125	王铁成	男	88	89	177	88.50	2
13	26	0912170126	张英男	男	61	87	148	74.00	26
14	31	0912170131	张大勇	男	77	89	166	83.00	8
15	33	0912170133	杨阿林	女	81	89	170	85.00	5
16	35	0912170135	刘明亮	男	89	95	184	92.00	1
17	39	0912170139	钱志刚	女	86	76	162	81.00	11
18	41	0912170141	刘晓龙	男	75	92	167	83.50	7

图 4-107 "其他项汇总"工作表中的筛选结果

提示：在此筛选中条件"语文>=85"和"数学>=85"是与关系，因此两个"">=85"要放在相同行，如图 4-108 所示。

移动筛选结果到"其他项汇总"工作表 A21 单元格为左上角的区域。合并 A20:I20 单元格后输入文字"语文和数学都高于 85 分学生名单"，如图 4-109 所示。

	O	P
2	语文	数学
3	>=85	>=85

图 4-108 设置条件为语文成绩和数学成绩都高于 85 分

语文和数学都高于85分学生名单							
序号	学号	姓名	性别	语文	数学	总分	均分	名次
19	0912170119	王海洋	女	86	90	176	88.00	4
25	0912170125	王铁成	男	88	89	177	88.50	2
35	0912170135	刘明亮	男	89	95	184	92.00	1

图 4-109 "其他项汇总"工作表中的筛选结果

Step 04　筛选均分高于 85 分或者是女生的学生。

使"学生成绩表"工作表为当前工作表。

按如图 4-110 所示在 R2:S4 单元格区域设置筛选条件。打开【高级筛选】对话框做相应设置，筛选出均分高于 85 分或者是女生的学生数据到以 L8 单元格为左上角的单元格区域。

移动筛选结果到"其他项汇总"工作表 K2 单元格为左上角的区域。合并 K1:S1 单元格后输入文字"均分高于 85 分或者是女生的学生名单"，效果参考图片文件"其他项汇总.jpg"。

Step 05　筛选均分高于 85 分的女生。

使"学生成绩表"工作表为当前工作表。

按如图 4-111 所示在 U2:V3 单元格区域设置筛选条件。打开【高级筛选】对话框做相应设置，筛选出均分高于 85 分的女生数据到以 L8 单元格为左上角的单元格区域。

移动筛选结果到"其他项汇总"工作表 A27 单元格为左上角的区域。合并 A26:I26 单元格后输入文字"均分高于 85 分的女生名单"，效果参考图片文件"其他项汇总.jpg"。

R	S
均分	性别
>=85	
	女

图 4-110　设置条件为均分高于 85 分或者是女生

U	V
均分	性别
>=85	女

图 4-111　设置条件为均分高于 85 的女生

Step 06　用分类汇总方式汇总男生和女生人数。

使"学生成绩表"工作表为当前工作表。

按性别列升序或降序排序。单击【数据】→【分类汇总】按钮，打开【分类汇总】对话框。【分类字段】选择"性别"，【汇总方式】选择"计数"，【选定汇总项】选中"性别"，如图 4-112 所示，单击【确定】按钮完成汇总男生和女生人数。

单击左侧分级显示按钮 1 2 3 中的 2。汇总结果数据如图 4-113 所示，复制结果数据到"其他项汇总"工作表的 A33 为左上角的单元格区域，编辑 A32:B35 单元格区域，最终结果如图 4-114 所示。

图 4-112　【分类汇总】对话框

C	D
姓名	性别
女 计数	22
男 计数	23
总计数	45

图 4-113　单击分级显示按钮 2 后效果

32	男生女生人数汇总表	
33	性别	人数
34	女	22
35	男	23

图 4-114　汇总结果数据

Step 07　用分类汇总方式汇总男生和女生的语文成绩、数学成绩、总分和均分的平均值。

使"学生成绩表"工作表为当前工作表。

打开【分类汇总】对话框，单击【全部删除】按钮删除当前的分类汇总。

按性别列升序或降序排序。再次打开【分类汇总】对话框，【分类字段】选择"性别"，【汇总方式】选择"平均值"，【选定汇总项】选中"语文"、"数学"、"总分"和"均分"四项前的复选框，如图 4-115 所示，单击【确定】按钮完成汇总。

单击左侧分级显示按钮 1 2 3 中的 2。汇总结果数据如图 4-116 所示，复制结果数据到"其他项汇总"工作表的以 D33 为左上角的单元格区域，编辑 D32:H35 单元格区域，最终结果如图 4-117 所示。

图 4-115 【分类汇总】对话框

D	E	F	G	H
性别	语文	数学	总分	均分
女 平均值	72.64	74.36	147	73.50
男 平均值	73.39	76.26	150	74.83
总平均值	73.014	75.312	148	74.18

图 4-116 单击分级显示按钮 2 后的效果

使"学生成绩表"成为当前工作表，打开【分类汇总】对话框，删除当前的分类汇总。

选中序号列任意一个单元格，按序号升序重排数据。

选中 L2:V4 单元格区域，单击【开始】→【清除】下拉按钮 ◇ 展开命令列表，选择【全部】命令，清除 L2:V4 单元格区域格式。

保存文件。至此，"其他项汇总"工作表制作完成，完整效果参考文件夹"配套资源\单元 4\图片\"中文件"其他项汇总.jpg"。

统计男女生语文、数学、总分和均分的平均值				
性别	语文均分	数学均分	总分平均值	均分平均值
女	72. 6363636	74. 363636	147	73. 50
男	73. 3913043	76. 26087	149. 6521739	74. 83

图 4-117 汇总结果数据

任务 4-7 制作"信息浏览查询表"工作表

任务描述

（1）在"其他项汇总"后面插入一个新工作表，工作表名设为"信息浏览查询表"。
（2）实现按序号查询。
（3）实现按姓名查询。

（4）实现按学号顺序浏览数据。

任务实施

Step 01　插入工作表并改名。

在"其他项汇总"后面插入一个新工作表，修改表名为"信息浏览查询表"。

选中第 1～5 行，设置行高为"30"。选中 A 到 I 列，设置列宽为"10"。

Step 02　输入文字并设置单元格格式。

制作如图 4-118 所示工作表。文字"按序号查询"和"按姓名查询"设置格式为"宋体，18 号，加粗"，表格中文字设置格式为"宋体，14 号，加粗"，对齐方式为水平垂直居中，加边框和底纹。

图 4-118　信息查询表

Step 03　在 B2 和 G2 单元格设置数据有效性，实现在下拉列表中选择序号或姓名。

选中 B2 单元格，打开【数据有效性】对话框，在【设置】选项卡的【允许】下选择"序列"，【来源】设为"=学生成绩表!$A$3:$A$47"，如图 4-119 所示，单击【确定】按钮完成 B2 单元格数据有效性设置。

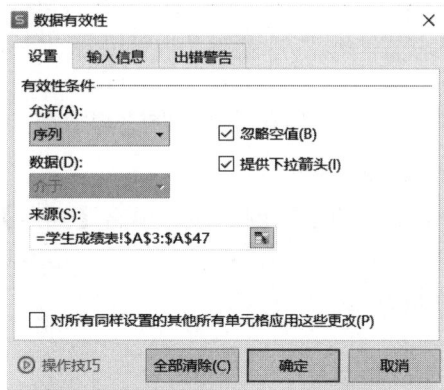

图 4-119　设置 B2 单元格数据有效性

选中 G2 单元格，打开【数据有效性】对话框，在【设置】选项卡的【允许】下选择"序列"，【来源】设为"=学生成绩表!$C$3:$C$47"，单击【确定】按钮完成 G2 单元格数据有效性设置。

Step 04　实现按序号查询。

定义名称"按序号查询"。选中"学生成绩表"的 A2:I47 单元格区域，在名称框中输入"按序号查询"，按【Enter】键定义名称。

单击"信息查询表"的 B3 单元格，输入公式"=VLOOKUP($B$2,按序号查询,3,

FALSE)"，按【Enter】键即可在 B3 单元格中显示 B2 单元格中学号对应的学生姓名。复制 B3 单元格中公式到 B4、B5、D3、D4 和 D5 单元格，并对公式中 VLOOKUP()函数的第 3 个参数做相应更改，即可实现按序号查询，如图 4-120 所示。

按序号查询						按姓名查询			
序号	6				姓名	王福强			
姓名	刘经伟	名次	23		学号	0912170110	名次	16
语文	81	数学	70		语文	73	数学	85
总分	151	均分	75.5		总分	158	均分	79

图 4-120　按序号和姓名查询效果

Step 05　实现按姓名查询。

复制"学生成绩表"的 A2:B47 单元格区域数据到 J2:K47 单元格区域，如图 4-121 所示。

提示：可以用单元格引用的方法实现图 4-121 所示效果。

定义名称"按姓名查询"。选中"学生成绩表"的 C2:K47 单元格区域，在名称框中输入"按姓名查询"，按【Enter】键定义名称。设置 G 列列宽为"15"。

单击"信息查询表"的 G3 单元格，输入公式"=VLOOKUP($G$2,按姓名查询,3,FALSE)"，按【Enter】键即可在 G3 单元格中显示 G2 单元格中姓名对应的学生学号。复制 G3 单元格中公式到 G4、G5、I3、I4 和 I5 单元格，并对公式中 VLOOKUP()函数的第 3 个参数做相应更改，即可实现按姓名查询，如图 4-120 所示。

	学生成绩表									
序号	学号	姓名	性别	语文	数学	总分	均分	名次	序号	学号
1	0912170101	王墨	男	78	69	147	73.50	30	1	0912170101
2	0912170102	吴一凡	男	79	91	170	85.00	5	2	0912170102
3	0912170103	王楠	男	90	62	152	76.00	21	3	0912170103
4	0912170104	高震	女	79	98	177	88.50	2	4	0912170104
5	0912170105	刘博	男	77	71	148	74.00	26	5	0912170105

图 4-121　复制数据后的"学生成绩表"

Step 06　实现按序号顺序浏览数据。

插入能改变 B2 单元格数值的数值调节钮。单击【插入】→【窗体】下拉按钮展开命令列表，选择【微调项】命令，如图 4-122 所示。拖动鼠标指针在 C2 单元格中插入数值调节钮，如图 4-123 所示。

图 4-122　【微调项】命令

图 4-123　插入【微调项】后的效果

右击微调项弹出快捷菜单，选择【设置对象格式】，打开【设置对象格式】对话框。选中【控制】选项卡，设置【最小值】为"1"，【最大值】为"45"，【步长】为"1"，【单元格链接】为"=$B$2"，如图 4-124 所示，单击【确定】按钮完成用微调项调节 B2 单元格中的数据，实现按序号顺序浏览数据。

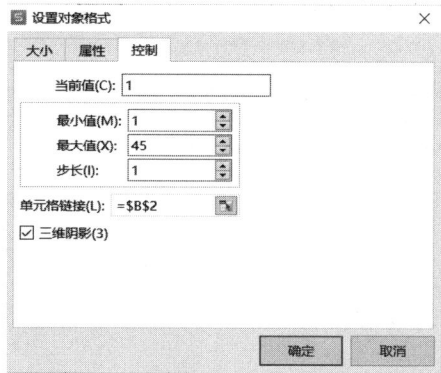

图 4-124 【设置对象格式】对话框

保存文件。至此，"信息浏览查询表"工作表制作完成，完整效果参考文件夹"配套资源\单元 4\图片\"中文件"信息浏览查询表.jpg"。

知 识 链 接

4.18 定义和使用名称

使用名称可使公式更加容易理解和维护，WPS 表格中可为单元格区域、函数或常量定义名称。

名称可以在编辑栏的名称框中定义，也可以单击【公式】→【名称管理器】按钮，如图 4-125 所示，打开【名称管理器】对话框，单击【新建】按钮，打开【新建名称】对话框，如图 4-126 所示，定义名称。

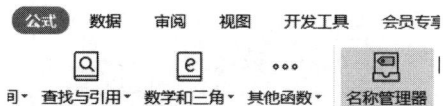

图 4-125 【名称管理器】按钮

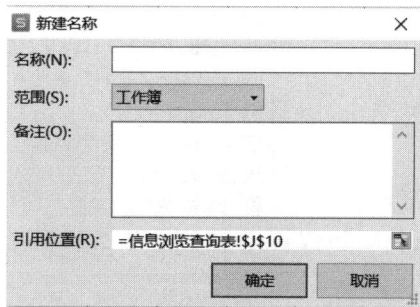

图 4-126 【新建名称】对话框

2. 管理名称

名称管理包括确认名称的值和引用位置；排序和筛选名称列表；新建、更改或删除名称等。名称管理通常在【名称管理器】对话框中完成，单击【公式】→【名称管理器】按钮，可以打开【名称管理器】对话框，如图4-127所示。

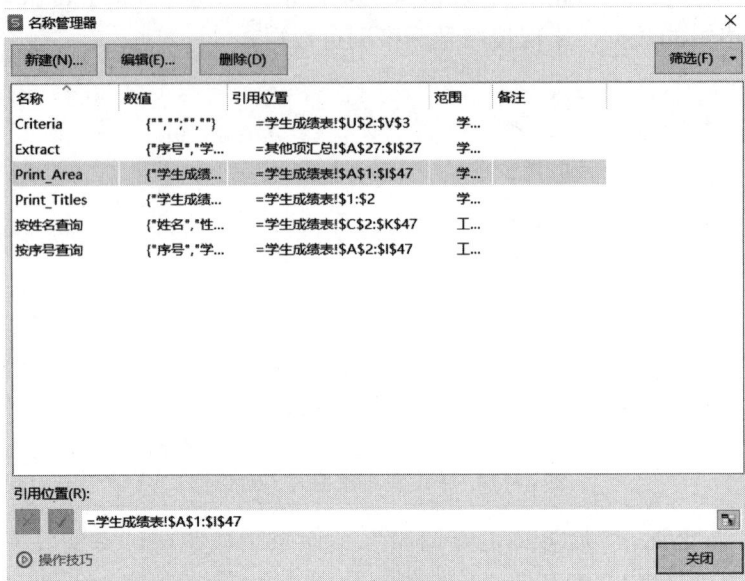

图4-127 【名称管理器】对话框

4.19 窗体控件

1. 插入窗体控件

单击【插入】→【窗体】下拉按钮展开命令列表，如图4-128所示，选择一个控件，比如【按钮】，鼠标指针变成"十"字形状，拖动鼠标即可插入按钮控件，如图4-129所示。

图4-128 【窗体控件】区

图4-129 插入【按钮】控件后

2. 设置控件

右击插入的控件，在快捷菜单中选择【设置对象格式】，打开【设置对象格式】对话框，根据需要设置控件属性，如图4-130所示。

图 4-130　【设置对象格式】对话框

任务 4-8　制作 "使用说明" 工作表

任务描述

（1）在 "学生成绩表" 前面插入一个新工作表，工作表名称设为 "使用说明"。

（2）设置单元格格式，复制素材文件 "配套资源\WPS 表格素材及效果文件\使用说明.txt" 中的文字到相应单元格中，制作如图 4-131 所示 "使用说明" 工作表效果。

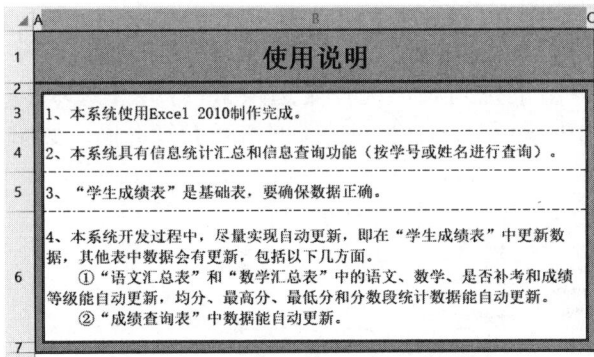

图 4-131　"使用说明" 工作表效果

任务实施

Step 01　插入 "使用说明" 工作表。

在 "学生成绩表" 前面插入新工作表，修改工作表名为 "使用说明"。

Step 02　设置格式。

设置行高。设置第 1 行行高为 "40"，第 2 和第 7 行行高为 "8"，第 3～5 行行高为 "30"，第 6 行行高为 "100"。

设置列宽。设置 A 列和 C 列列宽为"0.8"，B 列列宽为"75"。

设置填充和框线。合并 A1 :C1 单元格区域，设置填充为"橙色"，边框为"双实线"。选中 A2:C7 单元格区域，设置边框为"双实线"。 选中 B3:B6 单元格区域，设置边框为"双实线"。依次选中 A2:A7、B2:C2、C3:C7 和 B7 单元格区域，设置填充为"橙色"。选中 B3:B6 单元格区域，设置内框线为"虚线"。设置填充和边框后的效果如图 4-132 所示。

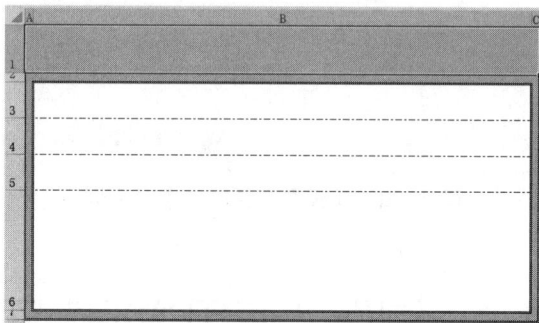

图 4-132　设置填充和边框后的效果

Step 03　填写文字。

选中 A1 单元格，输入文字"使用说明"，设置格式为"宋体、20、加粗、水平和垂直居中"。

选中 B3:B6 单元格区域，设置格式为"宋体，12"。单击【开始】→【垂直居中】、【左对齐】和【自动换行】按钮设置文本在单元格中垂直居中、左对齐和自动换行。打开"配套资源\WPS 表格素材及效果图\使用说明.txt"文件，将文字复制到相应单元格中。最终效果如图 4-131 所示。

Step 04　取消工作区的网格线。

单击【文件】弹出下拉列表，选择【选项】，打开【选项】对话框，左侧选择【视图】，右侧取消选中【窗口选项】中的【网格线】复选框，如图 4-133 所示，单击【确定】按钮。

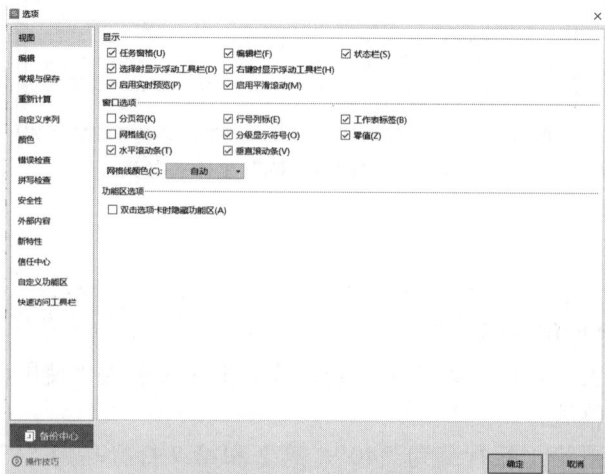

图 4-133　【选项】对话框

保存文件。至此，"使用说明"工作表制作完成，完整效果参考文件夹"配套资源\单元 4\图片\"中文件"使用说明.jpg"。

任务 4-9　制作"首页"工作表

任务描述

（1）在"使用说明"前面插入一个新工作表，工作表名称设为"首页"。

（2）插入和编辑图形、艺术字、文本框等对象，制作如图 4-134 所示的工作表。

任务实施

Step 01　插入"首页"工作表。

在"使用说明"前面插入新工作表，修改工作表名为"首页"。

Step 02　插入一个矩形并在矩形上添加文字。

插入矩形，设置宽度为"18 厘米"，高度为"2.5 厘米"，轮廓为"无轮廓"，填充为"蓝色"。在矩形上添加文字"学生成绩管理系统"，设置格式为"宋体，28，居中对齐"。

Step 03　插入图片并设置图片的大小和位置。

插入图片"配套资源\WPS 表格素材及效果图\首页图片.jpg"。选中图片并调整图片位置，设置图片宽度为"18 厘米"，高度为"9.5 厘米"。

提示：先取消选中"锁定纵横比"再调整图片大小。

Step 04　设置显示当前时间。

对照图 4-134 所示效果在图片下方从左至右插入三个文本框，设置高度为"1.2 厘米"，宽度为"6 厘米"，轮廓为"无轮廓"，填充为"蓝色"，文字格式为"方正姚体，16，白色"。

选中左侧文本框，输入文字"今天是："，设置右对齐。选中中间文本框，设置居中对齐，在编辑栏中输入"=$B$30"。选中右侧文本框，设置左对齐，在编辑栏中输入"=$B$31"。

单击 B30 单元格，输入"=NOW()"，B30 单元格显示当前时间。打开【单元格格式】对话框设置格式，如图 4-135 所示。单击 B31 单元格，输入"=CHOOSE(WEEKDAY(B30,2),"星期一","星期二","星期三","星期四","星期五","星期六", "星期日")"。

设置 B30 和 B31 单元格字体颜色为"白色"（与背景色一致）。

Step 05　插入艺术字。

对照图 4-134 所示效果插入艺术字，文字分别为"使用说明"、"学生成绩表"、"信息浏览查询表"、"语文汇总表"、"数学汇总表"和"其他项汇总"。

图 4-134 "首页"工作表效果

图 4-135 【设置单元格格式】对话框

Step 06 插入图形"笑脸"。

对照图 4-134 所示效果，插入图形"笑脸"，并设置填充和轮廓。

保存文件。至此，"首页"工作表制作完成，完整效果参考文件"配套资源\单元4\图片\首页.jpg"。

任务 4-10 插入超链接

任务描述

（1）在"首页"工作表的"使用说明"和"学生成绩表"等艺术字上插入能跳转到相应工作表的超链接。

（2）在"使用说明"工作表中插入图形，并在图形上插入能返回"首页"工作表的超链接，如图 4-136 所示。

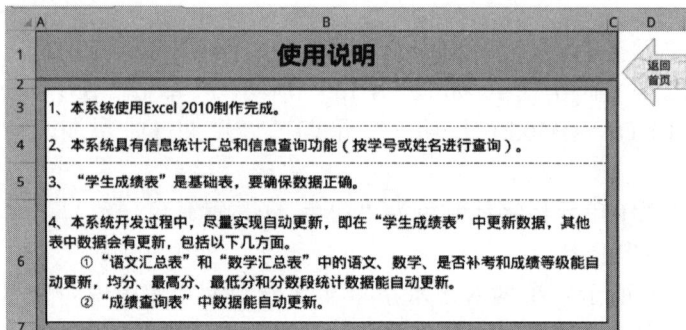

图 4-136 插入超链接

（3）复制"使用说明"工作表中的图形到其他工作表，实现单击图形返回"首页"工作表。

任务实施

Step 01　在"首页"工作表中艺术字上插入超链接。

使"首页"工作表成为当前工作表，选中艺术字"使用说明"，右击，弹出快捷菜单，选择【超链接】，打开【超链接】对话框。左侧选择【本文档中的位置】，右侧选择【使用说明】，如图 4-137 所示，单击【确定】按钮，完成在艺术字"使用说明"上插入到"使用说明"工作表的超链接。

用类似方法在艺术字"学生成绩表"上插入到"学生成绩表"工作表的超链接，在艺术字"信息浏览查询表"上插入到"信息浏览查询表"工作表的超链接，在艺术字"语文汇总表"上插入到"语文汇总表"工作表的超链接，在艺术字"数学汇总表"上插入到"数学汇总表"工作表的超链接，在艺术字"其他项汇总"上插入到"其他项汇总"工作表的超链接。

Step 02　在其他表中插入返回首页的超链接。

切换到"使用说明"工作表，插入形状"左箭头"，设置填充为"图片或纹理"下的"纸纹 2"格式，轮廓为"浅绿"。添加文字"返回首页"，设置格式为"宋体、9号、加粗、深蓝"，如图 4-138 所示，调整左箭头的位置和大小，并插入到"首页"工作表的超链接。

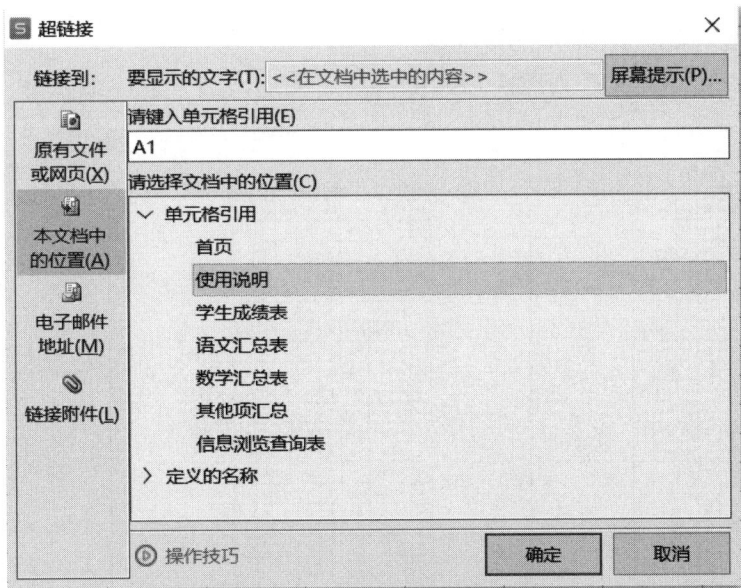

图 4-137　【超链接】对话框

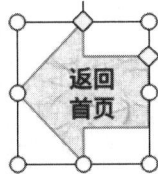

图 4-138　插入的左箭头

复制左箭头，将其粘贴到其他工作表中，调整位置，使左箭头与整个工作表协调。

知 识 链 接

4.20 插入超链接

可以在 WPS 表格中的图片、艺术字、文本框、图形、文本等对象上插入超链接，实现打开网页或其他文件，或激活其他工作表，比如选择对象，单击【插入】→【超链接】按钮，如图 4-139 所示，打开【超链接】对话框，左侧选择"本文档中的位置"，右侧选择"学生成绩表"，可以实现链接到"学生成绩表"工作表。

图 4-139　【超链接】按钮

任务 4-11　打印工作表

任务描述

（1）进行页面设置。

（2）打印"学生成绩表"的 A1:I47 单元格区域。

（3）每页打印表头，打印预览效果如图 4-140 所示。

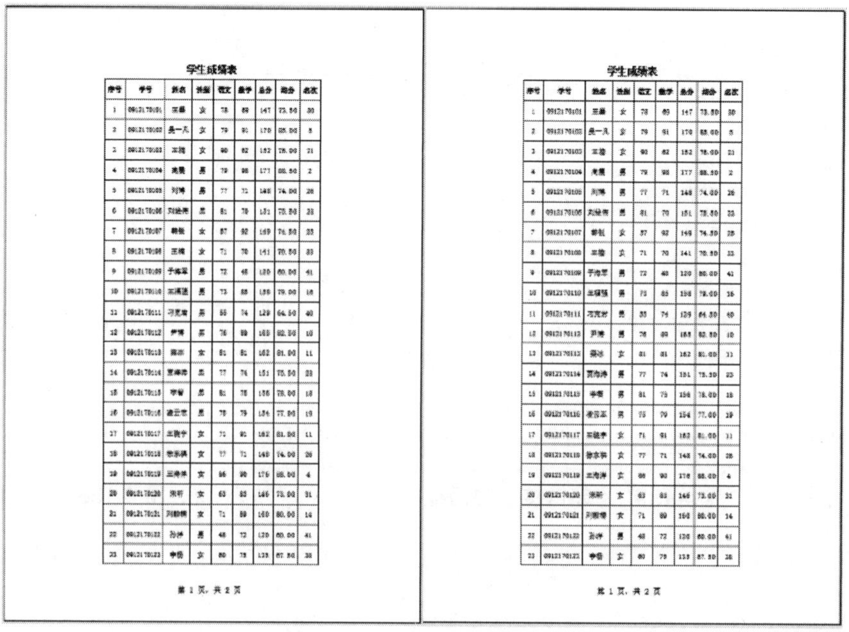

图 4-140　打印预览效果

任务实施

Step 01 页面设置。

切换到"学生成绩表"工作表。设置第 1～47 行行高为"25"。

打开【页面设置】对话框，切换到【工作表】选项卡，【打印区域】框中设置"A1:I47"，【顶端行标题】框中设置"$1:$2"。切换到【页边距】选项卡，【居中方式】区选中【水平】复选框。切换到【页眉/页脚】选项卡，【页脚】下选择【第 1页，共? 页】选项。单击【确定】按钮关闭【页面设置】对话框。

Step 02 打印"学生成绩表"工作表。

单击【文件】→【打印】弹出下拉列表，选择【打印预览】命令，可以预览效果，单击【页边距】按钮 ▣，开启页边距、页眉和页脚边距以及列宽的控制线，拖动调整输出效果。连接好打印机，单击预览窗口中的【直接打印】按钮，开始打印工作表。

知 识 链 接

4.21 打印工作表

打印工作表前要先进行页面设置，然后预览打印效果，对打印效果满意后再打印。单击【页面布局】中的【页面设置】对话框启动器按钮 ▫，打开【页面设置】对话框，如图 4-141 所示。

图 4-141 【页面设置】对话框

1. 设置打印页面

在【页面设置】对话框的【页面】选项卡中，可以设置打印方向（纵向或横向）、缩放、纸张大小和起始页码。通过【调整为】可缩减打印输出至一个页面宽或一个页面高，通常在按正常大小打印正好超出一点时使用。

2. 设置页边距

在如图 4-142 所示【页面设置】对话框【页边距】选项卡中设置上、下、左、右边距以及页眉和页脚边距，选中"水平"和"垂直"复选框，可以设置表格水平或垂直都居中。

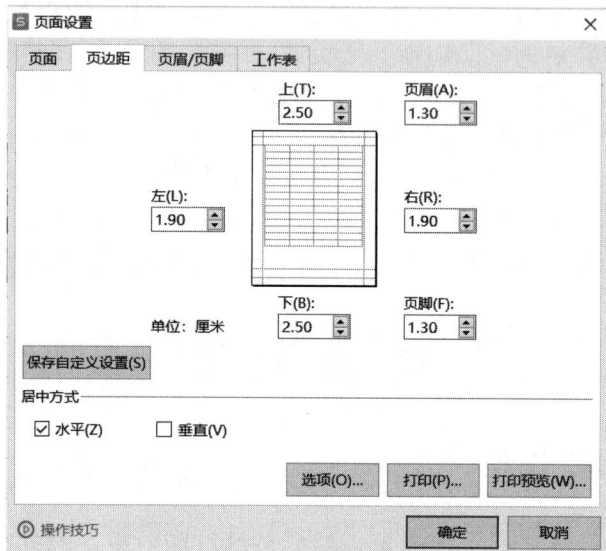

图 4-142 【页边距】选项卡

3. 设置页眉/页脚

【页面设置】对话框的【页眉/页脚】选项卡如图 4-143 所示，可以在其中添加、删除、更改和编辑页眉/页脚。单击【页眉】和【页脚】下拉按钮展开命令列表，选择内置的页眉和页脚格式。单击【自定义页眉】和【自定义页脚】按钮自定义页眉和页脚。

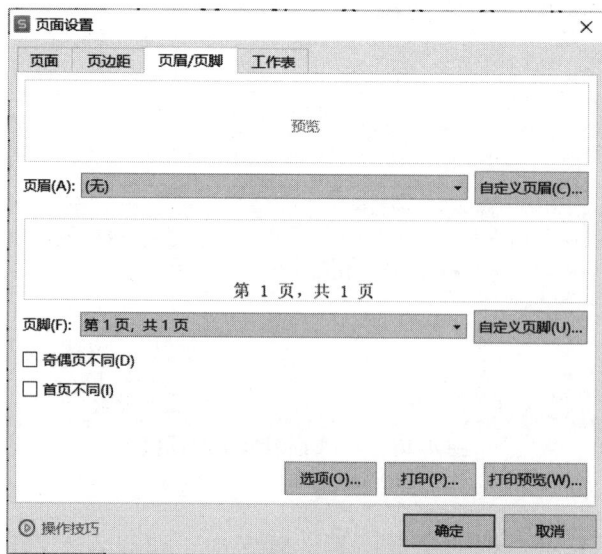

图 4-143 【页眉/页脚】选项卡

4. 设置打印区域

在【工作表】选项卡中可以设置打印区域，如图 4-144 所示。如果要打印指定区域内的数据，在【打印区域】框中设置打印范围。如果要在每页都出现相同的行列标识，在【顶端标题行】和【左端标题列】框中设置。另外还可以指定是否打印网格线、行号列标、批注等，设置完成后单击【确定】按钮。

图 4-144　【工作表】选项卡

5. 打印报表

单击【文件】→【打印】弹出下拉列表，选择【打印】，打开【打印】对话框。可选择连接的打印机型号，设置打印份数、打印页码范围，以及打印方式、纸张、页边距和缩放比例等，如图 4-145 所示，连接好打印机，单击【确定】按钮开始打印。

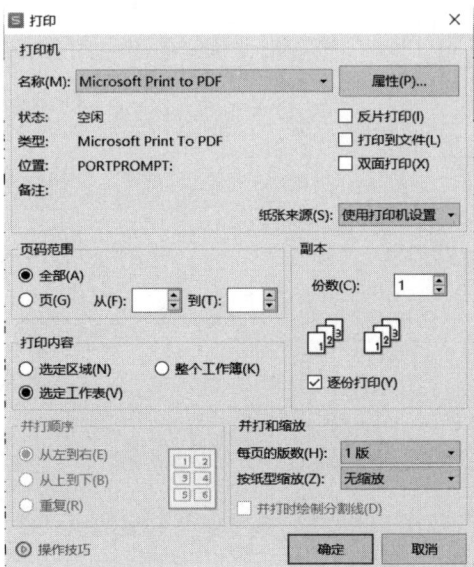

图 4-145　【打印】对话框

单元小结

本单元通过设计和制作一个学生成绩管理系统对 WPS 表格进行了全面介绍，主要包括以下几个方面：

（1）WPS 表格基本操作，包括 WPS 表格工作簿、工作表、单元格的基本操作。

（2）WPS 表格数据的输入与编辑，包括输入文本、数值、日期和时间等数据，以及自动填充、设置数据有效性、编辑工作表中的数据等内容。

（3）WPS 表格的数据计算与统计，包括单元格引用、使用公式和函数计算等。

（4）WPS 表格的数据管理与分析，包括数据排序、筛选、分类汇总等内容。

（5）WPS 表格图表的创建、编辑和美化，包括图表的插入与编辑、设置图表格式等内容。

单元习题

扫码测验

单元 5　WPS 演示

学习目标

【知识目标】

（1）掌握 WPS 演示文稿的创建、打开、保存、关闭、打印和打包方法。

（2）掌握添加、删除、复制、移动幻灯片的方法。

（3）掌握幻灯片中动作设置和插入超链接的方法。

（4）掌握幻灯片中插入音乐等多媒体对象的方法。

（5）掌握设置和应用幻灯片母版的方法。

（6）掌握设置自定义动画、幻灯片切换的方法。

【技能目标】

（1）能熟练完成 WPS 演示文稿的创建、打开、保存、关闭、打印和打包操作。

（2）会添加、删除、复制、移动幻灯片。

（3）会用幻灯片母版使演示文稿有相对统一的风格。

（4）会设置超链接实现幻灯片间的切换。

（5）会在幻灯片中插入音乐等多媒体对象。

（6）能通过设置自定义动画、幻灯片切换等使幻灯片更吸引人。

（7）会打印幻灯片和打包演示文档。

【素质目标】

通过制作五四精神主题演示文稿，学生了解五四运动及五四精神，感悟爱国情怀，强化使命担当。

学习案例：制作学习和宣传五四精神的幻灯片

当需要将信息传递给别人时，借助 PPT 演示，可以加深与别人的沟通，从而让别人更好地理解我们的观点，看到我们的亮点，了解我们的产品！成功的演示，会让我们与听众共同获得满足感，这种满足感会推进我们的工作，由此我们的事业才会蒸蒸日上。

本案例通过 WPS 演示将文字、图片、动画、声音等形式的素材有效整合，制作出精彩的演示文稿，表达出弘扬五四精神，争做有为青年的时代要求。本案例包含 21 张幻灯片，幻灯片之间通过超链接自由切换。母版和每张幻灯片效果如表 5.1 所示。

表 5.1　案例中母版和每张幻灯片效果

母版效果

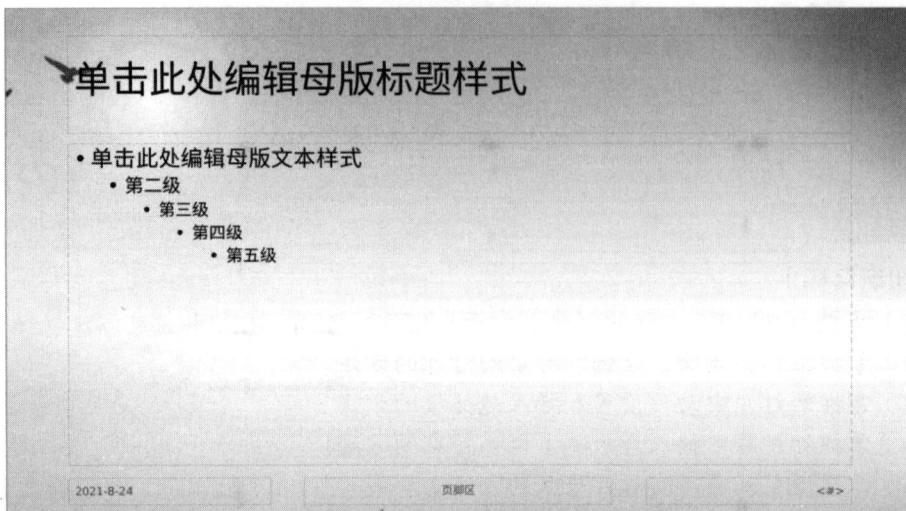

母版下的版式效果

每张幻灯片效果

每张幻灯片效果

任务 5-1　启动 WPS 演示和保存演示文稿

任务描述

（1）启动 WPS 演示。
（2）保存演示文稿，文件名设为"五四精神.pptx"，保存在"D:\WPS 演示"下。

任务实施

Step 01　启动 WPS 演示和保存演示文稿。
单击【开始】菜单中的【WPS Office】命令或者双击桌面快捷方式图标【WPS

Office】，启动 WPS Office，单击【文件】→【新建】，切换到选择新建文件类型的界面，选择【新建演示】→【新建空白演示】，打开 WPS 演示工作窗口，同时系统自动创建一个名称为"演示文稿1"的演示文稿。

单击【文件】→【保存】命令，弹出【另存为】对话框，保存位置选择"D:\WPS 演示"，文件名设为"五四精神.pptx"，单击【保存】按钮保存演示文稿。

Step 02　设置幻灯片的大小。

单击【设计】→【幻灯片大小】→【自定义大小】，弹出【页面设置】对话框，如图 5-1 所示。设置【幻灯片大小】为"宽屏"，【宽度】为"33.87 厘米"，高度为"19.05 厘米"。单击【确定】按钮保存演示文稿。

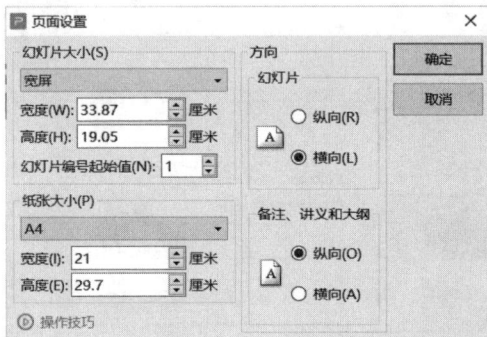

图 5-1　页面设置

知 识 链 接

5.1　WPS 演示工作窗口

WPS 演示的工作窗口如图 5-2 所示，包括标签栏、功能区、导航窗格、任务窗格、编辑区和状态栏等部分。

图 5-2　WPS 演示工作窗口

　　状态栏的中间区域为视图控制区，视图切换按钮从左至右依次为【隐藏或显示备注面板】、【批注】、【普通视图】、【幻灯片浏览】、【阅读视图】和【从当前幻灯片开始播放】视图按钮。一般在普通视图下编辑幻灯片，如图 5-3 所示。幻灯片浏览视图以缩略图形式显示多张幻灯片，方便复制、移动和删除幻灯片，如图 5-4 所示。单击【从当前幻灯片开始播放】按钮▶，从当前幻灯片开始放映演示文稿，如图 5-5 所示。

图 5-3　普通视图效果

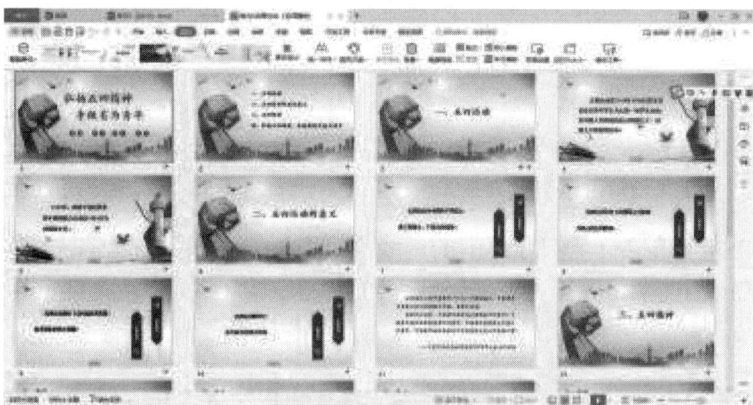

图 5-4　幻灯片浏览视图效果

图 5-5　放映幻灯片效果

5.2　WPS 演示基本概念

（1）演示文稿。WPS 文件又称演示文稿，文件扩展名为".pptx"。

（2）幻灯片版式。版式指幻灯片中对象的布局方式，包括对象的种类以及对象和对象之间的相对位置。WPS 演示中包含标题幻灯片、标题和内容、两栏内容、仅标题、空白等 10 种内置幻灯片版式。单击【开始】→【新建幻灯片】下拉按钮展开命令列表，如图 5-6 所示，选择一种版式，插入一张指定版式的幻灯片。选中幻灯片，单击【开始】→【版式】下拉按钮展开命令列表，如图 5-7 所示，选择一种版式可更改当前幻灯片版式。

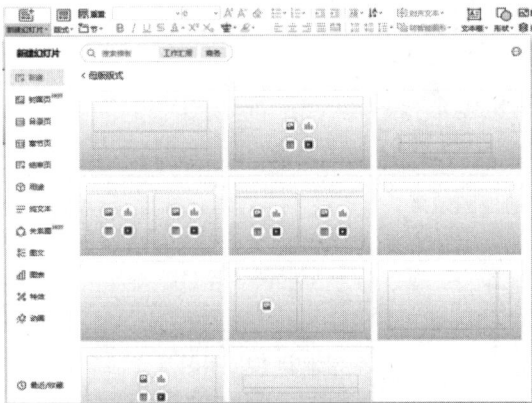

图 5-6　【新建幻灯片】下拉列表　　　　　　图 5-7　【版式】下拉列表

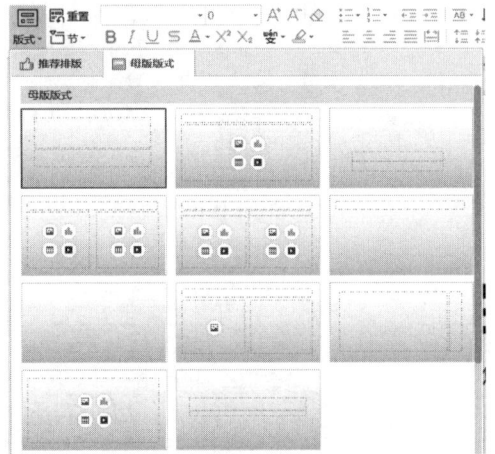

（3）占位符。占位符是幻灯片中的虚线框，其功能是为文本、图片等对象占位置，对占位符移动位置、调整大小、设置格式或者删除的方法与图形或文本框操作类似。

任务 5-2　将文字素材导入演示文稿

任务描述

将"配套资源\单元 5\文字素材.docx"中的文字导入演示文稿"五四精神.pptx"。

任务实施

删除当前演示文稿中的【空白演示】幻灯片，在【大纲/幻灯片】任务窗格的空白处右击，弹出快捷菜单，如图 5-8 所示，选择【从文字大纲导入】命令，

图 5-8　插入大纲

打开【插入大纲】对话框，选中"文字素材.docx"，单击【打开】按钮，将"文字素材.docx"文件中的文字导入到当前演示文稿中，切换到幻灯片浏览视图的效果如图 5-9 所示。

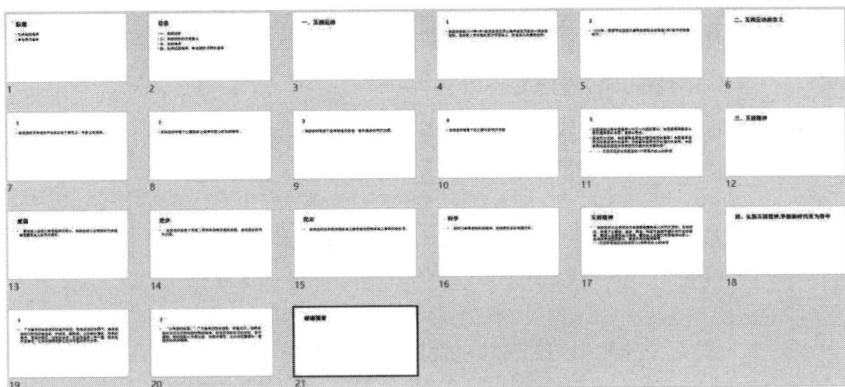

图 5-9　导入文字后的演示文稿

至此，完成将"文字素材.docx"文件中的文字导入到演示文稿"五四精神.pptx"，保存文件。

任务 5-3　设计和应用幻灯片母版

任务描述

设计幻灯片母版，效果参考表 5.1。

任务实施

Step 01　单击【视图】→【幻灯片母版】切换到幻灯片母版视图，如图 5-10 所示。

图 5-10　幻灯片母版视图

Step 02　设置幻灯片母版的背景。

单击【幻灯片母版】→【背景】按钮，界面右侧弹出【设置背景】窗格，选择"图片或纹理填充"后，单击【图片填充】后的【请选择图片】下拉列表，选择【本地文件】，打开【选择纹理】对话框，选择文件"配套资源\单元 5\背景.jpg"，设置母版的背景，如图 5-11 所示。

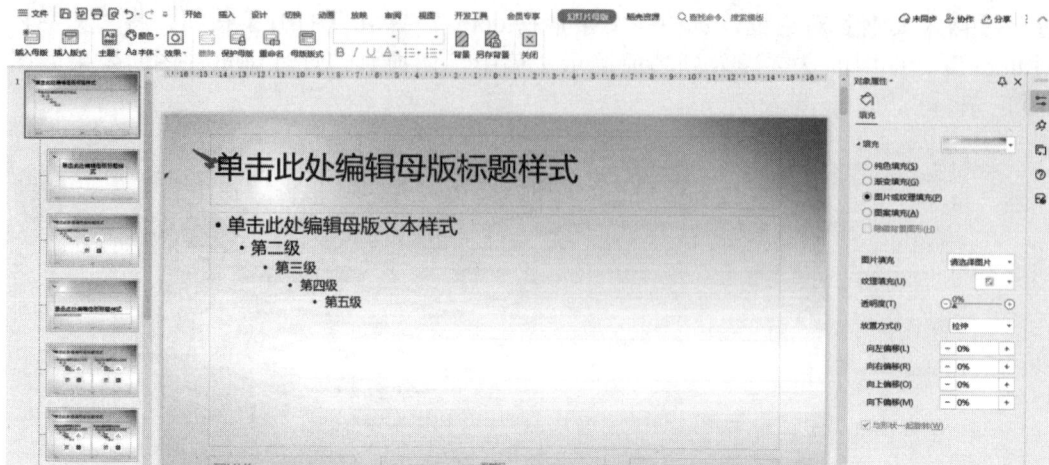

图 5-11　设置母版背景

提示：在母版上的设置对所有版式有效。

Step 03 设计母版下的版式。

删除多余的版式，仅保留"仅标题 版式"、"空白 版式"和"标题和文本 版式"，删除后的效果如图 5-12 所示。

设置"仅标题 版式"的标题格式为"黑体-GB2312，32 号，左对齐"，调整标题位置到左上角，如图 5-13 所示。

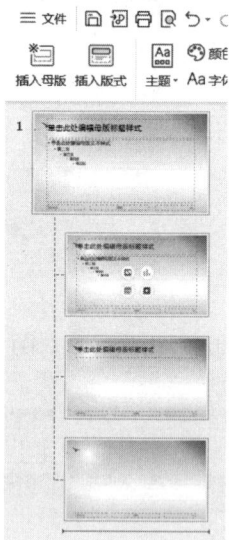

图 5-12　删除多余版式后的母版

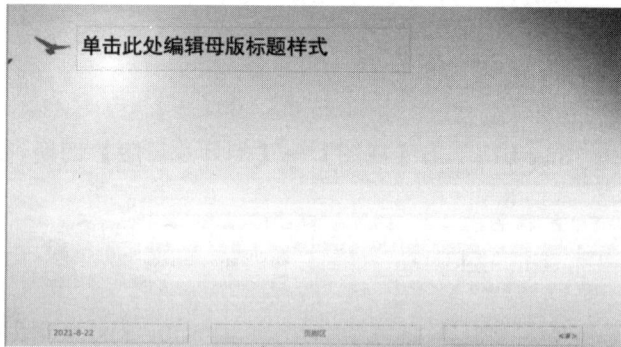

图 5-13　编辑后的"仅标题 版式"

复制"仅标题 版式"，使出现 5 份"仅标题 版式"，并在这些版式上插入"图片素材.docx"文件中的图片，设置图片置于底层，使标题显示出来，插入图片后的每个版式效果如图 5-14 所示。

图 5-14　插入图片后的版式

单击【幻灯片母版】→【关闭】按钮，如图 5-15 所示，关闭幻灯片母版，返回普通视图。

Step 04 在各幻灯片上应用幻灯片母版。

选中第 1 张幻灯片，单击【开始】→【版式】下拉按钮展开命令列表，选择"仅标题"，如图 5-16 所示，即可在第 1 张幻灯片上应用该版式。用类似方法在第 2～21 张幻灯片上应用相应的版式，实现在幻灯片上应用设计的幻灯片母版。在 21 张幻灯片中应用母版后的演示文稿效果，如图 5-17 所示。

图 5-15　关闭幻灯片母版

图 5-16　【版式】下拉列表

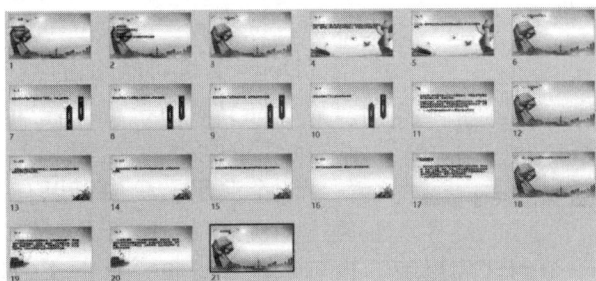

图 5-17　应用母版后的演示文稿效果

知 识 链 接

5.3 幻灯片母版

幻灯片母版用于控制幻灯片的外观。单击【视图】→【幻灯片母版】，进入幻灯片母版编辑状态，如图 5-18 所示。左侧第一个为幻灯片母版，其余为该母版下的版式。在幻灯片母版中可以编辑标题样式、占位符文本样式、段落样式、背景样式、动画等，对幻灯片母版的修改将影响它下面所有版式，对某个版式的修改则不会影响其他版式。

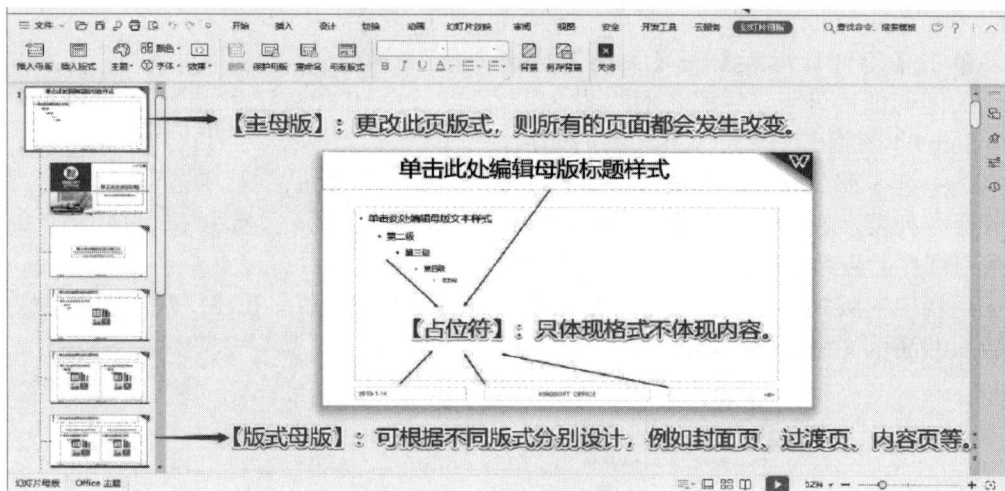

图 5-18 【幻灯片母版】视图

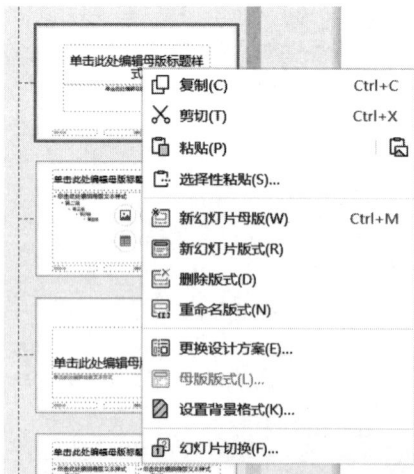

图 5-19 右击一个版式弹出快捷菜单

可以在幻灯片母版下插入一个新版式，也可以复制、删除和编辑已有版式。在某个版式上右击，弹出快捷菜单，如图 5-19 所示，选择【复制】后，单击【粘贴】可复制当前版式，按【Delete】键可删除当前版式。选择【新幻灯片版式】，或者单击【幻灯片母版】→【插入版式】按钮，如图 5-20 所示，可以在当前位置插入一个新版式。编辑版式包括删除占位符、插入新占位符和更改占位符形状，选中占位符，按【Delete】键可删除占位符，可以像复制普通对象一样复制占位符，像编辑图形形状一样更改占位符的形状。

一个演示文稿中可以有多个幻灯片母版，单击如图 5-20 所示【幻灯片母版】→【插入母版】按钮可添加一个幻灯片母版，也可以选中母版，单击【幻灯片母版】→【编辑母版】→【删除】按钮，删除选中的母版。

图 5-20　幻灯片母版

母版的设置需要通过版式才能作用在幻灯片上。幻灯片母版设置完成后，单击【幻灯片母版】→【关闭】按钮退出幻灯片母版视图，返回普通视图。单击【开始】→【新建幻灯片】，或单击【版式】下拉按钮展开命令列表，如图 5-16 所示，选择一个版式即可将母版设计应用到幻灯片上。

任务 5-4　编辑每张幻灯片

任务描述

（1）对照案例效果增删每张幻灯片中的内容，调整对象的位置和格式，使整体协调。

（2）为每张幻灯片的标题添加"颜色打字机"动画，设置"之前"开始，速度"非常快"。

（3）为幻灯片中一些对象添加自己认为合适的动画，使幻灯片更吸引人。

任务实施

Step 01　编辑第 1 张幻灯片。

插入一个圆，填充红色，在圆中添加文字"爱"，设置格式为"黑体-GB2312，18号，加粗，白色"，复制"爱"字效果，依次制作出其他字。设置其他文字效果，第 1 张幻灯片最终效果，如图 5-21 所示。

图 5-21　第 1 张幻灯片

Step 02 编辑第 2 张幻灯片，效果如图 5-22 所示。

图 5-22　第 2 张幻灯片

Step 03 编辑第 3 张幻灯片，效果如图 5-23 所示。

图 5-23　第 3 张幻灯片

Step 04 编辑第 4 张幻灯片，效果如图 5-24 所示。

图 5-24　第 4 张幻灯片

Step 05　编辑第 5 张幻灯片，效果如图 5-25 所示。

图 5-25　第 5 张幻灯片

Step 06　编辑第 6 张幻灯片，效果如图 5-26 所示。

图 5-26　第 6 张幻灯片

Step 07　编辑第 7 张幻灯片，效果如图 5-27 所示。

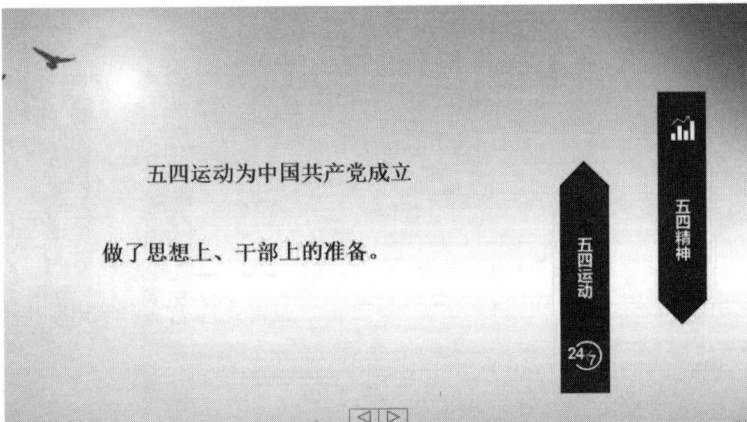

图 5-27　第 7 张幻灯片

Step 08 编辑第 8 张幻灯片，效果如图 5-28 所示。

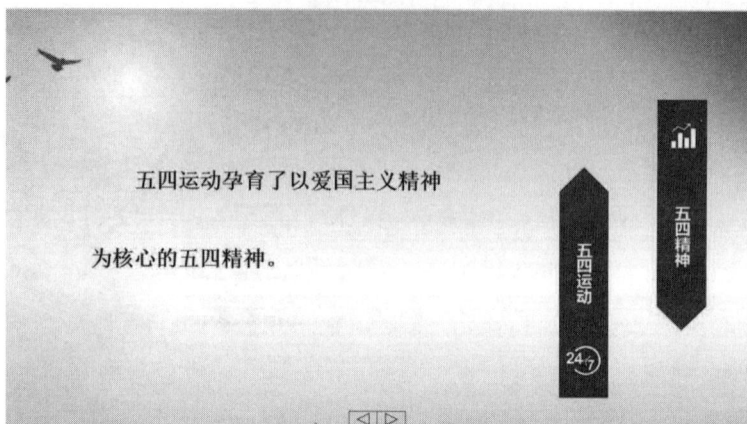

图 5-28　第 8 张幻灯片

Step 09 编辑第 9 张幻灯片，效果如图 5-29 所示。

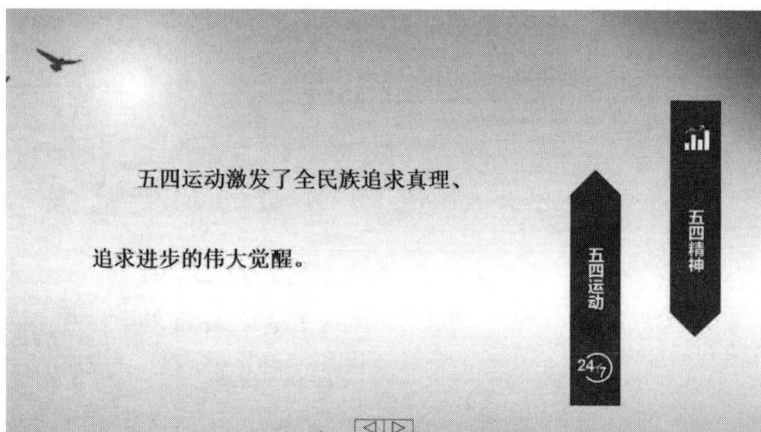

图 5-29　第 9 张幻灯片

Step 10 编辑第 10 张幻灯片，效果如图 5-30 所示。

图 5-30　第 10 张幻灯片

Step 11　编辑第 11 张幻灯片，效果如图 5-31 所示。

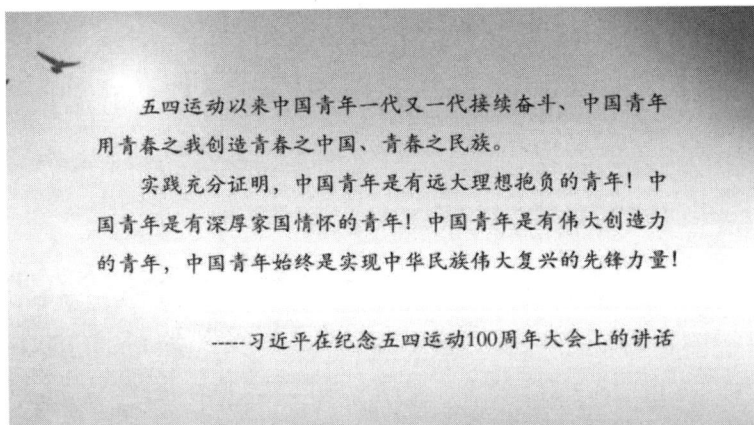

图 5-31　第 11 张幻灯片

Step 12　编辑第 12 张幻灯片，效果如图 5-32 所示。

图 5-32　第 12 张幻灯片

Step 13　编辑第 13 张幻灯片，效果如图 5-33 所示。

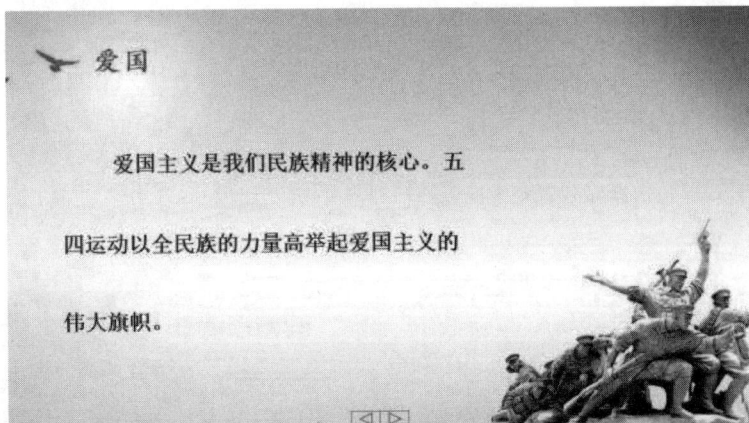

图 5-33　第 13 张幻灯片

Step 14 编辑第张幻灯片，效果如图 5-34 所示。

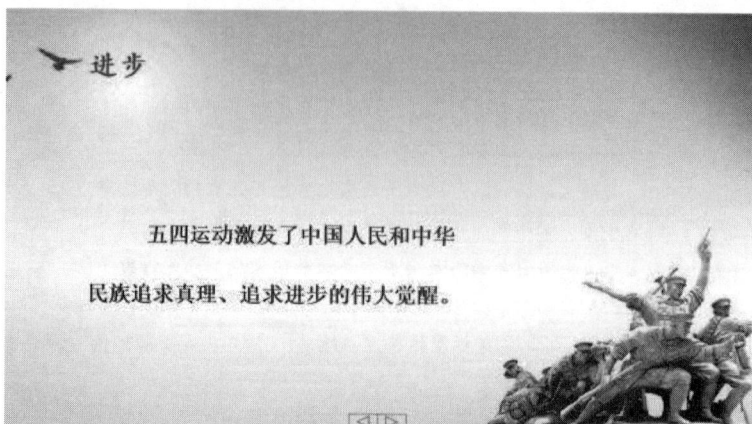

图 5-34　第 14 张幻灯片

Step 15 编辑第 15 张幻灯片，效果如图 5-35 所示。

图 5-35　第 15 张幻灯片

Step 16 编辑第 16 张幻灯片，效果如图 5-36 所示。

图 5-36　第 16 张幻灯片

Step 17　编辑第 17 张幻灯片，效果如图 5-37 所示。

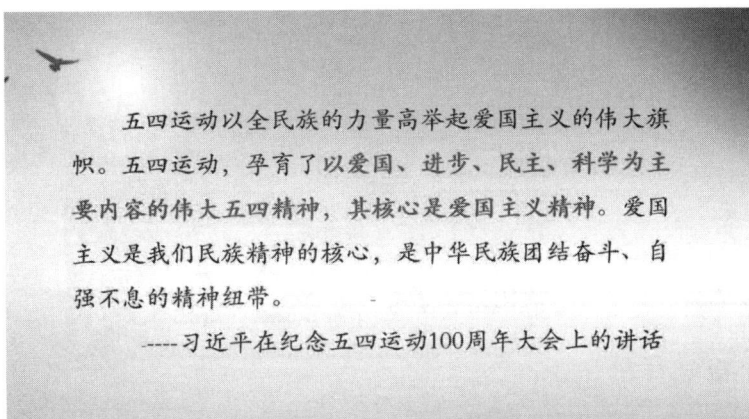

图 5-37　第 17 张幻灯片

Step 18　编辑第 18 张幻灯片，效果如图 5-38 所示。

图 5-38　第 18 张幻灯片

Step 19　编辑第 19 张幻灯片，效果如图 5-39 所示。

图 5-39　第 19 张幻灯片

Step 20 编辑第 20 张幻灯片，效果如图 5-40 所示。

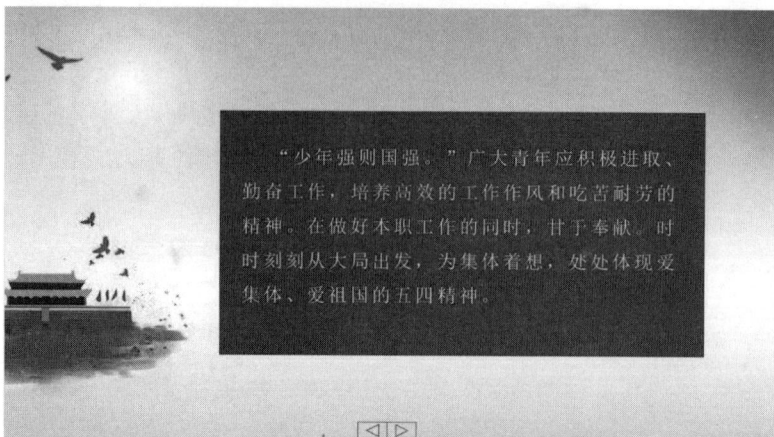

图 5-40　第 20 张幻灯片

Step 21 编辑第 21 张幻灯片，效果如图 5-41 所示。

图 5-41　第 21 张幻灯片

Step 22 为每张幻灯片的标题添加"颜色打字机"动画，设置"与上一动画同时"开始，速度"非常快（0.5 秒）"。

单击【视图】→【幻灯片母版】切换到幻灯片母版视图，选中"仅标题 版式"的标题，单击【动画】→【颜色打字机】，如图 5-42 所示，为标题添加"颜色打字机"动画效果。单击图 5-42 中的【动画窗格】，弹出【动画窗格】，在【开始】后选择"与上一动画同时"，【速度】后选择"非常快（0.5 秒）"，如图 5-43 所示，单击图 5-42 中的【预览效果】预览动画效果。

用类似方法设置母版其他版式中标题的动画效果，或者将图 5-42 中的标题复制到其他版式中，使图 5-14 所示版式中的标题具有相同的动画效果。单击【幻灯片母版】→【关闭】按钮关闭幻灯片母版，返回普通视图。

图 5-42　【动画】选项卡

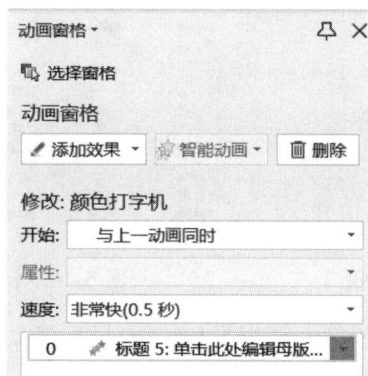

图 5-43　动画窗格

Step 23 根据具体情况在每张幻灯片上添加一些自己的喜欢动画，使演示文稿在形式上更加吸引人。

知 识 链 接

5.4　设置自定义动画

1. 动画类型

动画是运动的艺术，WPS 演示中有进入、强调、退出、动作路径四种动画，设置对象从"无"到"有"的效果，添加进入动画。设置对象从"有"到"有"，但两个"有"的状态不一样，需要添加强调动画。设置对象从"有"到"无"的效果需要添加退出动画。设置对象沿着引导线运动，添加路径动画。一个对象上可以添加多个动画。

2. 添加和设置动画效果

【动画】选项卡如图 5-44 所示，单击【动画】→【动画窗格】按钮在界面右侧弹出【动画窗格】，如图 5-45 所示。选中一个对象，单击图 5-44 中【动画】下的选项，或者单击图 5-45 中的【添加效果】下拉按钮展开命令列表，如图 5-46 所示，选择动画选项即可在对象上添加动画。单击图 5-44 中的【预览效果】按钮预览动画效果。

图 5-44　【动画】选项卡

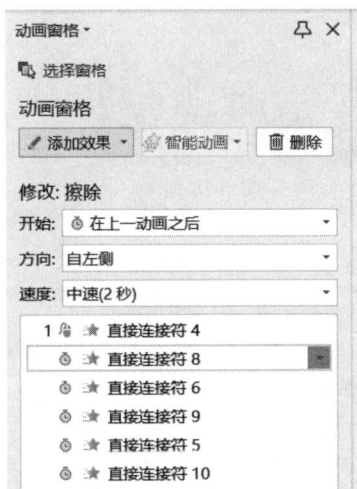

图 5-45　动画窗格（自定义动画）

图 5-46　【添加效果】下拉列表

在图 5-45 中选中一个动画行，可查看和编辑动画。【动画窗格】中各项含义如下。

① 编号：表示动画播放顺序。

② 图标：显示动画类型，绿色图标为"进入"动画，黄色图标为"强调"动画，白色图标代表"动作路径"动画，橘红色图标为"退出"动画。

③ 对象名称：比如图 5-45 中的"直线连接符 4"是对象名称。

④ 按钮▼：单击▼或右击动画行，弹出下拉列表，如图 5-47 所示，选择【删除】可删除该动画。选择【效果选项】打开一个对话框（动画不同，对话框中的选项不同），如图 5-48 所示为"颜色打字机"的效果选项窗口，其中【开始】用于设置动画开始的方式和时刻，【延迟】用于设置动画开始前有没停顿，以及停顿时长，默认没有停顿，值越大，停顿时间越长。【速度】用于设置动画播放的速度，控制动画播放的快慢。

单击【动画】→【动画窗格】按钮，弹出【动画窗格】，如图 5-49 所示，单击【开始】后的下拉箭头，弹出下拉菜单，如图 5-50 所示，各项含义如下。

（1）单击时：动画在单击鼠标时开始。

（2）与上一动画同时：当前动画与上一个动画同时开始播放。

（3）在上一动画之后：当前动画在上一个动画播放完后才开始播放。

在图 5-49 所示动画窗格中，【添加效果】用于实现在一个对象上设置多个动画效果，【删除】用于可删除当前对象上的动画，【智能动画】用于自动识别 PPT 中的图形元素，推荐动画效果。

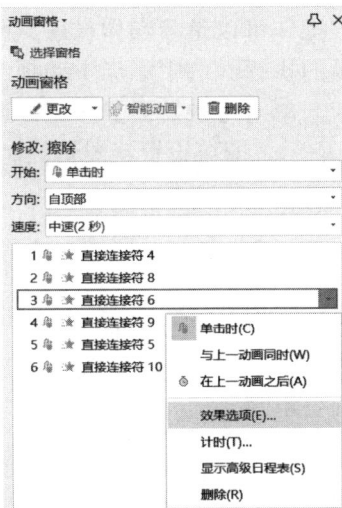

图 5-47

图 5-48　【效果选项】对话框

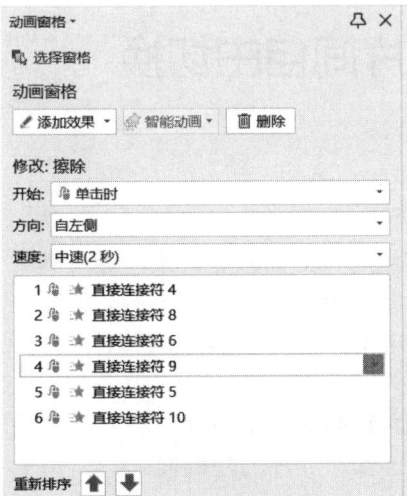

图 5-49　动画窗格

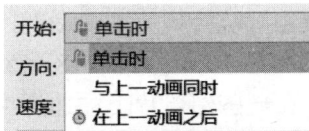

图 5-50　【开始】下拉菜单

3. 触发器

WPS 演示中的触发器相当于一个控制按钮，可以是图片、图形或文本框等，单击触发器会触发一个操作，该操作可以是多媒体音乐、影片和动画等，即可以通过触发器控制幻灯片中已设定动画的执行。选中添加了动画的对象，打开【效果选项】对话框，切换到【计时】选项卡，单击【触发器】按钮，选中【单击下列对象时启动效果】，并选择对象，如图5-51所示，即可设置触发器控制动画播放。

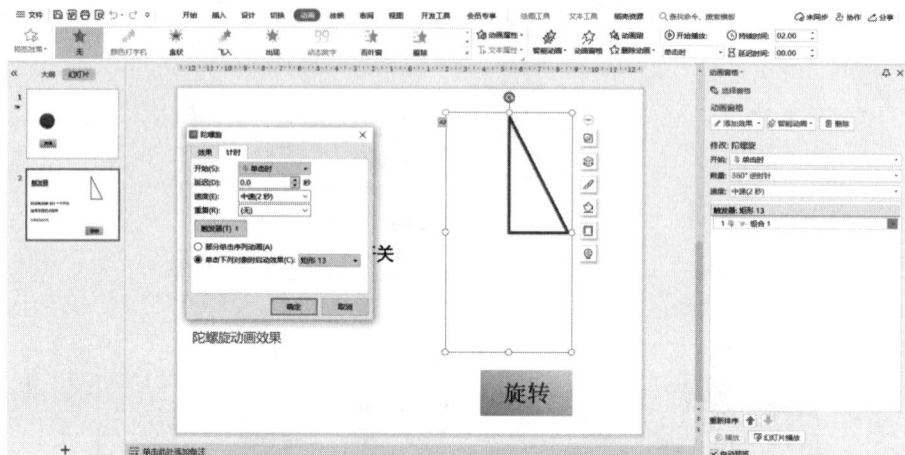

图 5-51　触发器

5.5　插入和编辑图片和形状

图片和形状的使用可美化幻灯片，使之更加精美。WPS 演示提供了多种图片编辑功能，用户可以通过对图片的应用效果、大小、角度、翻转、对比度和亮度、边框和裁剪等设置，使图片更加绚丽多彩。

任务 5-5　实现幻灯片间自由切换

任务描述

（1）在第 2 张幻灯片中的文本框"一、五四运动"上插入超链接，链接到第 3 张幻灯片，设置文本框"二、五四运动的历史意义"链接到第 6 张幻灯片，设置文本框"三、五四精神"链接到第 12 张幻灯片，设置文本框"四、弘扬五四精神，争做新时代有为青年"链接到第 18 张幻灯片上。

（2）在第 3、6、12 和 18 张幻灯片上设置返回到第 2 张幻灯片的超链接。

（3）在一些幻灯片上添加切换到上一张和下一张幻灯片的超链接。

任务实施

Step 01　切换到第 2 张幻灯片，选中文本框"一、五四运动"，单击【插入】→

【超链接】，打开【插入超链接】对话框，设置链接到本文档中的位置第 3 张幻灯片上。如图 5-52 所示。用类似方法设置文本框"二、五四运动的历史意义"链接到第 6 张幻灯片上，设置文本框"三、五四精神"链接到第 12 张幻灯片上，设置文本框"四、弘扬五四精神，争做新时代有为青年"链接到第 18 张幻灯片上。

图 5-52　插入超链接

Step 02　在第 3、6、12 和 18 张幻灯片上设置返回到第 2 张幻灯片的超链接。

切换到第 3 张幻灯片，绘制一个直角上箭头，设置填充红色。选中直角上箭头，单击【插入】→【超链接】，打开【插入超链接】对话框，设置链接到第 2 张幻灯片，如图 5-53 所示。复制设置了超链接到第 2 张幻灯片的直角上箭头到第 6、12 和 18 张幻灯片上。

图 5-53　插入超链接

Step 03　添加切换到上一张和下一张幻灯片的超链接。

单击【视图】→【幻灯片母版】切换到幻灯片母版视图，选中"仅标题 版式"。

单击【插入】→【形状】，在【形状】下拉按钮展开命令列表，选择【动作按钮】中的"动作按钮：前进或下一项"绘制前进按钮，如图 5-54 所示，再用类似的方法绘制后退按钮。

选中前进按钮，单击【插入】→【动作】，弹出【动作设置】对话框，设置超链接到"下一张幻灯片"，如图 5-55 所示，用类似方法设置超级链接到"上一张幻灯片"。

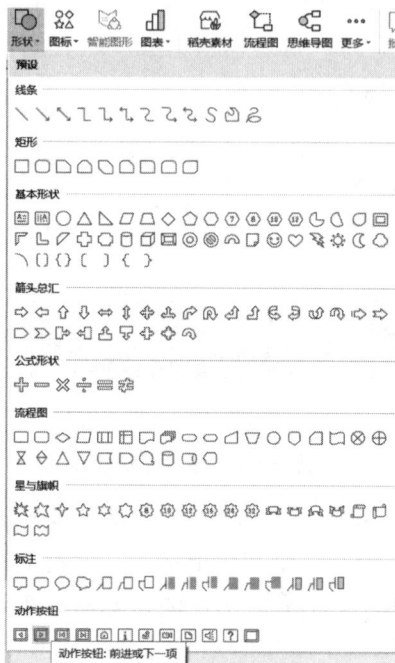

图 5-54　动作按钮

图 5-55　动作设置

复制设置了超链接的动作按钮到图 5-14 所示的版式上，关闭幻灯片母版返回普通视图。

知 识 链 接

5.6 插入超链接

超链接用于实现不同幻灯片之间，或者不同程序间跳转。

选中幻灯片中要插入超链接的对象，单击【插入】→【超链接】→【本文档幻灯片页】，如图 5-56 所示，打开【插入超链接】对话框，如图 5-57 所示，左侧选择【本文档中的位置】，右侧选择【请选择文档中的位置】列表中的选项，单击【屏幕提示】按钮可设置鼠标滑过超链接文本时的提示信息，单击【确定】按钮完成链接到其他幻灯片设置。在左侧选择其他选项可设置链接到其他文件、电子邮件或网页。

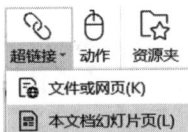

图 5-56 超链接

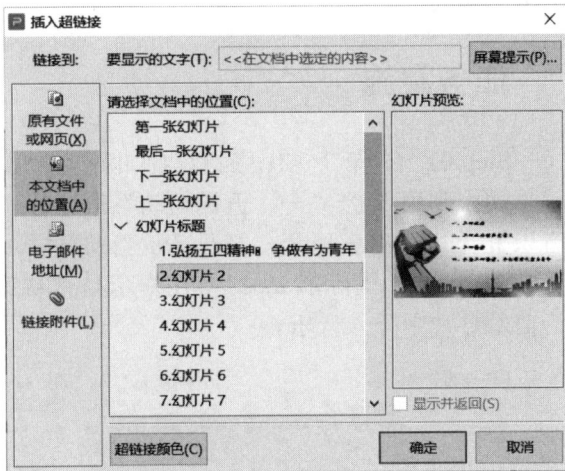

图 5-57 【插入超链接】对话框

选中要插入超链接的对象，单击图 5-56 中【动作】按钮，弹出【动作设置】对话框，可设置鼠标单击和鼠标移过时跳转到的位置，及是否有声音，如图 5-58 所示。

图 5-58 【动作设置】对话框

任务 5-6　插入背景音乐和设置幻灯片切换

任务描述

（1）在第 3～21 张幻灯片中加背景音乐"国际歌.mp3"，循环播放且播放时隐藏声音图标。

（2）设置第 1～3、6、12、18 和 21 张幻灯片切换效果为"分割"，效果选项为"左右展开"；设置第 4～5、7～11、13～17 和 19～20 张幻灯片切换效果为"形状"，效果选项为"盒状展开"。

任务实施

Step 01　在第 3～21 张幻灯片加背景音乐。

切换到第 3 张"一、五四运动"幻灯片，单击【插入】→【音频】→【嵌入背景音乐】，如图 5-59 所示，打开【从当前页插入背景音乐】对话框，选择音频文件"配套资源\单元 5\国际歌.mp3"，在提示是否从第一页插入背景音乐页面选择【否】，在当前幻灯片中插入音乐。

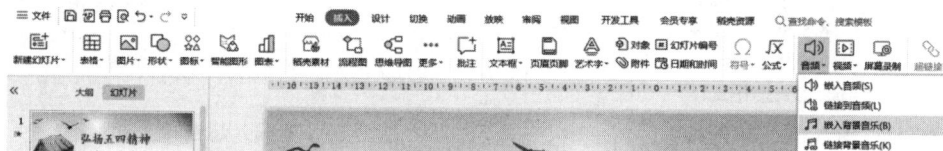

图 5-59　插入音频

选中插入的音乐，在【音频工具】中选择【跨幻灯片播放至】后的文本框中输入"19"，设置第 21 张幻灯片后音乐停止，选中"放映时隐藏"和"循环播放，直到停止"复选框，如图 5-60 所示。

图 5-60　设置音频

Step 02　添加幻灯片切换效果。

切换至幻灯片浏览视图，选中第 1～3、6、12、18 和 21 张幻灯片张幻灯片，单击【切换】→【分割】，在【效果选项】下拉列表中选择【左右展开】命令，如图 5-61 所示。用类似方法设置第 4～5、7～11、13～17 和 19～20 张幻灯片切换效果为"形状"，效果选项为"盒状展开"。

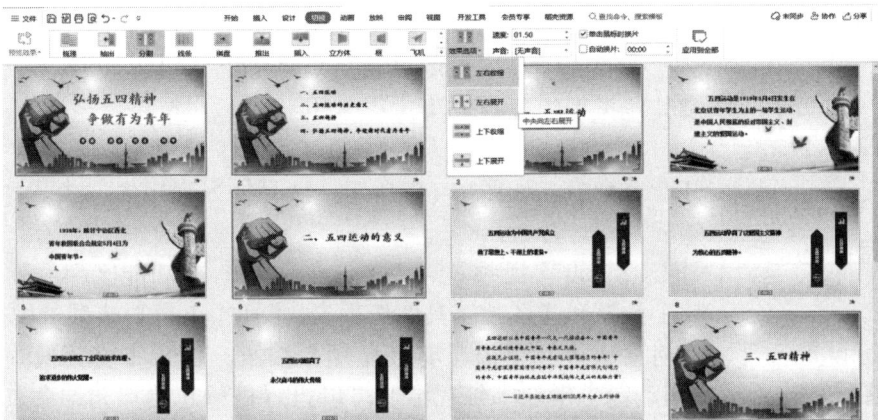

图 5-61　设置幻灯片切换

知 识 链 接

5.7　插入声音

（1）插入声音。单击【插入】→【音频】下拉按钮展开命令列表，如图 5-62 所示，选择插入音频的方式，将指定音频插入幻灯片中。

（2）设置音频。选中插入的音频，在功能区弹出【音频工具】和【图片工具】选项卡，【音频工具】选项卡可设置音量、淡入淡出效果、音频如何播放等，单击【剪裁音频】，打开【剪裁音频】对话框，如图 5-63 所示。拖动绿色滑块和红色滑块可以设置音频起始点和结束点，实现在幻灯片播放设置的某段音频。【图片工具】选项卡中可将音频喇叭的标志当一个图片进行设置，比如裁剪、设置轮廓和效果等，如图 5-64 所示。

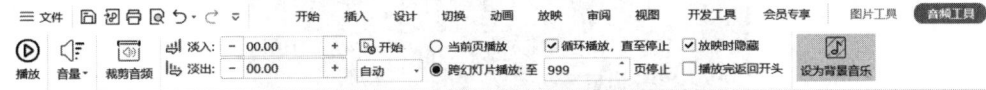

图 5-62　音频工具

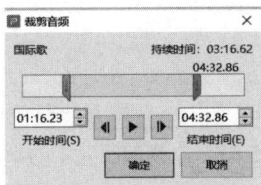

图 5-63　剪裁音频

图 5-64 【图片工具】选项卡

5.8 插入视频

视频可以为演示文稿增添活力。视频文件包括 Windows 视频文件（.avi）、影片文件（.mpg 或.mpeg）、Windows Media Video 文件（.wmv）以及其他类型的视频文件。

图 5-65 插入视频

（1）插入视频文件。单击【插入】→【视频】下拉按钮展开命令列表，如图 5-65 所示，选择插入视频的方式，将指定视频插入幻灯片中。

（2）设置视频。选中插入的视频，在功能区中会弹出【视频工具】和【图片工具】选项卡，【视频工具】选项卡如图 5-66 所示，可设置音量、如何播放等。单击【剪裁视频】按钮，打开【剪裁视频】对话框，如图 5-67 所示。拖动绿色滑块和红色滑块可以设置视频起始点和结束点，实现在幻灯片播放设置的某段视频。【图片工具】选项卡中可将插入的视频标志当一个图片进行设置，比如裁剪、设置轮廓和效果等，如图 5-68 所示。

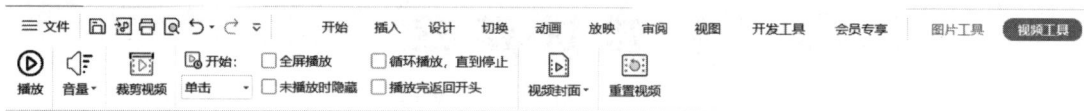

图 5-66 【视频工具】选项卡

图 5-67 【裁剪视频】对话框

图 5-68 【图片工具】选项卡

5.9 设置幻灯片切换效果

幻灯片切换指幻灯片放映时切换到下一张幻灯片的方式。【切换】选项卡如图 5-69 所示。

图 5-69 【切换】选项卡

设置幻灯片切换效果的方法如下。

（1）选择切换方式。选中幻灯片，选择一种切换效果。

（2）设置切换选项。单击【效果选项】按钮，弹出【效果选项】下拉列表可以选择相关切换效果。

（3）设置切换速度。调整【切换】下【速度】后面文本框中的数字来调整速度。

（4）设置切换声音。在【切换】下【声音】后可以选择相关声音。

（5）设置换片方式。选中【切换】下选中"单击鼠标时换片"复选框，设置单击鼠标切换。选中"自动换片"复选框，再调整数字，可以设置自动切换。

（6）默认幻灯片切换设置只应用到当前幻灯片，单击【应用到全部】按钮，将当前切换设置应用到全部幻灯片。

5.10 设置放映幻灯片

制作的演示文稿一般通过放映幻灯片展示。【放映】选项卡如图 5-70 所示。

图 5-70 【放映】选项卡

单击【放映】→【从头开始】，从第一张幻灯片开始放映，单击【当页开始】按钮，则从当前幻灯片开始放映。

放映幻灯片时，右击正在放映的幻灯片，弹出快捷菜单，如图 5-71 所示，选择【下一页】或【上一页】，可以切换幻灯片，选择【定位】，切换到指定幻灯片，选择【结束放映】，或按【Esc】键，返回普通视图。放映过程中，按【Windows+D】组合键，可使幻灯片放映最小化。

单击【放映】→【放映设置】→【放映设置】，打开【设置放映方式】对话框，如图 5-72 所示，可以根据需要设置放映类型、放映选项、放映范围和换片方式。

图 5-71　右击放映幻灯片弹出的快捷菜单

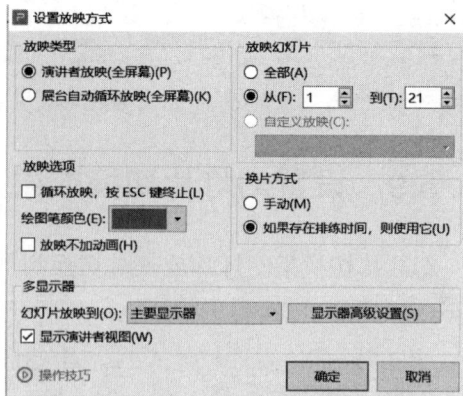

图 5-72　【设置放映方式】对话框

任务 5-7　打印和打包幻灯片

任务描述

（1）在横向 A4 纸上以"4 张水平"方式打印所有幻灯片。

（2）将幻灯片打包到"五四精神"文件夹。

任务实施

Step 01　打印演示文稿。

单击【文件】→【打印】→【打印预览】，打开【打印预览】窗格，选择【横向】，单击【打印内容】下拉按钮展开命令列表，选择"4 张水平"，预览效果如图 5-73 所示，准备好打印机，单击【直接打印】按钮打印演示文稿，单击【关闭】按钮返回普通视图。

图 5-73　预览幻灯片打印效果

Step 02　打包幻灯片。

单击【文件】→【文件打包】→【将演示文档打包成文件夹】，打开【演示文件打包】对话框，在【文件夹名称】框后输入"五四精神"，设置文件夹位置，如图 5-74 所示，单击【确定】按钮打包演示文稿。

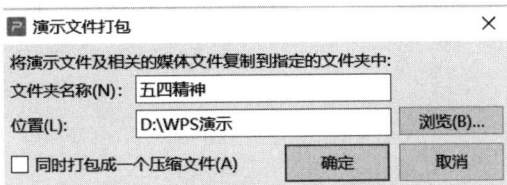

图 5-74　【演示文件打包】对话框

知 识 链 接

5.11　打印演示文稿

演示文稿制作完成后，可以将幻灯片打印出来。单击【文件】→【打印】→【打印预览】，切换到【打印预览】窗口，如图 5-75 所示，可以预览当前幻灯片打印效果。单击【下一页】和【上一页】按钮，预览其他幻灯片打印效果。单击【打印内容】下拉按钮展开命令列表，如图 5-76 所示，可以设置打印方式。

图 5-75　【打印预览】窗口

图 5-76　设置打印方式

5.12　打包幻灯片

打包是将与演示文稿有关的各种文件都整合到同一个文件夹中，只要将这个文件夹复制到其他计算机中，然后启动其中的播放程序，即可正常播放演示文稿，实现在没有安装 WPS 演示程序的计算机上也可以放映幻灯片。

单击【文件】→【文件打包】，弹出下拉菜单，如图 5-77 所示，选择文件打包方式，按照提示即可完成文件打包。

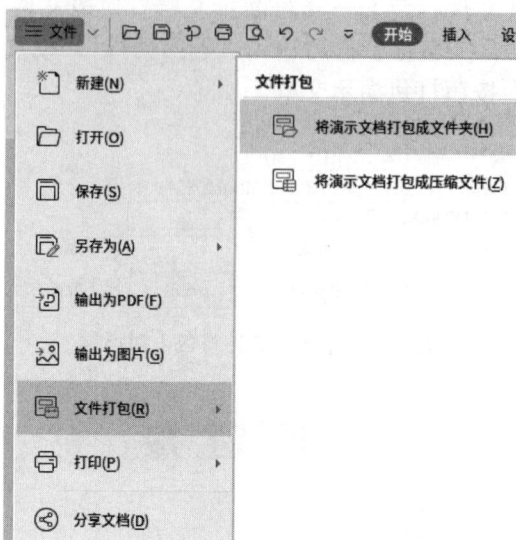

图 5-77　文件打包

单元小结

本单元通过制作一个要表达弘扬五四精神，争做有为青年的观点的演示文稿，对WPS 演示进行了全面介绍，主要包括以下几个方面：

（1）WPS 演示基本操作，包括启动和退出 WPS 演示，WPS 演示工作窗口，创建、打开、保存、关闭演示文稿等方面。

（2）幻灯片基本操作，包括添加、删除、移动、复制幻灯片等操作。

（3）演示文稿的修饰与美化，包括设计幻灯片母版和设置自定义动画等。

（4）演示文稿的放映与打印，包括设置幻灯片切换、设置幻灯片放映、打印和打包幻灯片等。

单元习题

扫码测验

单元6　信息检索与信息素养

学习目标

【知识目标】

（1）了解信息素养的内涵和体系结构。

（2）了解搜索引擎的分类和工作原理。

（3）了解信息伦理和信息安全相关知识与法律法规。

（4）了解信息检索的原理、检索系统、检索语言、检索方法技巧和检索策略。

（5）了解国内外重要的信息检索系统。

（6）了解专利信息和标准信息检索。

（7）了解移动搜索。

（8）了解管理文献与知识的常用软件和方法。

【技能目标】

（1）能逐渐建立起信息意识，对信息的价值更敏感。

（2）能逐渐建立起信息安全意识。

（3）能逐渐建立起识别谣言的意识和能力。

（4）能熟练使用常见检索方法和技巧。

（5）会在国内重要检索系统中查找想要的文献或信息。

（6）会用管理文献与知识软件高效管理文献与知识。

【素质目标】

（1）了解信息检索知识和工具，提升信息获取和评价能力。

（2）了解信息安全知识，树立信息安全意识。

（3）了解信息伦理知识，提升信息伦理道德。

任务 6-1　信息素养测评

任务描述

（1）搜索"信息素养"相关资料，对信息素养有初步了解。

（2）搜索"高等教育信息素养框架"相关资料，了解《高等教育信息素养框架》的主要内容，尝试理解以指导提升自己的信息素养。

（3）完成个人信息素养测试问卷调查。

任务实施

Step 01 搜索"信息素养"相关资料。

打开浏览器，在地址栏中输入"http://www.baidu.com"，按【Enter】键打开百度网站首页，在搜索框中输入关键字""信息素养""（将信息素养4个字放在英文半角双引号中实现精确查找），单击【百度一下】按钮显示搜索结果页面，如图6-1所示。单击第一个搜索结果"信息素养–百度百科"进入词条，可对信息素养的定义、由来、内容、特征、内涵和表现等有个大概了解。

图6-1　精确搜索"信息素养"内容

返回图6-1所示界面，单击图6-1页面右上角的【设置】，在下拉菜单中选择【高级搜索】，如图6-2所示，打开【高级搜索】对话框，选中【仅网页标题中】，如图6-3所示，单击【高级搜索】按钮，打开如图6-4所示界面，继续点击链接了解更多信息素养知识。

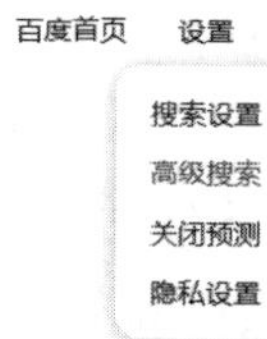

图6-2　【设置】下拉菜单

图6-3　高级搜索设置

图6-4　高级搜索结果页面

提示：在【高级搜索】对话框中还可以设置在指定网站中查找。选择【搜索设置】可以打开如图 6-5 所示对话框，可以设置在搜索时是否显示搜索框提示、搜索语言范围和每页显示多少条搜索结果等。

图6-5　【搜索设置】对话框

Step 02　搜索《高等教育信息素养框架》相关资料。

在如图 6-1 所示页面的搜索框中输入关键字""高等教育信息素养框架""（加双引号实现精确查找），单击【百度一下】，显示搜索结果页面，如图 6-6 所示。单击链接可以浏览页面内容，了解高等教育信息素养框架的知识，它所包含的 6 个框的名称，并在每个框中找出两三项你认为提高个人信息素养能力的学习者应当具备的知识技能和采取的行为方式。

图6-6　精确搜索"高等教育信息素养框架"内容

Step 03　线上填写信息素养水平问卷调查表。

知 识 链 接

6.1　信息素养的内涵

1974年美国信息产业协会主席保罗·泽考斯基（Poul Zurkowki）首次提出信息素养（Information Literacy，简称IL）概念，并把信息素养定义为"人们在解决问题时利用信息的技术和技能"。目前被接受和最为广泛使用的信息素养的定义为"具有信息素养的人能够知道什么时候需要信息，能够有效地获取、评价和利用所需要的信息"，该定义指出信息素养的 4 个基本点：信息素养是一种技术与技能；信息素养的技术与技能是运用信息工具和主要信息源的知识与技能；是否具有信息素养的标准是能否利用信息解决问题；信息素养需要培养。这 4 个基本点中信息能力是核心，特别指检索、评价和利用信息的能力，具体指是否能够快速地、有效地获取信息，是否能够熟练地、批判性地评价信息，是否能够精确地、创造性地使用信息。

完整的信息素养包含文化素养（知识层面）、信息意识（意识层面）和信息技能（技术层面），具有一定的体系结构，信息素养包括信息意识、信息伦理、信息知识和信息能力四大子体系。信息社会提升个人的信息素养水平有利于自身更好发展。

6.2　《高等教育信息素养框架》

《高等教育信息素养框架》（以下简称《框架》）是美国研究图书馆协会理事会于2016年1月签署通过的，中文版由清华大学图书馆的韩丽风等馆员翻译。《框架》按 6 个框编排，分别是：

（1）信息权威性的构建与情景相关。

（2）信息创建是一种过程。

（3）信息拥有价值。

（4）研究即探究过程。

（5）学术研究即对话。

（6）检索即策略式探索。

《框架》的每个框都包括一个信息素养的核心概念、一组知识技能和一组行为方式。知识技能表示的是学习者如何增强他们对这些信息素养概念的理解；行为方式是描述解决学习的情感、态度或评价维度的方式。

《框架》提供了信息素养的新视野，更强调动态性、灵活性、个人成长和社区学习，给出了信息素养的扩展定义。它认为信息素养是指包括信息的反思发现，理解信息如何生产与评价，以及利用信息创造新知识、合理参与学习社区的一组综合能力。

6.3　搜索引擎

搜索引擎是一种互联网信息检索工具，它根据一定的策略、运用特定的计算机程序搜索互联网上的信息，在对信息进行组织和处理后，为用户提供检索服务，帮助用户在浩瀚的网络资源中快捷准确地找到所需要的信息。

从使用者的角度看，搜索引擎提供一个包含搜索框的页面，在搜索框中输入词语，通过浏览器提交给搜索引擎后，搜索引擎就会返回与用户输入的内容相关的信息列表。这个列表中的每一条目代表一个网页，每个网页包含的元素有标题、网址（URL）、关键词、摘要。有的搜索引擎提供的信息更为丰富，如时间、文件类型、文件大小、网页快照等。目前大多搜索引擎可以处理文本、语音、图片甚至视频。

搜索引擎包含以下三个功能模块，或称为三个子系统。

（1）网页搜集。搜索引擎通过程序爬虫（Spider）定时扫描特定网站（向搜索引擎提交了网址的网站）的所有网页并将相关信息存入数据库。

（2）预处理。主要包括4个方面：关键词提取、重复网页（内容相同、未进行任何修改的网页）的消除、超链接分析和网页重要程度计算。通过预处理搜索引擎建立索引数据库，保存搜集到的信息。

（3）查询服务。搜索引擎接收用户提交的查询请求后，按照用户的要求检索索引数据库，找到用户所需要的资源，并返回给用户，列表显示摘要结果。目前，搜索引擎返回主要是以网页链接的形式提供的，通过这些链接指向用户需要的网页。

从不同的角度，可将搜索引擎划分为不同的类型。按信息采集方式划分为目录式搜索引擎和机器人搜索引擎，目录式搜索引擎以人工方式或半自动方式搜集信息，收录的资源经过人工（多为专家）的挑选和评论，因此信息质量高，但存在规模有限、更新不及时的不足。Yahoo曾是最流行的目录式搜索引擎。机器人搜索引擎是由一个被称作"蜘蛛"的计算机程序依据一定的网络协议以某种策略自动地在互联网中搜索和发现信息，保存信息和将查询结果返回给用户都是程序完成的，因此信息量大，更新速度快，但冗余信息较多，主要代表有Google、百度、Bing、搜狗搜索引擎等。

按收录资源的范围划分为综合性搜索引擎和专业性搜索引擎。综合性搜索引擎的资源涵盖各个学科、各种类型、各种语言和生产生活的各个领域，如Google、百度、Bing等。专业性搜索引擎也称专题搜索引擎、垂直搜索引擎、行业搜索引擎，针对某一特定领域、特定人群或特定需求提供具有一定价值的信息和相关服务，如法律专业搜索引擎Lawcrawler、专门的视频搜索引擎Blinkx、儿童专用搜索引擎Kiddle等。

按检索功能划分为独立搜索引擎和元搜索引擎。独立搜索引擎又称常规搜索引擎，建立有自己的数据库，搜索时只检索自己的数据库，并返回查询结果，如Google、百度、Bing、搜狗等。元搜索引擎又称集成式搜索引擎，是多个搜索引擎的集合，通过一个统一的用户界面，可同时对多个搜索引擎进行检索操作，即用户只需一次输入检索式，便可检索一个或多个独立搜索引擎。所以元搜索引擎具有扩大检索范围、避免多次访问不同搜索引擎、提高检索效率等优点，如360综合搜索、搜魅网等。

搜索引擎发展迅速，数量众多，重要的中英文综合性搜索引擎有Google、Yahoo、Bing、ASK、Yandex、Gigablast、Lycos、百度和搜狗等。

（1）百度（http://www.baidu.com）。百度是目前全球最优秀、最大的中文信息检索与传递技术供应商，提供网页、图片、视频、音乐、地图、新闻、词典等搜索服务。百度提供基本检索和高级检索两种检索方式。基本检索简单方便，只需要在检索框中输入检索词，单击"百度一下"或按回车键，符合要求的结果就会被查询出来。高级检索是一个多条件的组合搜索，通过各种条件限制（包括搜索结果、时间、文档格式、关键词位置、站内搜索等）可以满足用户的一些特殊需要，从而提高检索的查准率。百度同时支持布尔逻辑检索、字段限制检索、短语检索、相关搜索等。百度常用运算符如表6.1所示。

表6.1　百度常用语法一览表

名称	符号	说明
逻辑运算符	空格	逻辑与，各词之间用空格分开
	分隔符"|"	逻辑或
	英文状态下的"-"	逻辑非
词组检索	双引号""	双引号不出现在检索结果中，双引号中的内容在结果中完整出现，不被拆分
	书名号《》	书名号会出现在检索结果中，同时书名号中的内容在结果中不拆分
限制检索范围	site:	限定在特定的站点内检索
	intitle:	限定在网页标题中检索
	inurl:	限定在网页的 URL（统一资源定位器）中检索
	filetype:	限定检索文件类型，包括 DOC、XLS、PPT、PDF、RTF、ALL
备注	系统不区分大小写，所有字母和符号为英文半角字符	

（2）Google（http://www.google.com.hk）。Google 中文名为"谷歌"，目前被公认为全球规模最大的搜索引擎，拥有100多种语言界面和35种语言搜索结果，提供网页、图片、学术文献、图书、专利等数百亿网页的搜索服务。Google 提供关键词检索方式，支持简单检索和高级检索。Google 的检索结果按相关性排序，相关性的评判以网页评级（PageRank 是其独创的网页评级系统）为基础，在全面考察检索词的频率、位置、网页内容等的基础上，评定该网页与用户需求的匹配程度，并确定排序优先级。

（3）Bing（http://cn.bing.com）。Bing 中文名为"必应"，是微软推出的搜索引擎。必应搜索改变了传统搜索引擎首页单调的风格，将来自世界各地的高质量图片设置为首页背景，并加上与图片紧密相关的热点搜索提示，使用户在访问必应搜索的同时获得愉悦体验和丰富资讯。必应目前提供网页、图片、视频、词典、翻译、资讯、地图等全球信息搜索服务。

学术搜索引擎是针对学术资源检索推出的特色搜索引擎，目前较大的有谷歌学术搜索、百度学术搜索、微软学术、360学术搜索等。

任务 6-2　识别网络谣言

任务描述

（1）了解一些权威的辟谣平台，提高对谣言的判断力和免疫力，缩小谣言的传播范围。

（2）了解信息伦理和信息安全相关法律法规。

任务实施

Step 01　用搜索引擎搜索"辟谣平台"。

在百度搜索引擎的搜索栏中输入"辟谣平台"，搜索结果如图6-7所示。

图6-7　搜索"辟谣平台"

Step 02　单击链接"中国互联网联合辟谣平台"打开由中央网信办主办，新华社承办，各种权威新闻媒体参与的官方辟谣平台，有权威发布、部委发布、地方回应、辟谣课堂、法律法规等多个栏目，如图6-8所示。权威发布栏目主要发布近期比较重要的辟谣信息，有时候还会有一段时间的辟谣汇总。部委发布和地方回应这两个栏目主要转载各部委和各省市的辟谣信息等。单击各链接可以进一步了解。该平台还有辟谣APP、微信公众号和官方微博，同时也是一个谣言线索征集平台。

Step 03　在图6-7所示页面中还有各地区的互联网辟谣平台链接，找由各地网信办主办的辟谣平台可了解辟谣信息、相关知识和法律法规。

Step 04　在微信中搜索"辟谣"相关的公众号，如图6-9所示，关注由政府或事业单位等权威机构的辟谣公众号，也可以了解辟谣信息。

Step 04　在学习强国APP上也有"辟谣平台"栏目，如图6-10所示，有治理动态、曝光台、警示录、大讲堂和举报查证等内容。

图6-8　中国互联网联合辟谣平台官网

图6-9　微信中搜索"辟谣"相关的公众号

图6-10　学习强国APP中的"辟谣平台"栏目

知 识 链 接

6.4　信息意识

信息意识是指人对信息的自觉能动反映，是人脑对信息的感知、思维等各种心理活动的总和，是从信息的价值与作用的角度认识、分析、判断信息，以及获取、选择、利用和传播信息等行为倾向。能否意识到何时需要信息和需要什么样的信息，是信息意识强弱的最重要表现。信息意识的强弱决定着人们捕捉、判断和利用信息的自觉程度，影响着人们利用信息的能力和效果，是信息素养培养过程中的关键一环。

6.5　信息伦理

信息伦理指人们从事信息生产、加工、分析、研究、传播、管理和开发利用等信息活动的伦理要求、准则和规范。信息伦理的内容包括主观方面和客观方面。主观方面指个人信息道德，是在信息活动中表现出来的道德观念、情感、行为和品质，比如对信息劳动的价值认同，对非法窃取他人信息成果的鄙视等。客观方面指社会信息道德，是在社会信息活动中应遵守一定的行为准则与规范，比如权利义务、契约精神等。比如在学术论文写作中引用他人文献时，必须尊重作者原意，不可断章取义，引用时尽可能保持原貌，如有增删，必须加以明确标注等。

另外我们每个人一方面通过各种方式生产和发布信息，另一方面又通过各种渠道获取信息，在这些信息活动中，应该理性地认识到信息活动的权利和义务。比如知识产权法就是通过法律来保护和约束人们的信息活动与信息行为的。目前我国有《中华人民共和国专利法》、《中华人民共和国商标法》和《中华人民共和国著作权法》等一系列知识产权法律。

6.6　信息安全

信息作为一种资源，它的普遍性、共享性、增值性、可处理性和多效性，使其对于人类具有特别重要的意义。信息的泛在化虽然给人们带来了便利，但也具有其破坏性的一面。保障信息安全，是不可忽视的重要问题。

信息安全是指信息系统（包括硬件、软件、数据、人、物理环境及其基础设施）受到保护，不因偶然的或者恶意的原因而遭到破坏、更改、泄露，系统连续、可靠、正常地运行。信息安全的实质是要保护信息系统或信息网络中的信息资源免受各种类型的威胁、干扰和破坏，即保证信息的安全性。

信息安全常见类型主要包括线路连接安全、网络操作系统安全、权限系统安全、应用服务安全、人员安全管理等几个方面。

为保障网络安全，我国从2017年6月1日起施行《中华人民共和国网络安全法》。为规范互联网广告活动，我国从2016年9月1日起施行《互联网广告管理暂行办法》，另外还制定了《中华人民共和国保守国家秘密法》等法律法规。

关注信息安全，从用户角度要加强对信息安全的重视程度，从技术上要不断加强信息网络的安全建设。

任务 6-3 求医问药

任务描述

（1）通过中国知网CNKI查找治疗罕见病的权威医生和擅长治疗的医院，比如治疗"肺动脉高压病"的权威医生和擅长治疗该病的医院。

（2）查找卫生健康领域信息，比如查找医院、医生、护士的资质信息。

任务实施

Step 01 查找治疗"肺动脉高压病"的权威医生和擅长治疗该病的医院。

在浏览器的地址栏中输入"https://www.cnki.net"，打开中国知网的官方网站，如图6-11所示。单击"学术期刊"链接，打开期刊论文检索界面，单击"高级检索"，切换到高级检索界面，【主题】后输入""肺动脉高压病""，单击【检索】按钮，检索出1万多条结果，如图6-12所示。

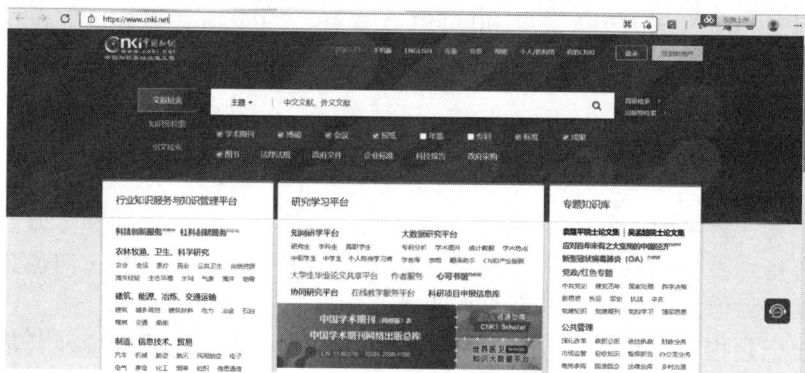

图6-11 中国知网官站首页

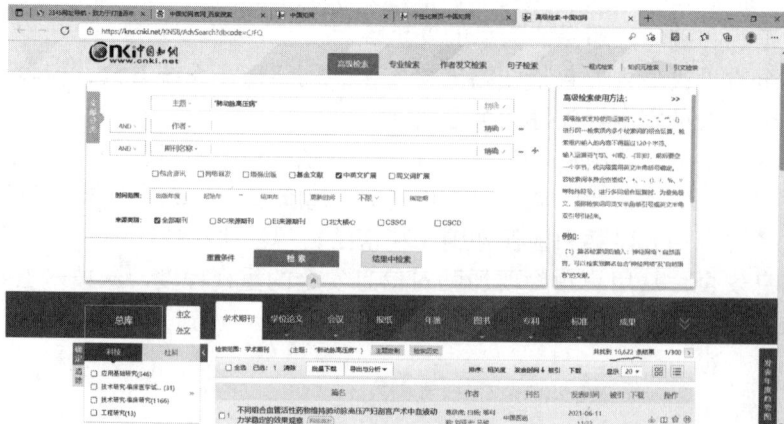

图6-12 搜索"肺动脉高压病"

在左侧分组浏览中选择【作者】，可看到这个主题的高产作者及他们在这个主题下的发文量，如图6-13所示。排名靠前发文量较多的作者，一般是该领域牛人或权威专家，再结合专家所在医院等官方平台和专家介绍等资料进一步佐证。在分组浏览中选择【机构】，可看到这个主题的高产机构及它们在这个主题下的发文量，如图6-14所示。排名靠前发文量较多的机构，一般是擅长治疗该病的医院，再结合医院的官方平台介绍等资料进一步佐证。

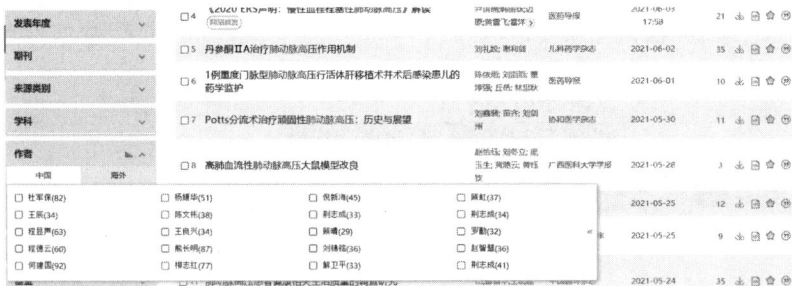

图6-13　搜索发表相关论文的高产作者

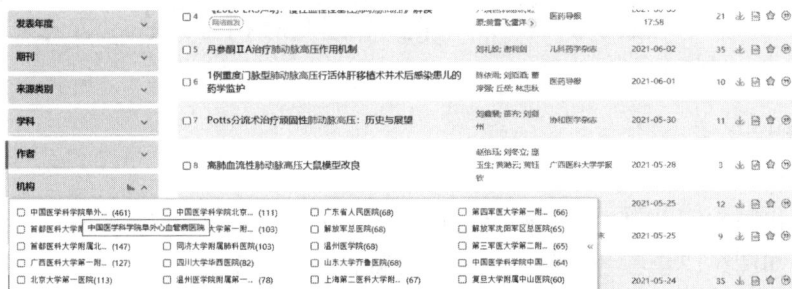

图6-14　搜索发表相关论文的高产机构

Step 02　查找医院、医生、护士的资质信息。

打开中华人民共和国卫生健康委员会（简称"卫健委"）的官网，选择【服务】→【信息查询】，如图6-15所示，有医卫机构、医卫人员、药物、食卫标准和其他等五种类别。比如选择【医卫人员】→【执业护士】，打开护士执业注册信息查询页面，如图6-16所示，按提示输入信息进行查询。用类似方法查询其他卫生健康领域信息。

图6-15　中华人民共和国卫生健康委员会官网

图6-16　护士执业注册信息查询页面

任务6-4　标准文献检索

任务描述

（1）查找国家标准"参考文献著录规则"。

（2）获知图6-17中参考文献列表分别是哪种类型文献。

[1] 王知津.工程信息检索教程[M].北京：电子工业出版社，2013.

[2] 凌斌.论文写作的提问和选题[J].中外法学，2015,27（1）：24,36-42.

[3] 廖晨.微博信息可信度的评判模型和可视化工具研究[D].北京：清华大学，2015.

[4] 温州大学图书馆.开放获取资源推荐[EB/OL]. [2017-04-03].

https://lib.wzu.edu.cn/Col/Col50/Index.aspx.

[5] 葛兆光.大胆想象终究还得小心求证[N].文汇报，2003-03-09（8）.

图6-17　参考文献列表

任务实施

Step 01　打开中国知网的官方网站，单击【高级检索】进入高级检索界面，在【主题】后输入"参考文献著录规则"，在检索范围中选择【标准状态】→【全选】，如图6-18所示，单击【检索】按钮，检索结果如图6-19所示。

提示：标准文献的其他检索途径参考知识链接的"6.17　标准文献检索"。

Step 02　单击检索结果中的"信息与文献 参考文献著录规则"，打开如图6-20所示界面，显示该标准相关信息，在有权限的情况下可下载PDF版全文。

图6-18　搜索"参考文献著录规则"

图6-19　搜索"参考文献著录规则"的结果

图6-20　"信息与文献 参考文献著录规则"相关信息及下载链接

Step 03　打开下载的PDF文件"信息与文献 参考文献著录规则国家标准（GB/T 7714—2015）.PDF"，显示如图6-21所示内容，从而可获知图6-16中每个参考文献的类型，标识代码[M]、[J]、[D]、[EB/OL]和[N]分别是参考文献类型普通图书、期刊、学位论文、电子公告/联机网络（Online）和报纸。

表 B.1　文献类型和标识代码

参考文献类型	文献类型标识代码
普通图书	M
会议录	C
汇编	G
报纸	N
期刊	J
学位论文	D
报告	R
标准	S
专利	P
数据库	DB
计算机程序	CP
电子公告	EB
档案	A
舆图	CM
数据集	DS
其他	Z

B.2　电子资源载体和标识代码

表 B.2　电子资源载体和标识代码

电子资源的载体类型	载体类型标识代码
磁带(magnetic tape)	MT
磁盘(disk)	DK
光盘(CD-ROM)	CD
联机网络(online)	OL

图6-21　信息与文献 参考文献著录规则国家标准部分内容截图

知 识 链 接

6.7　信息的价值

信息与知识的产生具有一定的社会价值、学术价值和经济价值。在信息世界中，人们既是信息消费者，也是信息产生者，相关的信息和信息活动让人与人之间、人与社会之间、虚拟与现实之间产生各种交互，由此也伴生安全、规范、伦理、法律、社会和经济利益等一系列相关问题，需要人们正确认识信息的价值，了解信息活动的权利和义务，尊重知识产权，遵循学术规范，重视信息安全，规范信息行为。

6.7.1　信息、知识与文献

1. 信息

目前信息并无严格定义，在本书中信息是指以文献形式被记录的信息，可以通过动态系统加以存储、交流、传播、利用的人类文化信息。信息具有普遍性、传递性、时效性、共享性和客观性等特征。

信息按记录手段分为手写型、印刷型、缩微型、机读型、视听型等。按载体材料分为纸前文献、纸质文献、新型非纸文献。按出版形式分为图书、连续出版物（即期刊、报纸）、学位论文、科技报告、会议文献、政府出版物、档案、内部资料等。按加工程度分为零次文献、一次文献、二次文献、三次文献。按功用分为普通型（一般）文献、工具型文献。

2. 知识

《辞海》中将知识解释为"人类认识的成果或结晶"，初级形态是经验知识，高级形态是系统的科学理论知识。信息经过人脑的储存、识别、加工、处理及转换等形成知识，因此知识是优化了的信息的总汇和结晶，外延上看知识包含在信息之中。

3. 文献

文献是记录有知识的一切载体，人类创造积累的知识，用文字、图形、视频、视频等手段记录保存下来，并用以交流传播的一切物质形态的载体，都称为文献，文献包含以下 4 个要素。

（1）记录知识的具体内容。

（2）记录知识的手段，比如文字、图像、符号、声频、视频等。

（3）记录知识的物质载体，比如纸张、光盘、录像带等。

（4）记录知识的表现形态，比如图书、期刊等。

4. 信息、知识和文献的关系

人们通过对信息的获取、加工等思维过程，形成了具有主观色彩的知识，将知识以某种方式系统化地记录于某种载体之上形成文献。

6.7.2　文献信息资源

文献信息资源是指包含信息的各种类型的文献，它客观记录社会文明发展历史，是人类思想成果的存在形式。

文献信息资源按载体形式划分为印刷型、缩微型、声像型和电子型信息资源。按出版类型划分为图书、期刊、报纸、会议文献、学位论文、专利文献、科技报告、标准文献、产品资料、技术档案和政府出版社等。按加工层次划分为一次文献（比如专著、论文等）、二次文献（比如文摘、索引、数据库等）、三次文献（比如百科全书、年鉴、综述等）和零次文献（比如实验数据、观测记录等原始信息）。各级别文献的形成及相互关系如图 6-22 所示。

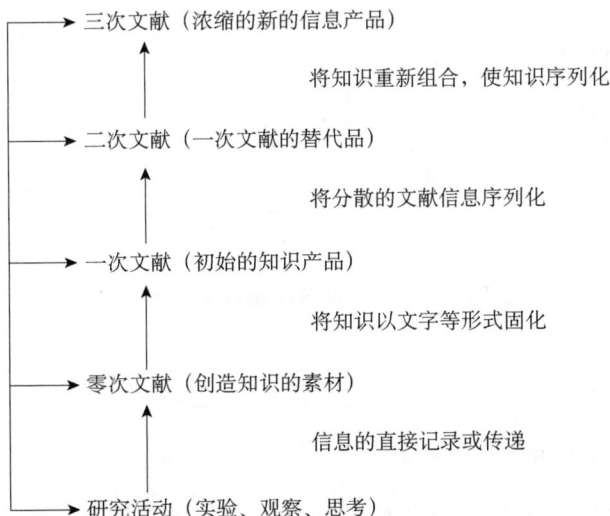

图 6-22　各级别文献的形成及相互关系

6.8 信息检索

6.8.1 信息检索的含义和分类

信息检索由美国信息科学先锋Calvin Northrup Mooers在1950年首先提出。广义的信息检索是指将信息按一定的方式组织和存储起来，并根据信息用户的需要找出有关信息的过程，包括信息的"存"和"取"两个环节，全称为信息存储与检索。狭义的信息检索仅指"取"，就是从信息集合中找出所需信息的过程。在本书中"信息检索"是从狭义的角度而言的。

根据检索对象形式的不同，信息检索分为以下3种。

（1）文献型信息检索。以文献为检索对象，比如查找某一主题、时代、地区或作者的有关文献，主要借助于各种书目数据库。

（2）数值型信息检索。以数值或数据为对象的一种检索，比如查找某一数据、公式或图表等，数据检索分数值型和非数值型，主要借助于各种数值数据库和统计数据库。

（3）事实型信息检索。以某一客观事实为检索对象，比如查找某一事件发生的时间、地点及过程，其检索结果为客观事实或为说明事实提供的相关资料，主要借助于各种指南数据库和全文数据库。

6.8.2 信息检索的原理

信息检索的原理是：通过对大量的、分散无序的文献信息进行搜集、加工、组织、存储，建立各种各样的检索系统，并通过一定的方法和手段，使存储与检索这两个过程所采用的特征标识达到一致，以便有效地获得和利用信息源。其中，存储是检索的基础，检索是存储的目的。文献信息的存储与检索过程如图6-23所示。

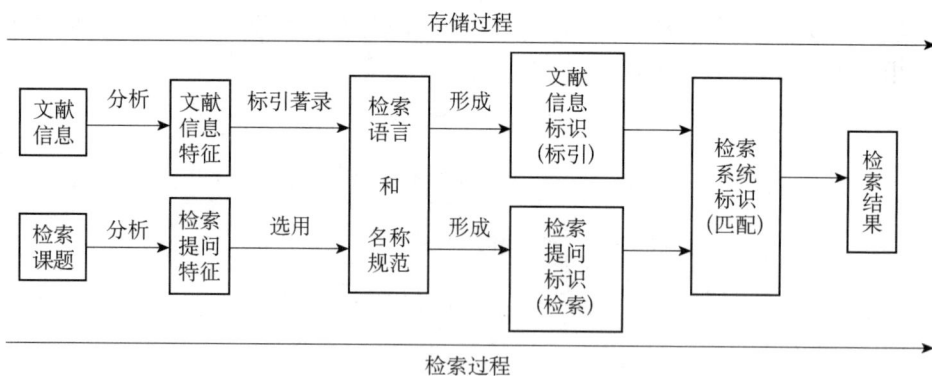

图6-23 文献信息存储与检索过程

6.9 检索系统

6.9.1 检索系统的含义与类型

检索系统又称检索工具，是具有信息存储和信息查询功能的一类信息服务设施

（或工具），目前一般指计算机化的信息检索系统。广义上的信息检索系统包括硬件资源（如计算机、网络）、软件（如操作系统、搜索引擎）及信息资源集合（数据库）。狭义的信息检索系统一般指用于提供检索的工具本身，也就是我们常说的检索工具。检索工具可以理解为文献信息的集合，检索工具既存储和记录文献，又提供给使用者查找文献线索或获得文献的功能。

检索工具有很多类型。根据载体不同，分为手工检索工具和计算机检索工具。根据组织和提供信息方式的不同，分为搜索引擎、数据库和参考工具等。根据数据库收录信息内容的学科领域范围，分为综合性的数据库和专业性的数据库。数据库的种类有很多，根据载体不同，数据库分为联机数据库、光盘数据库和网络数据库。根据数据库的内容与功能分为指南数据库、交易数据库、全文数据库、书目数据库、字（词）典数据库、数值数据库、图像数据库等。

6.9.2　计算机检索工具

计算机检索工具一般由使用指南（帮助文档）、主体部分（主文档、记录、字段）、索引文档、检索语言（主题索引、分类索引）等组成。

计算机检索工具除了能给使用者提供文献线索，很多还进一步提供文献全文，其内在结构通常包括文档、记录和字段等。

文档也称文件，在逻辑上是由大量性质相同的记录组成的集合，记录是指对应于数据源中一行信息的一组完整的相关信息，一条记录由若干个字段组成。记录有逻辑记录和物理记录之分。字段是记录的基本单元，描述事物的某一属性和特征，也是我们检索的入口。常用的字段名称如表6.2所示。

表6.2　文献数据库中的常用字段

表达内容特征的字段			表达外表特征的字段		
中文字段全称	英文字段全称	英文字段简称	中文字段全称	英文字段全称	英文字段简称
题名	Title	TI	作者	Author	AU
文摘	Abstract	AB	作者单位	Author Affiliation	AF
叙词	Descriptor	DE	期刊名称	Serials Tide	ST
关键词	Keyword	KW	语种	Language	LA

6.10　检索效果

检索效果是指检索结果的有效程度，常用的主要评价指标是查全率和查准率。

在检索过程中，检索系统中参加检索的全部文献可分为"有关""无关""查出""未查出"4个量。如果以a表示"查出"的"有关"文献，以b表示"查出"的"无关"文献，以c表示"未查出"的"有关"文献，以d表示"未查出"的"无关"文献，则它们之间的关系如表6.3所示。

表6.3 检索系统检索效果评估相关数据表

系统相关性	课题相关性		
	相关文献	无关文献	总计
检出文献	a（命中的）	b（误检的）	$a+b$
未检出文献	c（漏检的）	d（应拒的）	$c+d$
总计	$a+c$	$b+d$	$a+b+c+d$

$$查准率 = \frac{检出的相关文献数}{检出的文献总数} \times 100\% = \frac{a}{a+b} \times 100\%$$

$$查全率 = \frac{检出的相关文献数}{文献库中相关文献总数} \times 100\% = \frac{a}{a+c} \times 100\%$$

实验结果表明查准率与查全率之间存在互逆关系，即：查全率高时，查准率较低。比如，心理学是包括教育心理学的大概念，把"心理学"作为检索词具有泛指性，能提高查全率，但是正因为检索范围的扩大，使得查准率降低。同样，把"教育心理学"作为检索词具有针对性，能提高检索词的专指性，排除非相关信息，但是也降低了查全率。前者查全率高，虽查出的文献量大，但误检的多；后者漏检率高，丢失了大量的有关文献。

6.11 检索语言

检索语言是用来描述文献、组织文献记录，进行文献检索的标识系统。检索语言是存储信息与检索信息所使用的共同语言，它是标引人员与检索人员之间沟通思想、取得一致理解的桥梁，是标引和检索之间的约定语言，是一种人工语言。

检索语言包括词汇和语法两部分，词汇是指收录在分类表、词表中所有的标识（分类号、检索号、代码等）。语法是确保正确标引和检索文献的一整套规则。检索语言是检索和标引之间的纽带，检索过程实质是检索用语和标识用语匹配的过程。

检索语言按描述信息的特征分两种，一是描述信息外部特征，如题名、著者姓名、文献号等的语言，二是描述信息内容特征的语言，比如分类语言和主题语言等。

1. 分类语言

分类语言也称分类法或分类表，其分类体系通常以分类表的形式体现出来。体系分类语言以学科体系为基础，将各种概念按学科性质进行分类和系统排序，并按分类号编排组织成一个完整的体系。在体系分类表中，所有不同级别的子类向上层层隶属，向下级级派生，形成一个严格有序的、直线性的知识门类等级体系，便于按学科门类进行检索。比较有影响的分类语言有《中国图书馆分类法》、《国际十进制分类法》和《杜威分类法》。

《中国图书馆分类法》是我国的一部具有代表性的大型综合性分类法，是当今国内图书馆使用最广泛的分类法体系，简称《中图法》。《中图法》由基本部类、基本大类、简表、详表和通用复分表组成。基本部类由五大部类组成，是第一级类目。基本大类由22个大类组成，用A～Z中除L、M、W和Y四个字母外的22个字母表示。《中图法》基本部类和基本大类如表6.4所示。简表是在基本大类上展开的二级类目表，

《中图法》大类简表（二级类目表）如表6.5所示。详表是分类表的主体，依次详细列出类号、类目和注释，"K2 中国史"类号、类目展开示例如表6.6所示。通用复分表对主表中列举的类目进行细分，以辅助详表中的不足，通用复分表由总论复分表、世界地区表、中国地区表、国际时代表、中国时代表、世界种族与民族表和通用时间、地点表组成，附在详表之后。

表6.4 《中图法》基本部类和基本大类

基本部类	基本大类
1.马克思主义、列宁主义、毛泽东思想、邓小平理论	A.马克思主义、列宁主义、毛泽东思想、邓小平理论
2.哲学	B.哲学、宗教
3.社会科学	C.社会科学总论 D.政治、法律 E.军事 F.经济 G.文化、科学、教育、体育 H.语言 I.文学 J.艺术 K.历史、地理
4.自然科学总论	N.自然科学总论 O.数理科学和化学 P.天文学、地球科学 Q.生物科学 R.医药、卫生 S.农业科学 T.工业技术 U.交通运输 V.航空、航天 X.环境科学、安全科学
5.综合性图书	Z.综合性图书

表6.5 《中图法》K 历史、地理大类简表（二级类目表）

K0 史学理论	K4 非洲史
K1 世界史	K5 欧洲史
K2 中国史	K6 大洋洲史
K3 亚洲史	K7 美洲史

表6.6 "K2 中国史"类号、类目展开示例

K20	通史
K21	原始社会（约60万年前～4000多年前）
K22	奴隶社会（约公元前21世纪～公元前475年）
K23	封建社会（公元前475～公元1840年）
K25	半殖民地、半封建社会（1840～1949年）
K27	中华人民共和国时期（1949年～）
K28	民族史志
K29	地方史志

2. 主题语言

主题是文献论述或涉及的主要事物或问题。主题语言用语词直接表达文献的主题，语词是表达文献主题的标识，将这些做标识的语词按字顺排列并使用参照系统来间接表达各种概念之间的关系，就是主题语言。主题词是用于描述、存储、查找文献主题的词汇，是表达一定意义的最基本的词汇单元。主题词表是把主题词按一定方式组织与展示的词汇表，常用的主题词表有《汉语主题词表》《工程索引叙词表》等。

《汉语主题词表》是我国第一部大型综合性汉语叙词表，包含了人类知识的所有门类，共收录词将近 11 万条，是我国应用最为广泛的主题标引工具。《汉语主题词表》包括主表、附表和辅助索引。主表是主体，收录社会和自然科学各学科范围的名词术语或专用名称。附表包括世界各国政区名称表、自然地理区划表、组织机构表和人物表等 4 种专用词汇表。辅助索引通过改变组织方式，从而提供不同的检索途径，包括词族索引、范畴索引和英汉对照索引。

6.12　信息检索的方法

1. 布尔逻辑检索

逻辑检索的基础是逻辑运算，绝大部分计算机信息检索系统都支持布尔逻辑检索，主要的布尔逻辑运算符有以下 3 种。

（1）逻辑"与"：用 AND（或*）表示，用逻辑"与"连接检索词 A、B，即 A AND B 或 A*B，表示数据库中同时含有 A、B 两词的文献为命中文献。逻辑"与"实现增加限制条件，增强专指性，缩小提问范围，减少文献输出量，可提高查准率。例如，要检索"大数据与云计算"的文献，检索逻辑式为：大数据 AND 云计算。

（2）逻辑"或"：用 OR（或+，或|）表示，用逻辑"与"连接检索词 A、B，即 A OR B（或 A+B，A|B），表示只要含有其中一个检索词或同时含有两个检索词的文献都为命中文献。逻辑"或"实现增加检索词的同义词、近义词或相关词，放宽提问范围，扩大文献输出量，可提高查全率。例如，要检索"大数据"或"云计算"的文献，检索逻辑式为：大数据 OR 云计算。

（3）逻辑"非"：用 NOT（或-）表示，用逻辑"非"连接检索词 A、B，即 A NOT B（或 A-B），表示数据库中含有 A 而不含 B 词的文献为命中文献。逻辑"非"实现排除不希望出现的检索词，缩小了提问范围，减少了文献输出量，可提高查准率。例如，要检索除了"核能"的"能源"方面的文献，检索逻辑式为：能源 NOT 核能。

布尔逻辑运算符的优先级从高到低为：逻辑"非"、逻辑"与"、逻辑"或"，若有"()"，则括号优先。

2. 临近检索

临近检索又称位置限制检索，用位置算符限定检索词之间的顺序和间距的检索。不同检索系统支持的位置限制检索不同。常用的位置算符有如下几种。

（W）：W 的含义为 Word，表达式 A（W）B，表示 A、B 两个检索词靠近，次序为 A 先 B 后，不可颠倒，且 A、B 之间不能有其他词，但可以有空格或连字符号。例如，检索式 American（W）History 或者 American()History，可检索出 American History 相关的文献。

（nW）：表达式 A（nW）B，表示 A、B 两个检索词靠近，次序为 A 先 B 后，中间最多可加 n 个词，但 A、B 次序不可颠倒。例如，检索式 Laser（1W）Printer 的检索结果为 Laser Printer 和 Laser Color Printer 相关的文献。

（N）：N 的含义为 near，表达式 A（N）B，表示 A、B 两个检索词靠近，次序可变，两词之间不能有其他词，但可以有空格或连字符号。例如，检索式 Money（N）Supply 的检索结果是 Money Supply 或 Supply Money 相关的文献。

（nN）：表达式 A（nN）B，表示 A、B 两个检索词靠近，次序可变，两词之间最多能有 n 个词。例如，检索式 Economic（2N）Recovery 的检索结果是 Economic Recovery 或 Recovery Of the Economic 相关的文献。

（F）：F 的含义为 Field（字段），表达式 A（F）B，表示 A、B 两个词在同一个字段中，次序可变，两词之间可以插任意检索词。

（L）：L 的含义为 Link（连接），表达式 A（L）B，表示 A、B 两个词之间有一定的从属关系。

（S）：S 的含义为 Sentence（句子），表达式 A（S）B，在文摘中可以用来限定在同一句子中检索，并且检索词之间的词数可以不定，前后关系不限。

3. 短语检索

短语放在英文半角双引号中表示检索出与引号内完全相同的短语，可以提高检索的精准度，也称"精确检索"。

4. 截词检索

截词检索是在检索式中保留相同的部分，用截词符代替可变化的部分，截词符大多用"?"或"*"表示，一般情况下"?"代表 0 至 1 个字符，"*"代表 0 至多个字符。截词符有以下几种。

前截词：截词符在检索词的开头，例如，"*ology"，可检索出 biology、geology、physiology 等所有以 ology 结尾的单词及短语。

后截词：截词符在检索词的结尾，例如，"comput*"，可检索出 computer、computing 等所有以 comput 开头的单词及短语。

中间截词：截词符在检索词的中间，例如，"wom*n"将检索出 woman、women。

5. 字段限制检索

数据库中最小定位是记录，记录中的每一项为字段，将检索词限定在特定的字段中进行的检索叫字段限制检索。通常在检索式中加入字段代码来限定检索字段。字段代码与检索词之间用后缀符"/"或前缀符"="连接。例如，education/TI 指限定在 TI（题目）字段中检索 education（教育）。AU=Wang haiyan、LA=English 指限定在 AU（作者）字段中检索 Wang haiyan，限定 LA（语种）为 English。

另外还有自然语言检索（直接采用自然语言中的字、词、句进行智能检索）、模糊检索（仅输入检索词进行检索默认的是模糊检索，能同时检索该词的同义词、近义词、上位词和下位词）、多语种检索、区分大小写的检索等。检索式中可以用括号改变运算次序。

6.13　检索策略

检索策略是为实现检索目标而制订的全盘计划或方案。检索策略的实现一般按如下步骤：

（1）分析信息需求。主要是明确检索目的、检索要求，分析课题的主要内容。

（2）选择合适的检索工具。根据课题要求，选择与所查课题和信息需求相适应、学科专业对口、覆盖面广、报道及时、揭示信息内容准确、有一定深度的、检索功能比较完善的检索工具。

（3）确定检索点与检索词。分析出课题所涉及的主要概念和辅助概念，并找出能表达这些概念的若干个词或词组。

（4）正确构造检索式。检索式是检索系统执行的检索语句，由检索词、检索字段、检索算符等检索要素合理组织而成。构造检索式时要充分利用检索工具支持的检索运算、允许使用的检索算符、各种限定，以进行有效检索。

（5）检索结果输出。检索结果满足用户需求，可输出检索结果，输出方式有显示、复制、打印、输入到参考文献管理软件或个人信息管理软件等。

6.14 国内重要的综合性信息检索系统

6.14.1 中国知网（CNKI）

中国知网是中国学术期刊电子杂志社、同方知网（北京）技术有限公司共同创办的网络出版平台，面向海内外用户提供中国学术文献、外文文献、学位论文、报纸、会议、年鉴、工具书等各类资源统一检索、统一导航、在线阅读和下载服务，涵盖基础科学、文史哲、工程科技、社会科学、农业、经济与管理科学、医药卫生、信息科技等领域。中国知网的网址为http://www.cnki.net。

中国知网建立了包括中国学术期刊网络出版总库、中国博硕士学位论文全文数据库、国内外重要会议论文全文数据库、中国重要报纸全文数据库、专利数据库、标准数据库、中国科技项目创新成果鉴定意见数据库（知网版）、外文文献数据库、中国法律知识资源总库、中国年鉴网络出版总库和国学宝典数据库等知识资源总库。

在中国知网中设有一框式检索（初级检索）、高级检索和专业检索3种常见检索方式，此外，依文献类型不同，还有作者发文检索、句子检索、知识源检索和引文检索等方式，如图6-24所示，每种检索的使用方法在界面中都有说明供参考。

图6-24 中国知网

1. 一框式检索

一框式检索是中国知网默认检索界面，可进行单库检索，也可以进行跨库检索，根据提示选择即可。例如，检索大数据方面的文献，要求中文、学术期刊、博士学位论文、国际会议，其他默认的检索界面和部分检索结果截图如图6-25所示。

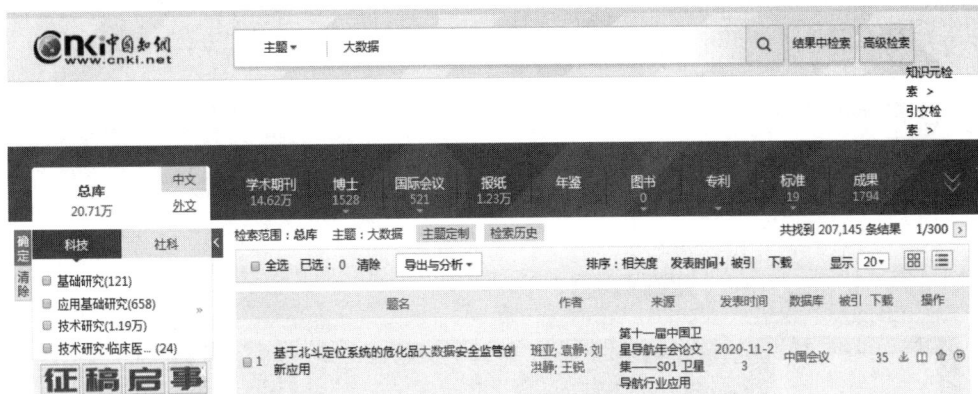

图6-25　一框式检索

2. 高级检索

高级检索可选择多个检索项，可以在检索条件中增加检索控制条件，包括来源期刊、支持基金、作者和作者单位等检索项。通过单击"+、−"来增减检索项，可选择逻辑符控制检索项之间的关系，如图6-26所示，单击【检索】按钮后会自动生成检索式。

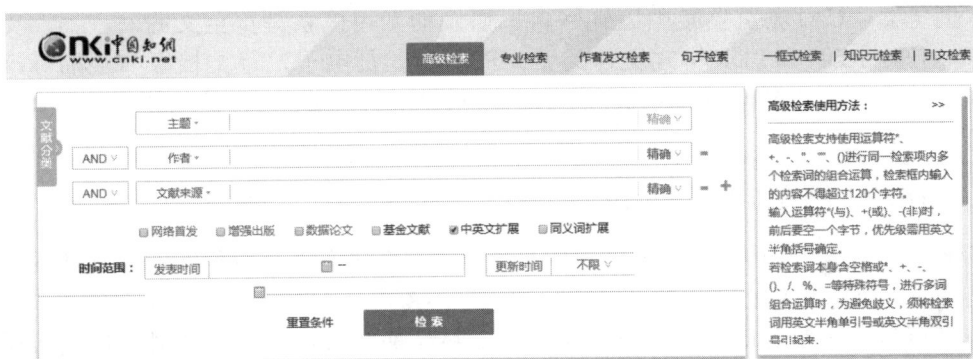

图6-26　高级检索

3. 专业检索

专业检索比高级检索功能更强大，但需要用户根据系统语法编制检索式进行检索，适用于专业检索人员。专业检索提供下列几个检索字段：SU=主题、TKA=篇关摘、KY=关键词、TI=篇名、FT=全文、AU=作者、FI=第一作者、RP=通讯作者、AF=作者单位、FU=基金、AB=摘要、CO=小标题、RF=参考文献、CLC=分类号、LY=文献来源、DOI=DOI、CF=被引频次。比如在文本框中输入检索式"TI='生态' and KY='生态文明' and（AU % '陈'+'王'）"可以检索到篇名包括"生态"并且关键词包括"生态文明"并且作者为"陈"姓和"王"姓的所有文章，如图6-27所示。

在中国知网的默认界面中单击"特色导航"的相应项可跳转到相应的库，比如单击【学术期刊】可跳转到学术期刊库，依次类推。

CNKI的检索结果可进行分组和排序。CNKI提供了学科、发表年度、基金、研究层次、作者和机构6种分组方式和主题排序、发表时间、被引次数、下载次数等4种评价性排序手段，帮助用户从不同角度找到所需信息。

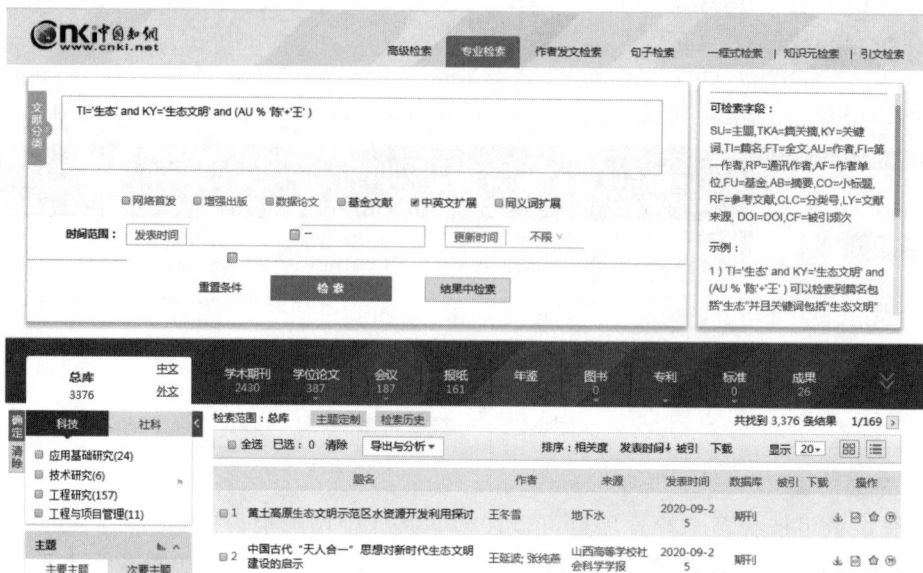

图6-27　专业检索

CNKI 的全文显示格式有 CAJ 和 PDF 两种，第一次阅读全文必须下载安装 CAJ 或 PDF 浏览器。CAJ 浏览器是中国知网自己研发的专用检索浏览全文的阅读器，支持 CAJ、NH、KDH 和 PDF 格式文件阅读。PDF 格式是电子发行文档事实上的标准，Adobe Reader 或者 Acrobat Reader 是查看、阅读和打印 PDF 文件的最佳工具，且在网上可免费下载。

6.14.2　维普资讯网（VIP）

维普资讯网是由中科院西南信息中心重庆维普资讯有限公司于 2000 年建成的，目前已经成为全球著名的中义信息服务网站。资源覆盖工农医文史哲法各个领域，并提供每日更新。维普资讯网的主要产品有中文科技期刊数据库、中文科技期刊数据库（引文版）、外文科技期刊数据库、中国科技经济新闻数据库、中国科学指标数据库 CSI、维普-Google 学术搜索、维普考试资源系统 VERS、图书馆学科服务平台 LDSP、文献共享服务平台 LSSP、《医药信息资源系统》、《航空航天信息资源系统》等十几数据库产品。维普网址为 http://www. cqvip.com。

维普资讯网从单纯的全文保障服务延伸到引文、情报等服务产品，整合了期刊文献检索、文献引证追踪、科学指标分析、高被引析出文献、搜索引擎服务五大模块。维普的各数据库检索方法基本一致，下面以中文科技期刊数据库为例介绍在维普网上检索的方法。

中文科技期刊数据库提供快速检索、高级检索、检索式检索、期刊导航等检索方式，支持逻辑与、或、非和二次检索，还可以选择模糊和精确匹配检索方式。在如图6-28 所示的首页检索框中直接输入检索词进行检索为快速检索，单击【高级检索】超链接进入高级检索界面，如图6-29 所示，单击【同义词扩展】会列出当前关键词的同义词，根据需求可选择添加全部或部分同义词，其他操作及检索式检索和中国知网中的操作相同。单击【期刊导航】可进入期刊导航界面，如图6-30 所示，期刊导航有期刊搜索、按字母查询和按学科查询3种查询方式。另外，维普资讯网的检索结果界面多数可显示检索条件、检索命中文献总篇数。

图6-28　维普资讯首页

图6-29　高级检索

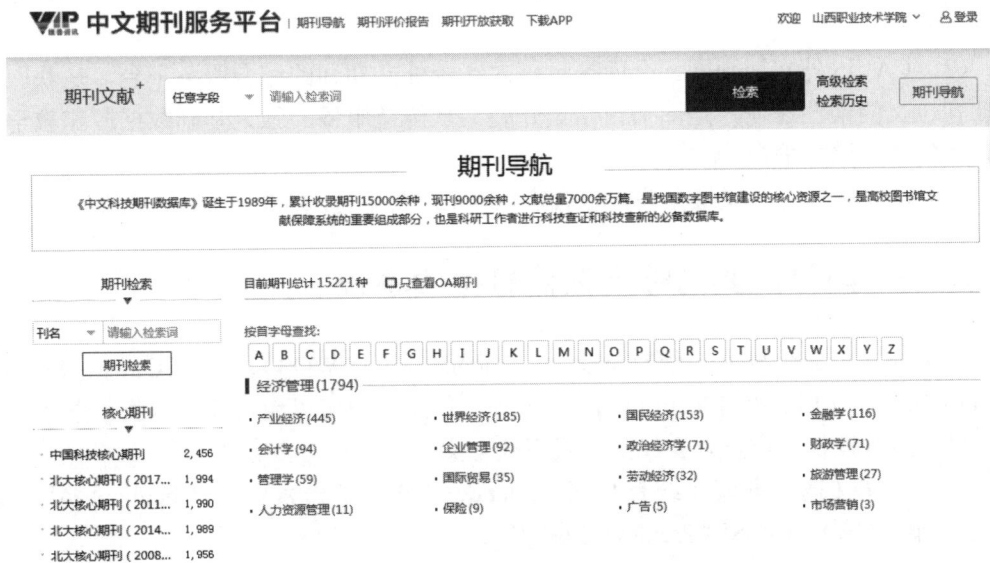

图6-30　期刊导航界面

6.14.3　万方数据知识服务平台

万方数据知识服务平台（以下简称万方）网址为 http://www.wanfangdata.com.cn。万方数据库由中国科技信息研究所直属的万方数据公司开发，是国内最大的数字资源库系统，包含科技信息系统（学位论文数据库、数字化期刊、学术会议数据库）和商务信息系统。内容涉及自然科学和社会科学各个专业领域，包括学术期刊、学位论文、会议论文、外文文献、OA论文、科技报告、中外标准、科技成果、政策法规、新方志、机构、科技专家等。检索方式与CNKI检索大同小异，在此不再赘述。

6.14.4　中国高等教育文献保障系统（CALIS）

中国高等教育文献保障系统（简称 CALIS）是教育部"九五""十五""三期""211工程"中投资建设的面向所有高校图书馆的公共服务基础设施，通过构建基于互联网的"共建共享"云服务平台——中国高等教育数字图书馆、制定图书馆协同工作的相关技术标准和协作工作流程、培训图书馆专业馆员、为各成员馆提供各类应用系统等，支撑着高校成员馆间的"文献、数据、设备、软件、知识、人员"等多层次共享，已成为高校图书馆基础业务一日不可或缺的公共服务基础平台，并担负着促进高校图书馆整体发展的重任。CALIS的网址为：http://www.calis.edu.cn/。

CALIS的资源与服务包括以下几项。

（1）e得文献获取服务。e得（易得）是为读者提供"一个账号、全国获取""可查可得、一查即得"一站式服务的原文文献获取门户。e得门户集成了电子原文下载、文献传递、馆际借书、单篇订购、电子书租借等多种原文获取服务。

（2）e读学术搜索服务。e读学术搜索服务旨在全面发现全国高校丰富的纸本和电子资源，它与CALIS文献获取（e得）、统一认证、资源调度等系统集成，打通从"发现"到"获取"的"一站式服务"链路，为读者提供全新的馆际资源共享服务体验。

（3）CALIS外文期刊网。全面揭示国内高校外文期刊的综合服务平台，是获取外文期刊论文的最佳途径，是图书馆馆员开展文献传递服务的强大基础数据源和教学情况管理的免费服务平台。

（4）CALIS联合目录数据库。包含近900家成员单位的3500万余条馆藏信息。

6.15　国外重要的综合性信息检索系统

常用外文全文数据库系统有 Web of Science（简称WOS）、EBSCOhost、Science Direct Onsite、IEEE/IEE Electronic Library等，任意用户可以免费检索这些数据库的文摘信息，所有授权用户可以在线阅读或下载全文。

常用外文文摘数据库系统有 EI CompendexWeb（工程索引）、Chemical Abstract（化学文摘，CA）、BIOSIS Preview数据库等。

6.16　专利信息的检索

专利是指国家以法律形式授予发明人在法定期限内对其发明创造享有的专有权。专利具有专利权、专利技术（取得专利权的发明创造）和专利文献（主要指专利说明书）三种含义。专利分发明专利、实用新型专利和外观设计专利三种，发明专利是最重要的一种。专利权有三个基本特征：专有性、地域性和时效性。

国内检索专利信息可通过文献印刷型检索工具专利公报和《中国专利索引》，也可以通过信息网络检索，国内常用的专利检索网站或数据库有：中国国家知识产权局网站专利检索系统（http://www.sipo.gov.cn/sipo2008/zljs）、中国专利信息网（http://www.patent.com.cn/）、中国专利信息中心专利检索系统（https://www.cnpat.com.cn/）和万方数据库系统。

国外主要国家都有自己的专利数据库，比如美国有美国专利数据库、德国有德国专利商标局网站数据库、英国有英国专利局网站、日本有日本专利局等。

6.17　标准文献检索

标准文献指按规定制订，经公认权威机构批准的一整套在特定范围（领域）内必须执行的规格、规则、技术要求等规范性文献，简称标准。标准按使用范围分国际标准、区域标准、国家标准、地方标准、行业标准和企业标准。按约束力和成熟度分强制性标准（法定标准）、推荐标准、试行标准和标准草案。

标准文献是一种公开的文献，主要使用标准编号、标准名称（关键词）和标准分类号三种检索方法。标准文献检索工具国内网站有 CNKI 标准数据总库、万方数据知识服务平台、国家标准化管理委员会、中国标准化研究院、标准网、中国国家标准咨询服务网等；国外网站比如国际标准化组织 ISO、国际电工标准化组织 IEC、国际电信联盟 ITU、世界标准服务网 WSSN、美国国家标准学会 ANSI、IEEE/IET Electronic Library 等，另外大多国家有自己的标准化组织网站，比如英国标准化组织（BSI）、德国标准化组织（DIN）等。

6.18　网络公开课和慕课

近年来随着信息技术和移动互联技术的迅猛发展，知识获取的方式发生了根本变化，"教"与"学"可以不受时间、空间和地点条件的限制，通过灵活和多样化的渠道获取。网络公开课和慕课就是其中最典型的两个代表。

1. 网络公开课

网络公开课是以网络为主要媒介进行传播和共享的公开课，它来源于常态课，最初是课堂实录录像，是在公共环境下展示的公开课堂，目的是使更多的人能够通过网络平台共享全球优质的公开教育课程，比如网易云课堂、网易公开课、爱课程网、腾讯课堂、Khan Academy（可汗学院）等。

2. 慕课

慕课（MOOC）是 2011 年年末从美国硅谷发端而来的在线学习浪潮。"M"代表 Massive（大规模），与传统课程只有几十个或几百个学生不同，一门慕课课程动辄上万人，最多达 16 万人。第二个字母"O"代表 Open（开放），以兴趣为导向，凡是想学习的，都可以进来学习，不分国籍，只需要一个邮箱，就可以注册参与。第三个字母"O"代表 Online（在线），学习在网上完成，无须舟车劳顿，不受时空限制。第四个字母"C"代表 Course，即课程之意。斯坦福大学教授创建的 Coursera 和 Udacity，麻省理工和哈佛大学联手创办的 edX 是国外比较有影响力的慕课平台，国内比较有影响力的慕课平台有清华大学自主研发的学堂在线，网易和高教社合办的中国大学 MOOC，北京大学和阿里巴巴主办的华文慕课等。

6.19 网络信息检索与利用中的有关问题

在当下信息社会，信息海量化，检索过程也相对容易，因而可以轻松获得大量的信息，如何快速有效地整理和筛选，挑选出高质量的、有参考价值的信息显得越来越重要。

6.19.1 信息评价

获得检索结果后，需要对信息的价值做出评价，信息价值可以从可靠性、先进性和适应性三个方面来判断和评价。信息的可靠性主要指信息的真实性，也包括完整性、科学性和典型性。信息的先进性是一个相对的概念，一般与时间和地域因素有关。信息的适应性是在可靠性和先进性的基础上进行的，同时要将供需双方的情况加以比较。对信息进行评价一般可以从如下几个方面。

（1）看作者的知名度。

（2）看出版机构的学术性。

（3）看文献的品位档次。

（4）看信息源的渠道。

（5）看专家和公众的评价与反映。

（6）看发表时间的先后。

（7）看技术参数的优劣。

（8）看经济指标的好坏。

（9）看实践效果。

6.19.2 信息分析

信息分析是根据特定课题的需要，对搜集的大量文献信息资料和群体多种有关的信息进行研究，系统地提出可供用户使用的资料。广义的信息分析是在占有所需信息的基础上，对信息进行整理、综合、分析、推理，从而发现新的知识或发明新的技术的过程。狭义的信息分析，是在进行信息调研的基础时，对大量已知信息的内容进行整序和以科学抽象为主要特征的信息深加工的活动，其目的是获取经过增值的信息产品。通常信息分析的方法有引文分析法、内容分析法，另外有些数据库提供强大的结果分析功能，比如 CNKI、工具知识产权专利检索平台、Web of Science 等，也可以借助信息分析工具，比如 CiteSpace、WPS 表格等对信息进行分析。

6.19.3　网络信息检索与利用中的费用问题

经济成本是网络信息检索尤其是获取高质量的学术信息和网络增值服务的重要成本。

1. 面向个人用户的网络内容收费方式

面向个人用户的网络内容收费方式主要有三种：第一种按在线阅读或下载的数量计费；第二种按照一定时间段收费；第三种介于前两者之间，即提供特定费用、时间段和使用权限的套餐。支付方式可通过虚拟货币进行支付，并提供一定机制赚取或扣除一定的虚拟货币。个人用户可以购买专用充值卡也可通过第三方支付平台（支付宝、微信等）或者直接货币支付（如银行卡、邮局汇款等）方式充值。

2. 面向集体用户的网络内容收费方式

面向集体用户的网络内容收费方式：第一种是单一机构采购，某一图书馆或信息服务机构为其机构内用户的使用需要而集体购买，目前绝大多数图书馆对本馆用户需要的资源采取这种购买方式；第二种是集团采购，由某个集体（国家、图书馆、科研院所或公司）支付费用，免费提供给集体内部成员使用；第三种为国家许可，一种数据库资源集体购买方式，获得国家许可证后，在许可协议的规定下，本国范围内的任何公民都可以接入、检索、浏览、下载、打印或复印被许可使用的信息产品。

6.20　移动搜索

近年来，随着移动互联网技术和智能手机的不断发展，移动搜索逐渐成为用户获取网络信息的主要途径。移动搜索是基于移动通信网络的，用户利用各种移动终端设备，通过多种接入方式，如无线应用协议、互动式语音应答、手机应用等，获取 Web 或 WAP 站点网页内容、移动增值服务内容和本地信息，能够为用户提供随时随地、快速高效与情境感知的个性化信息与服务，满足其信息需求的信息搜索方式。移动搜索是信息检索技术在移动设备上的延伸和发展，移动搜索与各种互联网类 APP 的不断融合，进一步拓宽了移动搜索的范围。

6.20.1　移动搜索情境

用户的信息需求不仅体现在查询式中，还与用户当前的搜索情境相关。情境是指任何有助于刻画一个实体目前所处状态的信息。移动搜索主要包括以下情境要素。

（1）用户情境。用户情境是指与用户相关的要素，包括个人属性、心理状态、情绪和社交信息等。

（2）时间情境。包括用户搜索的时间、搜索季节等。

（3）位置情境。位置情境能够了解用户实时的移动行为和信息需求，包括地理位置信息、周围的环境、附件的建筑物信息等。

（4）任务情境。包括搜索任务的主题、任务的紧迫程度、任务类型，如导航类、信息类和事务类等类型。

（5）设备情境。不同搜索设备的操作系统、屏幕大小、输入方式等都对用户的移动搜索具有潜在的影响。

6.20.2　移动搜索类型与特点

根据用户活动特点和信息需求，移动搜索分为本地搜索和互联网搜索。根据移动搜索的方式，移动搜索分为基于 WAP 的搜索、基于短信的搜索和基于 APP 的搜索。根据内容形式不同分为网页搜索、图片搜索、音乐搜索、地图搜索、位置搜索、视频搜索等。

与桌面搜索相比，移动搜索有如下特点：用户需求的多变性；输入方式多样性；便捷性；实时性；本地化；精准性和搜索情境多样化等特点。

6.20.3　移动搜索工具

移动搜索依赖于移动终端和各种移动搜索工具，移动搜索工具按搜索的专业范畴分为综合性搜索工具和垂直性搜索工具。按搜索的内容类型分为基于文本的搜索、多媒体搜索、APP 搜索、基于位置的搜索等。

6.20.4　移动搜索发展趋势

移动搜索正处于发展的黄金时期，各种移动终端设备的出现，比如 Google Glass、Apple Watch 等为移动搜索的发展提供了契机，同时，手机网民数量不断增长，用户向移动端迁移的趋势更加明显。未来移动搜索的发展趋势主要有以下几个方面：人机互动、人工智能；基于位置的、社交化的搜索服务；定制化、个性化、垂直化；跨屏搜索和跨设备搜索；搜索数据的云服务和视觉搜索等。

任务 6-5　管理文献与知识

任务描述

用网络笔记工具——印象笔记制作计算机系统组成图。

任务实施

Step 01　下载印象笔记。

在浏览器的地址栏中输入网址 https://www.yinxiang.com/download/，打开软件下载界面，选择与自己所用系统匹配的版本下载。

Step 02　安装印象笔记。

Step 03　打开印象笔记，制作计算机系统组成图。

打开印象笔记，单击【文件】→【新建笔记】→【新建思维导图】，如图 6-31 所示，新建思维导图笔记，如图 6-32 所示。

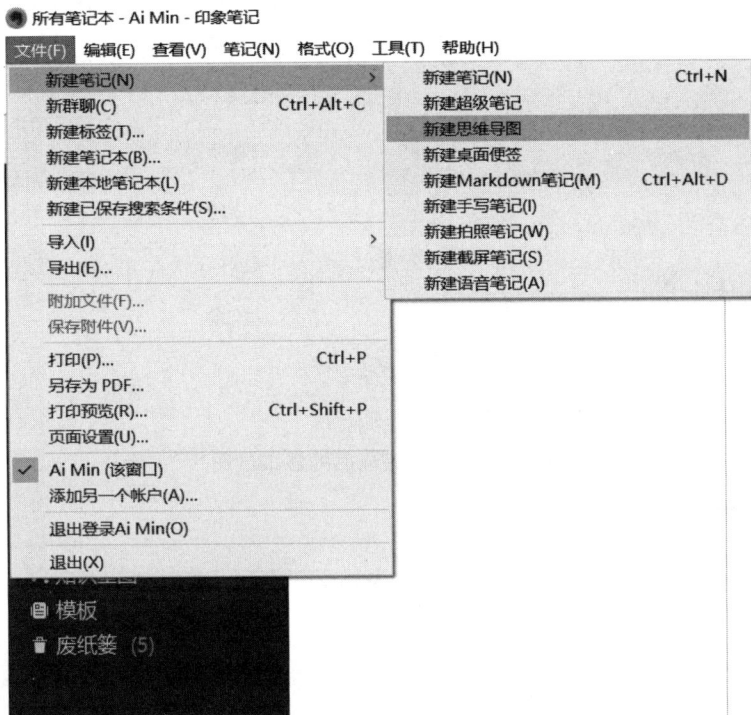

图6-31　【文件】菜单

图6-32　编辑节点名称

在绿色区域右击，弹出快捷菜单，选择【编辑】可修改绿色区域文字，输入"计算机系统"。选择【增加子级节点】可添加下一级节点，修改节点的名称为"硬件系统"，右击新添加的节点，弹出快捷菜单，选择【增加同级节点】，添加一个和"硬件系统"节点并列的节点，修改节点名称为"软件系统"，用类似方法添加其他节点，制作出如图6-33所示计算机系统组成图。

单击【文件】→【另存为PDF…】，将制作的计算机系统组成图保存在一个PDF文件中，如图6-34所示，也可以用Windows的附件截图工具截图保存为JPG图片文件。

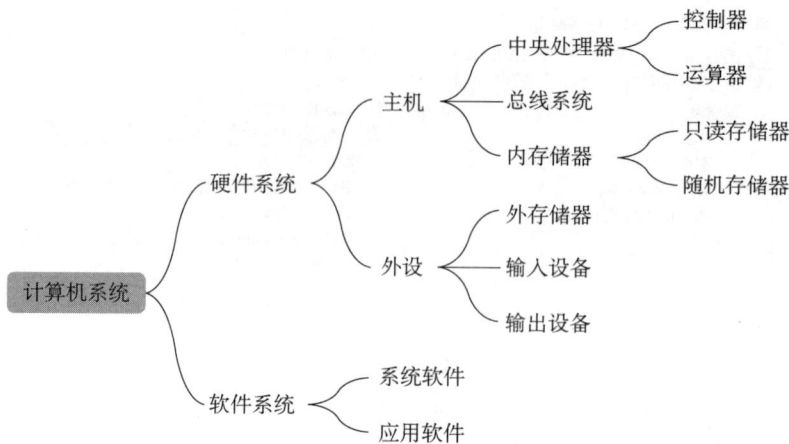

图 6-33　绘制完成后的思维导图

思维导图笔记

笔记本：	My Notebook		
创建时间：	2021/6/10 17:16	更新时间：	2021/6/10 20:50
作者：	Ai Min		

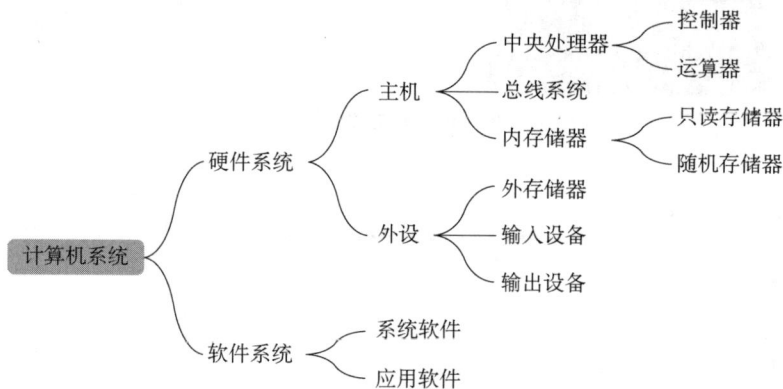

图 6-34　导出到 PDF 文件中的思维导图

知 识 链 接

6.21　管理文献与知识

互联网改变了人们的生活、工作和娱乐方式，每个人的手机、计算机等电子设备中都会保存和收藏大量的文献，适当使用辅助性信息工具可以有效管理和利用文献，有利于提升学习和科研的效率与质量。

6.21.1　RSS信息订阅跟踪新资讯

RSS指的是一种描述、同步和共享网站信息资源的新方式，可以让用户不频繁访问网络就及时高效地获取感兴趣的网络信息。支持RSS的网站作为网络信息提供者向用户提供RSS feed文件，该文件反映网站最新的更新信息，包括最新更新文章的标题、摘要及链接地址等。用户只需订阅各网站提供的RSS feed文件，即可通过RSS阅读器阅读各网站的更新信息，而无须访问网站。

RSS阅读器是一个可以自由读取RSS和Atom文档的软件，分为在线阅读器和离线阅读器，用于订阅、读取和分析RSS feed文件，进而获取及时的网站更新。常见的RSS阅读器有新浪点点通、看天下、有道阅读、FeedDemon、GreatNews、Reader等。RSS阅读器的一般使用方法如下：①注册账号并登录阅读器；②查找RSS源；③阅读订阅信息；④管理订阅信息。

6.21.2　文献管理软件

文献管理软件一般提供检索、管理、分析、发现和写作等功能。借助文献管理软件，用户可以快捷、方便、准确地检索、管理和利用各种信息与文献。目前比较常见的国产文献管理软件有NoteExpress、CNKI E-Study、Notefirst等。下面介绍数字化学习与研究平台CNKI E-Study。

CNKI E-Study由中国知网提供，具有8大功能。

（1）一站式阅读和管理平台。支持CAJ、KDH、NH、PDF、TEB等目前主要学术成果文件格式的管理和阅读，可预览图片文件和TXT文本文件，支持将DOCX、PPTX、TXT文件转换为PDF文件。

（2）深入研读。支持学习过程中划词检索和标注，支持将两篇文献在同一个窗口中进行对比研读。

（3）记录数字笔记。支持将文献中有用信息记录为笔记，并从多角度对笔记进行管理，支持将网页内容添加为笔记。

（4）文献检索和下载。无须登录相应的数据库系统，即可将CNKI学术总库等检索的文献直接导入到学习单元中。

（5）支持写作与排版。提供论文写作工具和数千种期刊模板与参考文献样式供编辑。

（6）在线投稿。可直接进入期刊的作者投稿系统。

（7）云同步。支持学习单元数据和题录全文的云同步。

（8）浏览器插件。支持Chrome浏览器、Opera浏览器，支持中国知网、维普、百度学术等网站。

6.21.3　网络笔记工具

如今信息量大，用传统的纸质笔记记录，查找和携带都非常不方便。网络笔记软件一般基于云端，不同终端可用，输入、输出和查找都非常方便，而且基本实现了全平台覆盖、全媒体适应。合理使用网络笔记工具可以更有效地进行信息处理和利用。常用的网络笔记有印象笔记、OneNote、为知笔记、有道云笔记、轻笔记、棉花笔记、记事宝等。

印象笔记能搜集上网时看到的信息，并可以直接在印象笔记中写作，还有非常强大的OCR识别功能和全文搜索功能，同时支持合并笔记、复制笔记、移动笔记、分享笔记等。其他网络笔记工具功能和使用方法大同小异，在此不再赘述。

6.21.4 思维导图

思维导图是一种诞生于20世纪50年代的思维辅助工具，它图文并茂，从而将发散性思维形象化，帮助用户完成知识整理、问题分析、思路梳理、头脑风暴等工作，有助于发掘大脑潜力，提高工作学习效率。常用的思维导图软件有 XMIND、MindManager、MindMaster、FreeMind、百度脑图、幕布等。

百度脑图免安装，在浏览器的地址栏中输入 http://naotu.baidu.com 即可进入百度脑图的主页开始思维导图编辑，编辑完成后保存，既可保存到本地，也可以保存到网盘，可以是图片格式，也可以是SVG（在浏览器中打开）、TXT、KM（在 KiteMinder 中打开）等文件格式。百度脑图可云存储，简单易用，功能丰富，可在线上直接创建、保存并分享。

单元小结

本单元通过几个任务的实施对信息检索和信息素养相关知识进行了简单介绍，主要包括以下几个方面。

（1）信息素养的内涵和体系结构。

（2）搜索引擎的概念、分类和工作原理。

（3）信息伦理和信息安全相关知识与法律法规。

（4）信息检索的原理、检索系统、检索语言、检索方法技巧和检索策略。

（5）国内外重要的信息检索系统。

（6）检索专利信息和标准信息的方法。

（7）管理文献与知识的常用软件和方法。

单元习题

扫码测验

单元 7　新一代信息技术

学习目标

【知识目标】

（1）了解大数据的概念、特征、关键技术和典型应用。

（2）了解云计算的概念、特征、关键技术和典型应用。

（3）了解人工智能的概念、关键技术和典型应用。

（4）了解物联网、VR 技术、区块链、移动互联技术和 5G 技术等的概念、特征、关键技术和典型应用。

【技能目标】

（1）会用八爪鱼采集器采集数据。

（2）会上传文件到网盘中，会下载和分享网盘文件。

（3）会使用百度 AI 体验中心小程序中的文字识别、图像识别、语音识别等功能解决日常遇到的问题。

（4）会生成二维码分享信息。

（5）能识别现实中用到的 VR 虚拟现实技术。

【素质目标】

感悟新一代信息技术在中国各领域的发展变化与巨大成就，领会中国梦与个人梦的关系，进一步坚定"四个自信"。

任务 7-1　采集网页数据

任务描述

（1）安装八爪鱼采集器程序。

（2）采集下列网址中的数据："https://sou.zhaopin.com/?jl=576&kw=数据分析师"。

任务实施

Step 01　安装八爪鱼采集器程序。

打开浏览器，在地址栏中输入 https://www.bazhuayu.com，打开八爪鱼采集器官网，如图 7-1 所示。单击【免费下载】按钮可下载安装包。

图 7-1　八爪鱼采集器官网首页

安装八爪鱼采集器程序，安装后一般情况下桌面上会有快捷方式图标。

Step 02　用八爪鱼采集器采集数据。

双击桌面快捷方式图标打开八爪鱼采集器程序，如图 7-2 所示。

图 7-2　八爪鱼采集器登录页面

输入用户名和密码，登录八爪鱼采集器首页，如图 7-3 所示。

提示：如果没有账号，要先注册账号，或者用微信登录。

在如图 7-3 所示欢迎文字下方的文本框中输入要采集网页的网址"https://sou.zhaopin.com/?jl=576&kw=数据分析师"，然后单击右侧【开始采集】按钮，八爪鱼采集器即刻打开指定网址，自动识别网页中的数据，如图 7-4 所示。

图 7-3　八爪鱼采集器首页

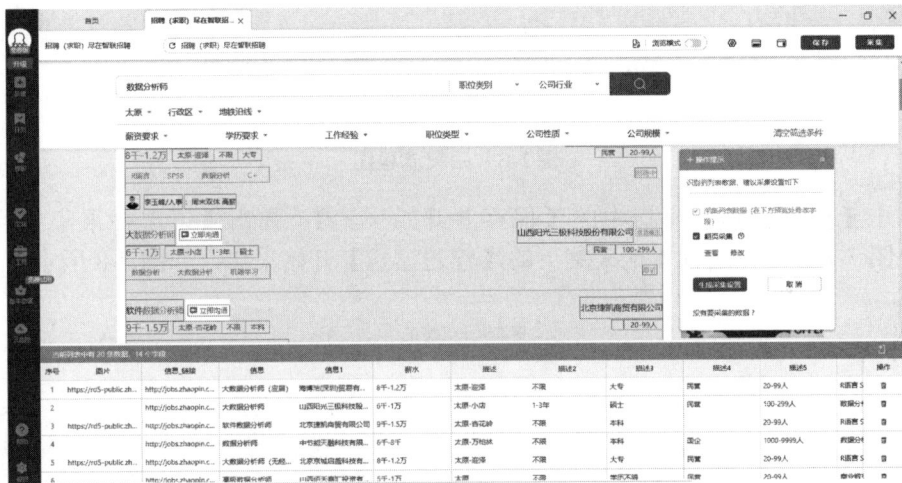

图 7-4　单击【开始采集】按钮后的页面

预览数据被组织到一个二维表格中，双击表格列标题，可修改列标题名称，比如在"信息 1"上双击，在文本框中输入"公司名称"，如图 7-5 所示，可改变列的顺序，也可以删除列，根据需求按提示操作即可。

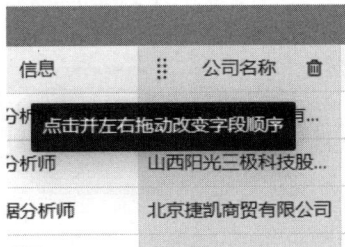

图 7-5　编辑预览数据

单击如图 7-4 所示页面中的【操作提示】窗口中的【生成采集设置】按钮，可查看采集流程图，如图 7-6 所示，单击流程上方【保存】按钮左侧的【点击隐藏流程图】开关按钮，可隐藏流程图，再次单击可显示流程图。【点击隐藏/显示流程图】按钮左侧是【点击隐藏/显示数据预览】按钮，单击可隐藏数据或显示数据。

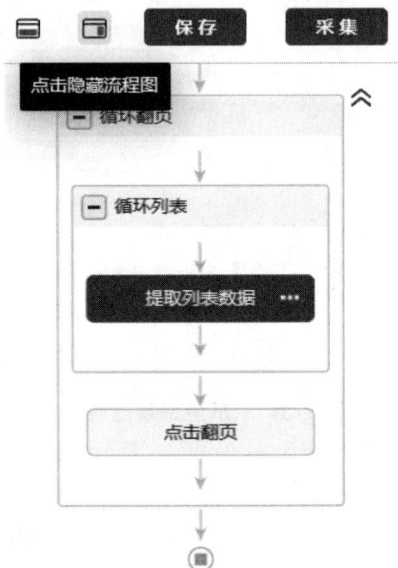

图7-6　采集流程图

单击【操作提示】窗口中的【保存并开始采集】，弹出【请选择采集模式】窗口，如图 7-7 所示，选择本地采集下的【普通模式】开始采集，如图 7-8 所示。

图7-7　【请选择采集模式】窗口

图 7-8　数据采集中

采集完成后，单击【导出数据】按钮弹出【导出本地数据】窗口，如图 7-9 所示，单击【确定】按钮，设置保存路径和文件名，将数据导出到 Excel 文件中，如图 7-10 所示。

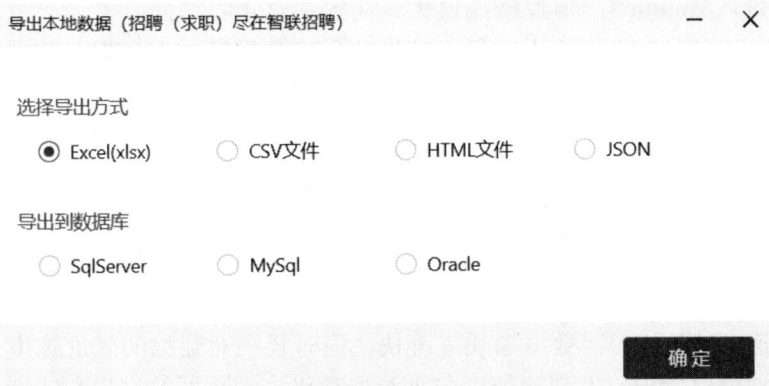

图 7-9　导出数据

图 7-10　保存在 Excel 中的数据采集结果

知 识 链 接

7.1 大数据技术

如今，人类社会正在进入数据爆炸的时代，根据权威机构预计，全球数据总量每过两年就会增长一倍。海量数据的出现开启了大规模生产、分享和应用数据的时代，"数据即资产"、"数据创造价值"、"数据是最重要的生产资料"成为新的全球共识，未来将是一个"大数据"引领的智慧科技时代。同时随着数据量越来越大，数据类型越来越多、越来越复杂，以及各行各业的业务需求，催生出一套用来处理海量数据的技术，这就是大数据技术。

7.1.1 大数据的概念

大数据（Big Data），是指无法在可承受的时间范围内用常规软件工具进行捕捉、管理和处理的数据集合，是需要新处理模式才能具有更强的决策力、洞察发现力和流程优化能力来适应海量、高增长率和多样化的信息资产。

7.1.2 大数据的特征

目前普遍认为大数据具有以下几个特征。

（1）大量（Volume）。指数据规模大。淘宝网近4亿的会员每天产生的商品交易数据约20TB；脸书约10亿的用户每天产生的日志数据超过300TB，数据存储单位开始用GB、TB、PB、EB、ZB、YB、BB、NB、DB等。

（2）多样（Variety）。数据的来源及格式多样，包括结构化数据（如财务系统数据、信息管理系统数据、医疗系统数据等）、非结构化的数据（如视频、图片、音频等）和半结构化数据（如HTML文档、JSON数据、邮件、网页等）。有统计显示，目前非结构化数据占据整个互联网数据量的75%以上，而产生价值的大数据，往往是这些非结构化数据。

（3）高速（Velocity）。数据增长速度快，同时要求对数据的处理速度也要快，以便能够及时地提取知识，发现价值。在大数据时代，大数据的交换和传播主要是通过互联网和云计算等方式实现的，其生产和传播数据的速度是非常迅速的。

（4）价值（Value）。需要对大量的数据处理，挖掘其潜在的价值，数据价值密度的高低和数据总量的大小是呈反比的，即数据价值密度越高数据总量越小，数据价值密度越低数据总量越大。因而大数据对我们提出的明确要求是：设计一种在成本可接受的条件下，通过快速采集、发现和分析，从大量、多种类别的数据中提取价值的体系架构。

（5）复杂（Complexity）：大数据的复杂性包括类型的复杂、结构的复杂和模式的复杂，另外质量良莠不齐，导致了对数据的处理和分析的难度大增。

7.1.3 大数据系统

当前大数据系统主要有Google和Hadoop。Google是大数据时代的奠基者，其大数据技术架构一直是互联网公司争相学习和研究的重点。它拥有全球最强大的搜索引擎，为全球用户提供基于海量数据的实时搜索服务，Google 的大数据系统包括三大核心技术：Google 文件系统（GFS）、分布式计算编程模式（MapReduce）和分布式结构化数据存储系统（BigTable）。Hadoop 是一个开源分布式计算平台，是一个可以更容易开发和运行处理大规模数据的软件平台，用户可以利用 Hadoop 轻松地组织计算机资源，从而搭建自己的分布式计算平台，并且可以充分利用集群的计算和存储能力，完成海量数据的处理。Hadoop 是 Apache 基金会正在推进的项目，这个项目主要由基础和配套两大部分组成，基础部分包括 Hadoop Common、HDFS 和 MapReduce 等子项目，配套部分包括 HBase、Hive、Pig、Chukwa 和 Zookeeper 等子项目。

7.1.4　大数据典型应用

大数据无处不在，大数据应用于各个行业，包括金融、汽车、餐饮、电信、能源、体能和娱乐等在内的社会各行各业都已经融入了大数据的印迹。

（1）电商大数据——精准营销法宝。电商是最早利用大数据进行精准营销的行业。除了精准营销，电商可以依据客户消费习惯来提前为客户备货，并利用便利店作为货物中转点，快速将货物送上门，提高客户体验。例如，菜鸟网络宣称的 24 小时完成在中国境内的送货，京东曾称未来京东将在 15 分钟完成送货上门，这些都是基于客户消费习惯的大数据分析和预测来实现的。

（2）金融大数据——财源滚滚来。金融行业拥有丰富的数据，并且数据维度和数据质量都很好，因此，应用场景较为广泛，典型的应用场景有精准营销、风险管控、决策支持、效率提升及产品设计等。例如，证券公司借助数据分析为客户提供服务，一般如果客户平均年收益低于 5%，交易频率很低，可建议其购买公司提供的理财产品，如果客户交易频繁，收益又较高，可以主动推送融资服务，如果客户交易不频繁，但是资金量较大，可以为客户提供投资咨询等，对客户交易习惯和行为分析，可以帮助证券公司获得更多的收益。

（3）医疗大数据——看病更高效。医疗行业拥有大量的病例、病理报告、治愈方案、药物报告等，通过对这些数据进行整理和分析，将会极大地辅助医生提出治疗方案，帮助病人早日康复。例如，乔布斯患胰腺癌后，为了治疗自己的疾病，支付了高昂的费用，获取到了包括自身的整个基因密码信息在内的数据文档，医生凭借这些数据文档，基于乔布斯的特定基因组成及大数据技术，按所需效果制订用药计划，并调整医疗方案。

（4）零售大数据——最懂消费者。零售行业大数据应用有两个层面，一个层面是零售行业可以了解客户消费喜好和趋势，进行商品的精准营销，降低营销成本。另一个层面是依据客户购买产品，为客户提供可能购买的其他产品，扩大销售额，也属于精准营销范畴。例如，美国零售业的传奇故事——"啤酒与尿布"。

（5）交通大数据——畅通出行。交通作为人类行为的重要组成和重要条件之一，对于大数据的感知也是最急迫的。目前，交通的大数据应用主要在两个方面，一方面可以利用大数据传感器数据来了解车辆通行密度，合理进行道路规划包括单行线路规划。另一方面可以利用大数据来实现即时信号灯调度，提高已有线路运行能力。

（6）舆情监控大数据——高效治理。国家正在将大数据技术用于舆情监控，其收集到的数据除了解民众诉求，降低群体事件之外，还可以用于犯罪管理。

大数据技术的战略意义不在于掌握庞大的数据信息，而在于对这些含有意义的数据进行专业化处理。换而言之，如果把大数据比作一种产业，那么这种产业实现盈利的关键，在于提高对数据的加工能力，通过加工实现数据的增值。

7.1.5 大数据关键技术

目前大数据关键技术主要包括数据采集、数据预处理、数据储存与管理、数据分析与挖掘和数据可视化等技术。

（1）数据采集。数据采集是数据处理的第一步，是数据分析和挖掘的基础。大数据采集是指在确定用户目标的基础上，对该范围内的所有结构化、半结构化、非结构化数据进行采集的过程。采集的数据大部分是瞬时值，还包括某时段内的特征值。大数据的主要来源有商业数据、互联网数据、传感器数据。针对不同来源的数据，具有不同的采集方法。主要的大数据采集方法有系统日志采集方法、网络数据采集方法、其他数据采集方法。

（2）数据预处理。数据预处理是指在对数据进行挖掘以前，对原始数据进行清理、集成与变换等一系列处理工作，目的是达到挖掘算法进行知识获取研究所要求的最低规范和标准。通过预处理工作，可以使残缺的数据完整，并将错误的数据纠正，多余的数据去除，进而将所需的数据挑选出来，并且进行数据集成。数据预处理的常见方法有数据清洗、数据集成与数据变换。

（3）数据存储与管理。数据存储与管理需要用存储器将采集到的数据存储起来，建立相应的数据库，并进行管理和调用。重点解决复杂结构化、半结构化和非结构化大数据管理与处理技术，主要解决大数据的可存储、可表示、可处理、可靠性及有效传输等几个关键问题。

（4）数据分析与挖掘。大数据分析技术是改进已有数据挖掘和机器学习技术，开发数据网络挖掘、特异群组挖掘、图挖掘等新型数据挖掘技术，突破基于对象的数据连接、相似性连接等大数据融合技术，突破用户兴趣分析、网络行为分析、情感语义分析等面向领域的大数据挖掘技术。数据挖掘就是从大量的、不完全的、有噪声的、模糊的、随机的实际应用数据中，提取隐含在其中的、人们事先不知道的但又是潜在有用的信息和知识的过程。

（5）数据可视化。数据可视化是数据加工和处理的基本方法之一，是通过图形图像等技术来更为直观地表达数据，为发现数据的隐含规律提供技术手段。数据可视化使得数据更加友好易懂，提高了数据资产的利用效率，更好地支持人们对数据认知、数据表达、人际交互和决策支持等方面的应用，在各个领域发挥着重要作用。

7.1.6 大数据的机遇、挑战与未来

大数据的信息处理，无论对政府管理调控，还是对企业经营决策，都是重要的工具，它可以使政府和企业对市场信息树立起更强的洞察力和决策力，但同时也面临信息安全挑战。近年来，国内出现过社保系统个人信息泄露、12306账号信息泄露等大数据传输安全事件，在现有隐私保护法规不健全、隐私保护技术不完善的条件下，互联网上的个人隐私泄露失去管控对用户隐私造成极大伤害。因此，大数据时代，如何管理好数据，在保证数据使用效益的同时保护个人隐私，是大数据传输时代面临的巨大挑战之一。

任务 7-2　使用云盘存储

任务描述

（1）注册百度网盘账号。
（2）将"配套资源"文件夹上传到百度网盘中保存。
（3）分享百度网盘中的"配套资源"文件夹。

任务实施

Step 01　安装百度网盘PC客户端程序。
Step 02　注册百度网盘账号。

双击百度网盘图标，如图7-11所示，打开【百度网盘】界面，如图7-12所示，单击【注册账号】，进入【欢迎注册】界面，如图7-13所示。按要求输入信息后，单击【注册】按钮，按提示输入相应信息，即可注册成功。

图7-11　百度网盘　　　　　图7-12　【百度网盘】界面　　　　　图7-13　【欢迎注册】界面
　　　　图标

Step 03　在百度网盘中存储资料。

在如图7-12所示的【百度网盘】界面中输入账号密码登录（或使用百度网盘APP扫码登录），进入如图7-14所示的【百度网盘】界面。

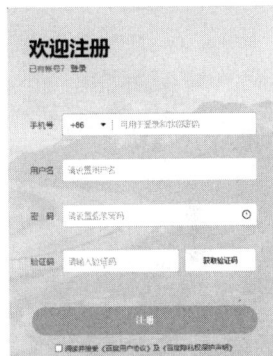

单击【上传】，弹出【请选择文件/文件夹】对话框，选择文件或文件夹，即可将文件或文件夹上传到网盘中。

Step 04　分享百度网盘中的资料

选择网盘中要分享的资料，比如"配套资源"文件夹，单击【分享】按钮 <，打开【分享文件】对话框，如图7-15所示。选择分享形式和有效期，单击【创建链接】按钮，进入如图7-16所示界面进行链接分享，单击【复制链接及提取码】按钮，将分享链接和提取码复制后保存，以便以后分享，也可以复制二维码分享。

图7-14 【百度网盘】界面

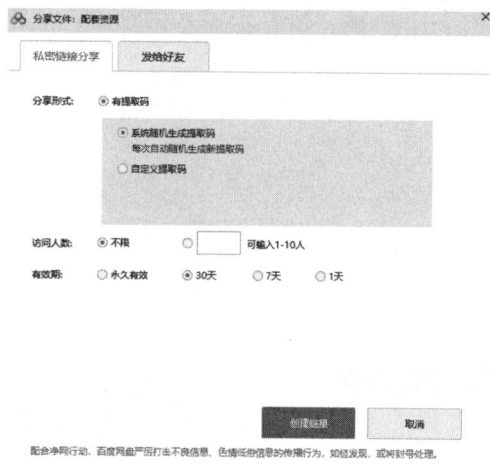

图7-15 【分享文件】对话框

图7-16 链接分享

Step 04 下载分享文件。

打开浏览器，在地址栏中输入分享链接地址并确认后，在如图7-17所示界面中输入提取码，进入如图7-18所示界面，单击"配套资源"行的下载按钮 ⬇️ 即可下载分享文件。

图7-17 提取分享文件

图 7-18　下载分享文件

知 识 链 接

7.2　云计算技术

在云计算广泛传播之前，企业建立一套 IT 系统不仅要采购硬件等基础设施，而且要购买软件的许可证，还需要专门的人员来维护。当企业的规模扩大时，企业就要继续升级各种软硬件设施以满足需要。这些硬件和软件本身并非用户真正需要的，它们仅仅是完成任务的工具，软硬件资源租用服务能满足用户的真正需求。而云计算（Cloud Computing）就是这样的服务，其最终目标是将计算、服务和应用作为一种公共设施提供给公众。

7.2.1　云计算的概念

"云"实质上就是一个网络，狭义上讲，云计算就是一种提供资源的网络，使用者可以随时获取"云"上的资源，按需求量使用，并且可以看成是无限扩展的，只需按使用量付费就可以。"云"就像自来水厂一样，我们可以随时接水，并且不限量，按照自己家的用水量，付费给自来水厂就可以。从广义上说，云计算是与信息技术、软件、互联网相关的一种服务，这种计算资源共享池叫作"云"，云计算把许多计算资源集合起来，通过软件实现自动化管理，只需要很少的人参与，就能让资源被快速提供。也就是说，计算能力作为一种商品，可以在互联网上流通，就像水、电、煤气一样，可以方便地取用，且价格较为低廉。

总之，云计算是一种按使用量付费的模式，这种模式提供可用的、便捷的、按需的网络访问，进入可配置的计算资源共享池（资源包括网络、服务器、存储、应用软件、服务），这些资源能够被快速提供，而只需投入很少的管理工作，或与服务供应商进行很少的交互。云计算的提出和广泛应用使使用者将 IT 资源的"买"转换为"租"，从而深刻改变了人们使用 IT 的形式。

7.2.2　云计算的特点

云计算主要有以下特点。

（1）超大规模。"云"具有相当的规模，Google 云计算已经拥有 100 多万台服务器，Amazon、IBM、微软、Yahoo 等的"云"均拥有几十万台服务器，企业私有云一般拥有数百上千台服务器，"云"能赋予用户前所未有的计算能力。

（2）虚拟化。云计算支持用户随时、随地利用各种终端获取应用服务。用户所请求的资源都来自"云"，而不是传统的固定有形的实体。用户利用任意终端，通过网络就可以实现所需要的服务，甚至包括超级计算服务。

（3）高可靠性。在软硬件层面，采用了数据多副本容错、计算节点同构可互换等措施来保障服务的高可靠性。在设施层面，采用了冗余设计来进一步确保服务的可靠性。

（4）通用性好。云计算不针对特定的应用，在"云"的支撑下可以构造出千变万化的应用，同一个"云"可以同时支撑不同的应用运行。

（5）高可扩展性。云计算的规模可以根据其应用的需要进行调整和动态伸缩，可以满足用户和应用大规模增长的需要。

（6）按需服务。用户可以根据自身实际需求，通过网络方便地进行计算能力申请、配置和调用，服务商可以及时进行资源分配和回收，并且按照使用资源情况进行服务收费。

（7）性价比高。将资源放在虚拟资源池中统一管理，在一定程度上优化了物理资源，用户不再需要昂贵、存储空间大的主机，可以选择相对廉价的 PC 组成云，一方面减少费用，另一方面计算性能不逊于大型主机。

（8）具有潜在的危险性。云计算服务目前垄断在私人机构（企业）手中，他们仅仅能够提供商业信用。云计算中的数据对于数据所有者以外的其他用户都是保密的，但是对于提供云计算的商业机构来说，却毫无秘密可言。这些潜在的危险，是商业机构和政府机构选择云计算服务，特别是国外机构提供的云计算服务时不得不考虑的一个重要的前提。

7.2.3 云计算部署模式

部署云计算服务的模式有公有云、私有云和混合云三大类。

（1）公有云。公有云是第三方提供商为用户提供的能够使用的云，它的核心属性是共享资源服务。用户按需求和使用量付费，通过互联网访问和使用云服务供应商提供给用户的资源，且感觉资源是其独享的，并不知道还有哪些用户在共享该资源。云服务提供商负责所提供资源的安全性、可靠性和私密性。

对用户而言，公有云的最大优点是其所应用的程序、服务及相关数据都存放在公共云端，用户自己无须做相应的投资和建设。目前最大的问题是，由于数据不是存储在用户自己的数据中心里的，其安全性存在一定风险，同时公有云的可用性不受用户控制，存在一定的不确定性。

目前提供公有云服务的国外公司有微软、亚马逊、谷歌等，国内的有阿里云、腾讯云、华为云等。

（2）私有云。私有云（Private Cloud）又称专用云，是为一个组织机构单独使用而构建的，是企业自己专用的云，它所有的服务不是供公众使用的，而是供企业内部人员或分支机构使用的。私有云的核心属性是私有资源。私有云可部署在企业数据中心的防火墙内，也可以将它们部署在一个安全的主机托管场所。私有云的优点是数据安全性、系统可用性、服务质量都可由自己控制，但其缺点是投资较大，尤其是一次性的建设投资较大。

（3）混合云。混合云（Hybrid Cloud）是指供自己和客户共同使用的云，它所提供的服务既可以供别人使用，也可以供自己使用，公有云和私有云相互独立，但在云的内部又相互结合，可以发挥混合云中所有云计算模型各自的优势。通过使用混合云，企业可以在公有云的低廉性和私有云的私密性之间做一定的权衡。其缺点是混合云的部署方式对提供者的要求比较高，在使用混合云的情况下，用户需要解决不同云平台之间的集成问题。

7.2.4　云计算的服务类型

云计算架构是一个面向服务的架构，如图7-19所示，云计算包括3个层次的服务：基础设施即服务（IaaS）、平台即服务（PaaS）和软件即服务（SaaS）。这3个层次的服务代表了不同的云服务模式，分别在基础设施层、平台层和应用层实现，共同构成云计算的整体架构，云计算架构还包括用户接口（针对每个层次的云计算服务提供相应的访问接口）和云计算管理（对所有层次云计算服务提供管理功能）这两个模块。

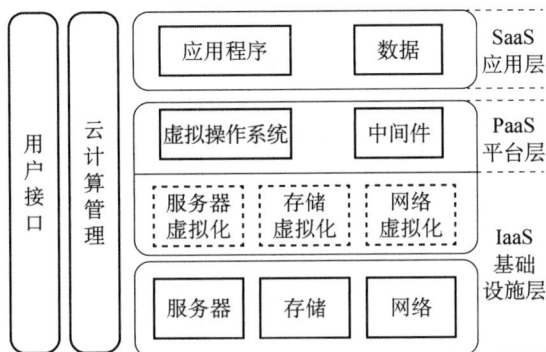

图7-19　云计算架构

（1）基础设施即服务（IaaS）。IaaS服务模式将数据中心、基础设施等硬件资源通过Internet分配给用户，提供的服务是虚拟机。IaaS负责管理虚拟机的生命周期，包括创建、修改、备份、启停、销毁等，用户从云平台获得一个已经安装好镜像的虚拟机（包含操作系统等软件）。企业或个人可以远程访问云计算资源，包括计算、存储及应用虚拟化技术所提供的相关功能。无论是最终用户、SaaS提供商，还是PaaS提供商都可以从IaaS中获得应用所需的计算能力。目前具有代表性的IaaS服务产品国外的有亚马逊（Amazon）的EC2云主机和S3云存储，以及RackspaceCloud等，国内的主要有阿里云和百度云服务等。

（2）PaaS（平台即服务）。PaaS将一个完整的计算机平台，包括应用设计、应用开发、应用测试和应用托管，都作为一种服务提供给用户。也就是说，PaaS提供的服务是应用的运行环境和一系列中间件服务（如数据库、消息队列等）。PaaS负责保证这些服务的可用性和性能。在这种服务模式中，用户不需要购买硬件和软件，只需要利用PaaS平台，就能够创建、测试、部署应用和服务。目前PaaS的典型实例国外的有微软的Windows Azure平台、Facebook的开发平台、Google App Engine、IBM BlueMix，以及国内的新浪SAE等。

（3）SaaS（软件即服务）。SaaS是一种通过Internet提供软件服务的云服务模式，用户无须购买或安装软件，而是直接通过网络向专门的提供商获取自己所需要的、带有相应软件功能的服务。SaaS 直接提供应用服务，主要面向软件的最终用户，用户无须关注后台服务器和运行环境，只需关注软件的使用。SaaS 的应用范围很广，如在线邮件服务、网络会议、网络传真、在线杀毒等各种工具型服务，在线 CRM、在线 HR、在线进销存、在线项目管理等各种管理型服务，以及网络搜索、网络游戏、在线视频等娱乐性应用。微软、Salesforce 等国外各大软件公司都推出了自己的 SaaS 应用，用友、金蝶等国内软件公司也推出了自己的 SaaS 应用。

采用的服务模式不同，云计算平台提供的资源不同，用户的参与度也不同，不同云服务模式的资源部署如图 7-20 所示，其中，虚线框中的资源由云计算平台提供，实线框中的资源由用户部署和管理。IaaS 的使用者通常是数据中心的系统管理员，需要关心虚拟机的类型（OS）和配置（CPU、内存、磁盘存储），并且负责部署上层的中间件和应用软件。PaaS 的使用者通常是应用的开发人员，只需专注应用的开发，并将自己的应用和数据部署到 PaaS 云环境中。SaaS 的使用者通常是应用的最终用户，只需登录并使用应用，无须关心应用使用什么技术实现，也不需要关心应用部署在哪里。有人将 IaaS、PaaS 和 SaaS 分别称为系统云、开发云和用户云。

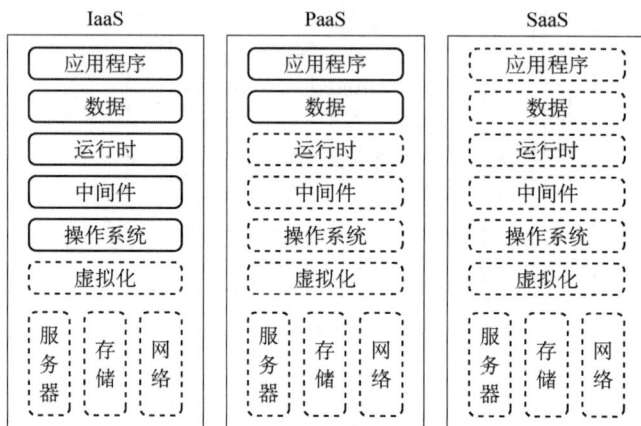

图 7-20　不同云服务模式的资源部署

7.2.5　云计算的关键技术

云计算是一种新型的超级计算方式，以数据为中心，是一种数据密集型的超级计算。云计算需要以低成本提供高可靠、高可用、规模可伸缩的个性化服务，因此需要分布式数据存储技术、虚拟化技术、云平台技术、并行编程技术、数据管理技术等若干关键技术的支持。

（1）虚拟化技术。虚拟化是云计算最重要的核心技术之一，它是将各种技术及存储资源充分整合、高效利用的关键技术，是实现云计算资源整合和按需服务的基础。云计算的虚拟化是包含资源、网络、应用和桌面在内的全系统虚拟化。虚拟化技术可以实现将所有的硬件设备、软件应用和数据隔离开，打破硬件配置、软件部署和数据分布的界限，实现架构的动态化，实现物理资源的集中管理和使用。虚拟化技术具有资源分享、资源定制和细粒度资源管理的特点，因此虚拟化的最大好处是增强系统的弹性和灵活性，降低成本、改进服务、提高资源利用效率。

（2）分布式数据存储技术。分布式数据存储就是将数据分散存储到多个数据存储服务器上，因此云计算系统由大量服务器组成，主要采用分布式存储的方式进行数据存储，同时，为确保数据的可靠性，通常采用冗余存储的方式。目前，云计算系统中广泛使用的数据存储系统有 Google 文件系统 GFS 和 Hadoop 团队开发的 GFS 的开源实现 Hadoop 分布式文件系统 HDFS。

GFS 是一个可扩展的分布式文件系统，主要用于大型的、分布式的、对大量数据进行访问的应用。GFS 是针对 Google 应用特性和大规模数据处理而设计的，它可运行于普通硬件上，同时又可以提供较强的容错功能，可以给大量的用户提供总体性能较高的服务。

HDFS 是基于使用流数据模式访问和处理超大文件的需求而开发的，是分布式计算中数据存储管理的基础，具有高容错、高可靠性、高可扩展性、高获得性、高吞吐率等特征。可为海量数据提供不怕故障的存储，为分布式数据存储的应用及处理带来了很多便利。

（3）并行编程技术。云计算系统是一个多用户、多任务、支持并发处理的系统，通常采用并行编程模式，即在同一时间同时执行多个计算任务。MapReduce 是当前云计算主流并行编程模式之一，主要用于大规模数据集（大于 1TB）的并行运算。MapReduce 模式的思想是将要执行的问题分解成 Map（映射）和 Reduce（化简）的方式，将任务自动分成多个子任务，先通过 Map 程序将数据分割成不相关的区块，分配给大量的计算机处理，达到分布式计算的效果，再通过 Reduce 程序将结果汇整输出。在并行编程模式下，容错、并发处理、数据分布、负载均衡等都被抽象到一个函数库中，通过统一接口，将复杂的计算任务分成多个子任务，并行地处理海量数据。因此基于并行编程技术的云计算系统可高效、简捷、快速地通过网络把强大的服务器计算资源方便地分发到终端用户手中。

（4）数据管理技术。云计算需要对分布在不同服务器上的海量数据进行分析和处理，因此离不开数据管理技术。目前最常见的应用于云计算的数据管理技术是 Google 的 BigTable（简称 BT）和 Hadoop 的 HBase。

BigTable 建立在 GFS、Scheduler、Lock Service 和 MapReduce 之上，是一个分布式的、持久化存储的多维度排序 Map。BigTable 是非关系型数据库，它把所有数据都作为对象来处理，形成一个巨大的表格，用来分布存储大规模结构化数据。这种特殊的结构设计，使得 BigTable 能够可靠地处理 PB 级别的数据，并且能够部署到上千台机器上。

HBase 是 Apache 的 Hadoop 项目的子项目。它是基于列的而不是基于行的模式，是一个适合于非结构化数据存储的数据库。作为高可靠性分布式存储系统，HBase 的性能和可伸缩都非常好。利用 HBase 技术可在廉价服务器上搭建起大规模结构化存储集群。

（5）云平台技术。云计算资源规模庞大，服务器数量众多并分布在不同的地点，同时运行着众多应用。云平台技术能够有效地管理这些硬件资源和应用协同工作，快速地发现和恢复系统故障，通过自动化、智能化的手段，使云系统高效、稳定运营。

云平台可分为三大类：一是以数据存储为主的存储型云平台，二以数据处理为主的计算型云平台，三是计算和数据存储处理兼顾的综合型云平台。云平台下用户只需要调用平台提供的接口就可以在云平台中完成自己的工作，不用关心云平台底层的实现。

7.2.6　云计算典型应用

云应用是云计算技术在应用层的具体体现，是直接面对用户解决实际问题的产品，遍及各个方面，目前云应用主要包括云存储、云服务、云物联、云安全及云办公。

（1）云存储。云存储是指运用网格技术、分布式文件系统或集群应用等，通过应用软件将网络中数量庞大且种类繁多的存储设备集合起来协同工作，共同对外提供数据存储和业务访问的功能，保证数据的安全性，并节约存储空间。云存储是一个以数据存储和管理为核心的云计算系统，百度网盘是百度推出的一项云存储服务，用户可以将文件上传到网盘上，并可以跨终端随时随地查看和分享。

（2）云服务。目前很多公司都有自己的云服务产品，如Microsoft、Google、微软等。典型的云服务包括微软Hotmail、谷歌Gmail、苹果ICloud等，这些服务主要以邮箱为账号，实现用户登录账号后，内容在线同步的作用。现在的移动设备上基本都具备了自己的账户云服务，只要你的东西存入云端，你就可以在PC、平板、手机等设备上轻松读取自己的联系人、音乐、图像数据等，让你从不同的设备上看到个人的应用，省去了复制及相互传输的麻烦。

（3）云物联。云物联是基于云计算技术的物物相连。云物联可以将传统物品通过传感设备感知的信息和接收的指令连入互联网中，并通过云计算技术实现数据存储和运算，从而建立起物联网。基于云计算和云存储技术的云物联是物联网技术和应用的有力支持，可以实时感知各个"物体"当前的运行状态，将实时获取的信息进行汇总、分析、筛取，确定有用信息，为"物体"的后续发展做出决策。

（4）云安全。云安全是云计算技术发展过程中信息安全的最新体现，是云计算技术的重要应用。云安全融合了并行处理和未知病毒行为判断等新兴技术，通过网状的大量客户端对互联网中软件行为的异常进行监测，获取互联网中木马、恶意程序的最新信息，传送到服务器端进行自动分析和处理，再把病毒和木马的解决方案分发到每一个客户端。将整个互联网，变成一个超级大的杀毒软件，是云安全计划的宏伟目标。云安全概念由我国企业最先提出，且我国网络安全企业在云安全技术应用上走在世界前列。例如，360使用云安全技术，在360云安全计算中心建立了存储数亿个木马病毒样本的黑名单数据库和已经被证明是安全文件的白名单数据库。360系列产品利用互联网，通过联网查询技术，把对计算机里的文件扫描检测从客户端转到云端服务器，从而极大提高了对木马病毒查杀和防护的及时性、有效性。

（5）云办公。云办公有别于传统办公，通过云办公更有利于企事业单位降低办公成本和提高办公效率。随着互联网的深入发展和云计算时代的来临，基于云计算的在线办公软件（Web Office）已经进入了人们的生活。例如，WPS云办公是金山办公针对企业办公场景，专为企业推出的WPS云办公，可满足企业和团队在文档处理、云存储、共享协作、在线编辑、高效检索、权限管控、加密防护等全场景中的办公需求，用文档服务与企业共建支撑业务运行的平台，助力企业数据和业务低成本快速上云，为企业在线信息化办公赋能。

7.2.7　云计算的机遇、挑战与未来

云的使用为人们提供了许多机会，它使服务能够在不了解其基础架构的情况下被使用。云计算使用规模经济，可以不自己购买资源，成本可以通过按需定价，因此可能降低创业公司的支出成本。供应商和服务提供商通过建立持续的收入来索偿成本。数据和服务远程存储，但可从任何地点访问。以上都是使用云计算的好处，但云计算也存在一些重大障碍，比如云计算的使用意味着对其他公司的依赖，这可能会限制灵

活性和创新，另外安全性可能被证明是一个大问题，因为它仍然不清楚外部数据的安全性如何，并且在使用这些服务时数据的所有权并不总是很清楚。

当前，我国云计算的应用正从互联网行业向政府、金融、工业、交通、物流、医疗健康等传统行业渗透，各大云计算厂商纷纷进军行业云市场，行业云进入到了群雄争霸的"战国时代"。政务云市场方面，包括中国电信、中国联通等基础电信企业，浪潮、曙光、华为等IT企业，以及腾讯、阿里、京东、数梦工场等互联网企业均在政务云市场重点发力。金融云市场方面，银行纷纷建立科技公司，兴业数金、融联易云、招银云创、建信金融、民生科技等银行科技公司已经开始在银行云方面进行发力。工业云市场方面，海尔、阿里云、浪潮等产业链各环节厂商纷纷搭建具有自己特色的工业云平台。

任务 7-3　体验语音朗读

任务描述

用 Microsoft Edge 浏览器打开标题为"少年强则国强，少年富则国富……这个原文是？_百度知道"的网页，网址为"https://zhidao.baidu.com/question/374320808013113004.html"，使用语音朗读功能实现语音朗读网页文字。

任务实施

Step 01　打开网页。

打开 Microsoft Edge 浏览器，在地址栏中输入网址"https://zhidao.baidu.com/question/374320808013113004.html"打开网页，如图7-21所示。

图 7-21　打开网页

Step 02 语音朗读网页文字。

移动鼠标至段落"原文是梁启超的《少年中国说》。"，右击鼠标，弹出快捷菜单，如图7-22所示，选择【大声朗读】菜单项，开启语音朗读功能，可听到朗读网页文字。

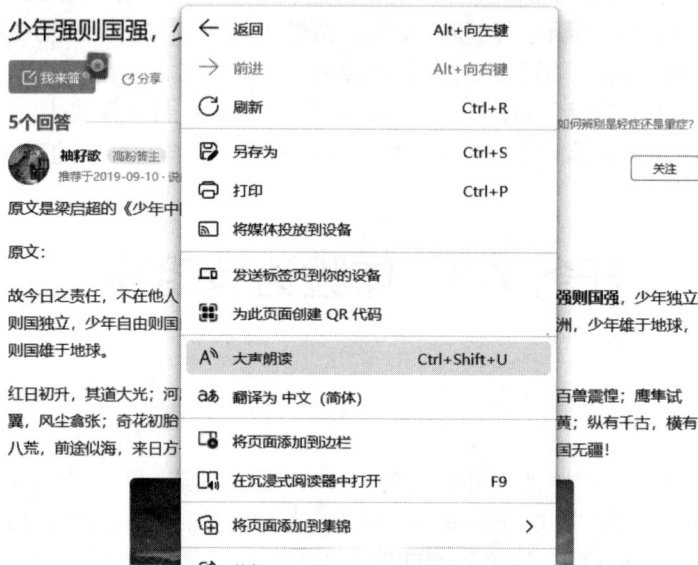

图7-22 开启【大声朗读】功能

提示：开启【语音朗读】功能后，在网页地址栏下方会出现如图 7-23 所示播放工具栏，可通过单击相应功能按钮暂停大声朗读、阅读下一段、阅读上一段或关闭大声朗读功能。

图7-23 【大声朗读】工具栏

知 识 链 接

7.3 人工智能技术

"人工智能"一词最早出现在1956年达特茅斯会议上，会议中科学家运用数理逻辑和计算机的成果，提供关于形式化计算和处理的理论，模拟人类某些智能行为的基本方法和技术，构造具有一定智能的人工系统，让计算机去完成需要人的智力才能胜任的工作。同时，麦卡锡提议用人工智能作为学科的名称，定义为制造智能机器的科学与工程，从而标志着人工智能学科的诞生。

2016年通过自我对弈数以万计盘，实施练习强化，谷歌开发的围棋程序AlphaGo，在一场围棋比赛中，以4：1击败人类顶尖职业棋手李世石，将人工智能的热点推向高潮，人工智能的概念在全球范围内开始流行，第一次出现在普通大众的生活中。2017年，最新版本的AlphaGo Zero可以只在了解比赛规则，没有人类指导的情况下实现自我学习3天，AlphaGo Zero击败了过去所有版本的AlphaGo，包括曾击败世界冠军李世石、柯洁的AlphaGo，人工智能再次进入人们的视野。

从1956年到2016年的60年时间，人工智能从最初的仅属于科研人员的专业名词到今天成为家喻户晓的热词。尤其今天有了超性能计算技术和海量大数据的支撑，人工智能技术才得以大放异彩。

7.3.1　人工智能定义

什么是人工智能？人工智能和人类智能有什么区别和联系？这应该是人工智能初学者非常关心的问题，也是学术界长期争论而又没有定论的问题。

人类智能包括"智"和"能"两部分。"智"主要是指人对事物的认知能力，"能"主要是指人的行动能力。"智"和"能"都是人与环境交互的产物，从自然环境中感知和解析信息，提炼知识并运用于自适应行为的能力，这就是"智能"。人类智能就是神经、心理、语言、思维、文化5个层级上所体现的人类的认知能力。很明显，人类智能缔造了人工智能，就这两种智能的关系来说，人工智能无疑是人类智能的结晶。由于审视的角度不同，导致人们对人工智能的定义也不尽相同。

定义1：人工智能是一种技艺，创造机器来执行人需要智能才能完成的工作。——雷·库兹威尔（Ray Kurzweil）

该观点和图灵测试非常契合。1950年，计算机科学先驱阿兰·图灵发表了一篇题为《计算机器与智能》的论文，在论文中，图灵提出了判断机器是否具有智能的思想实验（即仅靠大脑逻辑推理而完成的一种实验）。

定义2：人工智能是那些与人的思维、决策、问题求解和学习等有关活动的自动化。——贝尔曼（Richard E.Bellman）

定义3：人工智能是研究智能行为的科学。它的最终目的是建立自然智能实体行为的理论和指导创造具有智能行为的人工制品。这样一来，人工智能可有两个分支，即科学人工智能和工程人工智能。——尼尔森（Nils Nilsson）

以上都是关于人工智能的一些比较权威的定义，整体上来说，人工智能是一门研究如何利用人工的方法和技术，在机器上模仿、延伸和扩展人类智能的学科。

7.3.2　人工智能关键技术

1. 模式识别与感知交流

模式识别与感知交流是指计算机对外部信息的直接感知及人机之间、智能体之间的直接信息交流。

模式识别的主要目标就是用计算机来模拟人的各种识别能力，当前主要是对视觉能力和听觉能力的模拟，并且主要集中于图形、图像识别和语音识别。机器感知是研究如何用机器或计算机模拟、延伸和扩展人的感知或认知能力，包括机器视觉、机器听觉、机器触觉等。机器感知是一连串复杂程序所组成的大规模信息处理系统，信息通常由很多常规传感器采集，从传感数据中发现并理解模式，实现语音识别、指纹识别、光学字符识别、DNA序列识别、自然图像理解等。

（1）图像识别。图像识别是指利用计算机对图像进行处理、分析和理解，以识别各种不同模式的目标和图像的技术。比如让计算机从一大堆手写的数字图像中识别出对应的数字。

（2）语音识别。语音识别就是让机器通过识别和理解过程把语音信号转变为相应的文本或命令的技术。语音识别主要包括特征提取技术、模式匹配准则及模型训练技术三个方面。

（3）自然语言处理。自然语言处理与理解（NLP&NLU）是计算机科学、人工智能、语言学的交叉学科技术领域。其技术目标是让机器能够理解人类的语言，是人和机器进行交流的技术。目前自然语言处理主要应用的领域有智能问答、机器翻译、文本分类和文本摘要等。

2. 机器学习与知识发现

人工智能中的机器学习（Machine Learning）主要指机器对自身行为的修正或性能的改善（这类似于人类的技能训练和对环境的适应）和机器对客观规律的发现（这类似于人类的科学发现）。

机器学习技术专门研究计算机怎样模拟或实现人类的学习行为，以获取新的知识或技能，重新组织已有的知识结构，使之不断改善自身的性能。近几年随着计算机硬件性能的不断提高及云计算和大数据技术的快速发展，机器学习在语音识别和鉴别视觉模式上取得了突破性进展。

机器学习按照其学习方式可分为4种主要类型：监督式学习、非监督式学习、半监督式学习和强化学习。其实现理念都是让机器从已知的经验数据（样本）中，通过某种特定的方法（算法），自己去寻找提炼（训练/学习）出一些规律（模型），提炼出的规律就可以用来判断一些未知的事物/事情（预测）。

3. 机器推理知识图谱

知识是人们对客观事物（包括自然和人造的）及其规律的认识，还包括人们利用客观规律解决实际问题的方法和策略等。对智能来说，知识非常重要，可以说"知识就是智能"。所以要实现人工智能，计算机就必须拥有知识和运用知识的能力，为此，必须研究面向机器的知识表示形式和基于各种表示的机器推理技术。

（1）知识表示与机器推理。知识表示是指面向计算机的知识描述或表达形式和方法，具体来讲，就是要用某种约定的（外部）形式结构来描述知识，而且这种形式结构还要能转化为机器的内部形式，使得计算机能方便地存储、处理和运用。知识表示是建立专家系统及各种知识系统的重要环节，也是知识工程的一个重要方面。

（2）知识图谱。知识图谱是计算机科学、信息科学、情报学当中的一个新兴的交叉研究领域，旨在研究用于构建知识图谱的方法和方法学，关注的是知识图谱开发过程、知识图谱生命周期、用于构建知识图谱的方法和方法学。知识图谱本质上是语义网络（Semantic Network）的知识库。可以简单地把知识图谱理解成多关系图（Multi-relational Graph）。在知识图谱里，通常用"实体（Entity）"来表达图里的节点，用"关系（Relation）"来表达图里的边，如图7-24所示。

7.3.3 人工智能典型应用

人工智能应用的范围很广，比如在家居、医疗、教育、工业、运输、金融、出行、安防等方面。

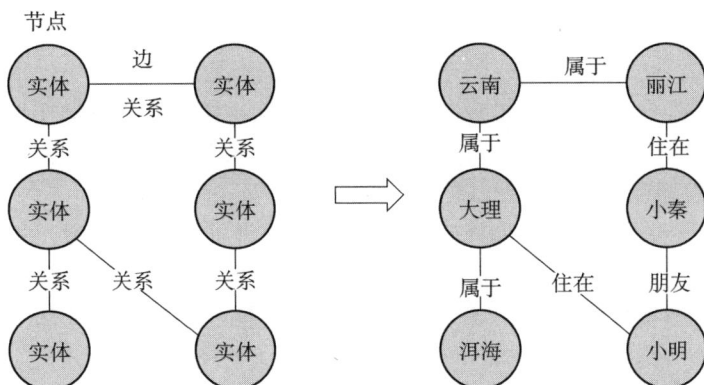

图7-24 知识图谱

1. 智能聊天助理

智能聊天助理程序是采用自然语言处理算法来实现人机对话的。苹果 Siri、百度度秘、GoogleAllo、微软小冰、亚马逊 Alexa 等智能聊天助理程序的应用正试图颠覆人们和手机交流的根本方式，将手机变成聪明的小秘书。例如，如图 7-25 所示，百度度秘机器人集百度多项人工智能技术于一身，目前化身肯德基中国首位智能员工直接服务广大消费者，是百度肯德基联手打造连锁餐饮行业首个人工智能服务场景。在店

图7-25 百度度秘机器人

内点餐区，消费者可以用日常语言和度秘机器人对话，完成从点餐到支付的全流程。

2. 智能交通

智能交通利用卫星定位、移动通信、高性能计算、地理信息系统等技术实现了城市、城际道路交通系统状态的实时感知，准确、全面地将交通路况，通过手机导航、交通电台等途径提供给百姓，在此基础上，集成驾驶行为实时感应与分析技术，实现动态导航，提高出行效率，并辅助交通管理部门制定交通管理方案，提升城市运行效率。例如，现在人们出行前可以通过查询高德地图或百度地图，了解交通路况，获得最佳行驶路径推荐等，坐公交车前可以查询公交车及时停靠站点信息、公交行驶路线等。

3. 智能图像处理

人脸识别是当前计算机图像处理的一个重要应用，人脸识别不仅仅可以当保安、当门卫，还可以在手机上保证用户的交易安全。例如，手机银行在需要验证业务办理人的身份证时，会要求用户打开手机的前置摄像头留下面部的实时影像，而智能人脸识别程序会在后台完成用户的身份比对操作，确保手机银行程序不会被非法分子盗用。

分类管理和图像美化是智能图像处理的另外两个常见应用。例如，美图秀秀 APP 就是利用人工智能技术对一幅普通的图片进行美容、换装等修饰，或者使用人工智能的"画笔"艺术性地创作不同画风的作品。

4. 智能搜索引擎

近年来，百度、谷歌等主流搜索引擎正从单纯的网页搜索和网页导航工具，转变

成为世界上最大的知识引擎和个人助理。这种搜索引擎返回结果的方式跟传统的搜索引擎是不一样的，传统的搜索引擎返回的是网页而不是最终的答案，而智能搜索引擎给用户返回的是经过知识图谱推理之后的最终答案。人工智能技术让搜索引擎变得更聪明了。

5. 智能机器翻译

基于人工智能技术的机器翻译工具，正帮助人类打破语言界限，进行跨民族、跨语种、跨文化的交流和沟通。例如，手机上的即时翻译APP、拍照翻译APP等软件，综合应用了自然语言处理、图像识别等技术，使得不同语种之间的沟通得以顺畅。

6. 智慧医疗

智慧医疗是通过打造健康档案区域医疗信息平台，利用最先进的物联网技术，实现患者与医务人员、医疗机构、医疗设备之间的互动，逐步达到信息化。

通过无线网络，使用手持PDA便捷地联通各种诊疗仪器，使医务人员随时掌握每个病人的病案信息和最新诊疗报告，随时随地地快速制订诊疗方案。在医院任何一个地方，医护人员都可以登录距自己最近的系统查询医学影像资料和医嘱，患者的转诊信息及病历可以在任意一家医院通过医疗联网方式调阅……随着医疗信息化的快速发展，这样的场景在不久的将来将日渐普及，智慧的医疗正日渐走入人们的生活。

7. 智慧金融

智慧金融是依托于互联网技术，运用大数据、人工智能、云计算等金融科技手段，使金融行业在业务流程、业务开拓和客户服务等方面得到全面的智慧提升，实现金融产品、风控、获客、服务的智慧化。

金融主体之间的开放和合作，使得智慧金融表现出高效率、低风险的特点。具体而言，智慧金融具有透明性、便捷性、灵活性、即时性、高效性和安全性等特点。例如，美利金融自主搭建的大数据平台提供的计算能力，已经可以方便地处理几百万用户上亿级的节点维度数据，3C类分期贷款审批平均在4分钟左右就可以完成，而传统金融人工信贷审查的时间可能需要10个工作日（如信用卡审批）。

8. 专家系统

专家系统应用人工智能技术（如知识表示和知识推理），根据某个领域的多个人类专家提供的知识和经验进行推理与判断，模拟人类专家的决策过程，从而可解决需要专家才能解决的复杂问题。

一般来说，专家系统=知识库+推理引擎。一个专家系统必须具备三要素：具备领域专家级的知识体系，模拟专家思维和能达到专家级的解题水平。

Siri（中文意思为"言语解释与识别接口"）是苹果公司开发的通过辨识语音作业的专家系统，目前广泛应用于iPhone、iPad及iMac等苹果系列产品之中。

9. 自动驾驶技术

自动驾驶系统是一个汇集众多高新技术的综合系统，作为关键环节的环境感知、逻辑推理和决策、运动控制、处理器性能等依赖于传感器技术、图像识别技术、电子与计算机技术与控制技术等一系列高新技术的创新和突破。

实现自动驾驶后，人们可以不考驾照，不雇司机，直接向汽车发个命令就能便捷出行。未来的道路上奔驰的全是随叫随到的可共享的自动驾驶汽车，可以保证24小时待命，人类只需要开发智能调度算法，这种共享汽车就可以在任何时间、任何地点提供高质量的租用服务。未来的城市交通情况也会发生翻天覆地的变化，停车难、环境差的问题也会得到有效缓解。

7.3.4　人工智能的机遇、挑战与未来

从未来发展来看，作为一门交叉科学，人工智能技术涉及到社会学、信息学、控制学、仿生学等众多领域，既是生命科学的精髓，更是信息科学的核心，具有光明的发展前景。人工智能技术还促进了多种科学与网络技术的深度融合，解决了互联网时代看似无法解决的问题和痛点，将互联网带入到了一个全新发展的智能时代，极大影响着网络技术和信息产业的未来发展方向。

随着新科技革命继续发展，人工智能技术也正孕育着新的重大变革。一旦突破，必将对科学技术、经济和社会发展产生巨大和深远的影响，深刻地改变经济和社会的面貌，并促使生产力出现新的飞跃，成为第四次工业革命的主旋律和人类社会未来的重要支柱。

但是，我们也要看到，虽然人工智能技术给人类社会带来了极大的便利，但同样也存在着诸多风险挑战。例如，人类将面临着技术、信任、法律、道德等一系列问题。人的"机器化"和机器的"人化"是人工智能技术发展的两个必然发展趋势，很多人担心智能机器在为人类提供聪明友好帮助和服务的同时，也会给人类带来威胁甚至灭顶之灾。从理论上讲，机器的智能化程度越高，其内部计算机控制软件的规模就越庞大且复杂，出现故障的概率也会越高。如果真的有一天，机器智能化超过一定程度而控制系统又出现问题的话，将会给人类社会带来难以想象的后果。一系列智能机器管理着整个人类社会，一群不知疲倦杀人的智能机器走上战场，被赋予"生杀大权"，滥杀无辜，最终成为"人类终结者"……这些可怕的场景并非杞人忧天，也是未来人工智能技术发展必须思考的问题。

任务 7-4　生成二维码分享信息

任务描述

生成一个二维码，分享央视《对话》栏目2018年7月15日视频"索菲亚：机器还是人？"。

任务实施

Step 01　通过搜索引擎搜索"草料二维码生成器"，打开草料二维码生成器官网，如图7-26所示。

Step 02　选择【网址】，在下方的文本框中输入要分享的网址"http://tv.cctv.com/2018/07/15/VIDE5MuywTrJD3E1nTXpdh2J180715.shtml"，单击【生成二维码】按钮，右侧显示生成的二维码，如图7-27所示。

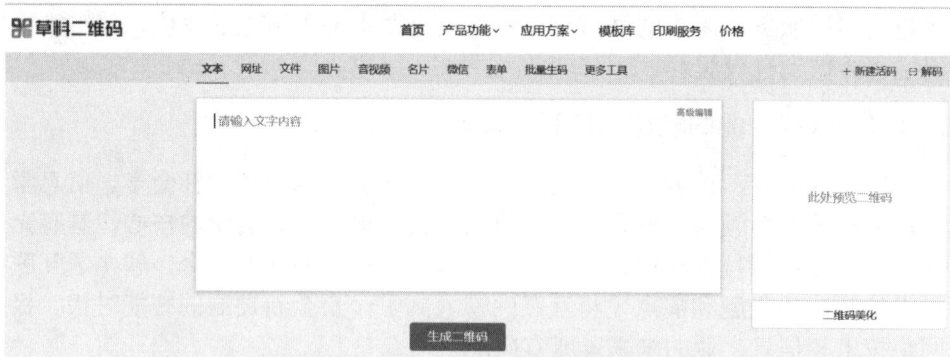

图7-26　草料二维码生成器官网首页

图7-27　生成二维码

Step 03　扫描图7-27中的二维码可打开央视《对话》栏目2018年7月15日视频"索菲亚：机器还是人？"，单击【保存图片】按钮，二维码被保存到一个图片文件中，可通过分享二维码图片文件分享视频。

提示：在图7-26中选择【文本】、【文件】、【图片】等，根据提示操作生成二维码，实现分享文本、文件、图片等信息；在图中还可以根据需要对二维码进行美化等操作。

知 识 链 接

7.4　物联网技术

物联网（Internet of things，IoT）是信息产业革命第三次浪潮和第四次工业革命的核心支撑，是人类社会螺旋式发展的再次回归，物联网发展必然会引发产业、经济和社会的变革，重构我们的世界。在中国，2009 年 8 月 7 日，时任国务院总理温家宝同志视察无锡物联网产业研究院（当时为中科院无锡高新微纳传感网工程技术研发中心）时高度肯定了"感知中国"的战略建议，此后物联网被正式列为国家五大新兴战略性产业之一写入政府工作报告，意味着物联网的发展已经进入国家层面的视野。

7.4.1　物联网的概念

从字面上解释，物联网就是"物物相连的互联网"，但到目前为止还没有一个精确且被公认的定义。国际电信联盟发布的互联网报告中，对物联网做了定义，即通过二维码识读设备、射频识别装置、红外感应器、全球定位系统和激光扫描器等信息传感设备，按约定的协议，把任何物品与互联网相连接，进行信息交换和通信，以实现智能化识别、定位、跟踪、监控和管理的一种网络。这个定义的核心是：物联网中每个物体都可以寻址、控制和通信。物联网的定义包含三个方面的意思，第一，物联网的核心和基础仍然是互联网，是在互联网基础上延伸和扩展的网络；第二，物联网用户端延伸和扩展到了任何物品与物品之间，通过既定的通信协议，进行信息交换和通信；第三，物联网可以对各种物体（包括人）进行智能化识别、定位、跟踪、监控和管理，这是组建物联网的目的。

7.4.2　物联网的体系结构及核心技术

从技术架构上来看，物联网可分为三层：感知层、网络层和应用层。物联网体系结构如图 7-28 所示。

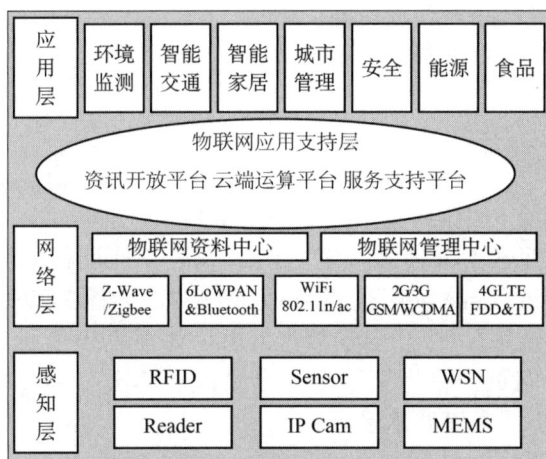

图 7-28　物联网体系结构

（1）感知层。感知层的主要作用是感知和识别对象，用于获取状态信号（模拟或数字信号）。感知识别是物联网的核心技术，是联系物理世界和信息世界的纽带。感知层包括 RFID、无线传感器等信息自动生成设备，也包括各种智能电子产品用来人工生成信息。感知层中具体的技术有自动识别技术、RFID 技术、无线传感网、定位技术、二维码等，其中二维码是自动识别中的一项重要技术，也是物联网产业的关键、核心技术之一。

（2）网络层。网络层的主要作用是把感知层数据接入互联网，供上层服务使用。互联网及下一代互联网是物联网的核心网络，处在边缘的各种无线网络则提供随时随地的网络接入服务，包括 Internet、移动通信技术、5G、IPv6、Wi-Fi、蓝牙、ZigBee、LoRa、NB-IoT、Li-Fi 等技术。

（3）应用层。应用层的主要功能是把感知和传输来的信息进行分析和处理，做出正确的控制和决策，实现智能化的管理、应用和服务。应用层解决的是信息处理和人机界面的问题。应用层的关键技术包括M2M、云计算、数据挖掘、中间件等。

7.4.3 物联网典型应用

物联网用途广泛，遍及智能交通、环境保护、政府工作、公共安全、平安家居、智能消防、工业监测、环境监测、路灯照明管控、景观照明管控、楼宇照明管控、广场照明管控、老人护理、个人健康、花卉栽培、水系监测、食品溯源、敌情侦查和情报搜集等多个领域。

任务7-5　体验虚拟现实技术运用和产品开发

任务描述

（1）体验故宫宣传中用到的VR虚拟现实技术。
（2）认知虚拟眼镜产品外观及功能。
（3）体验一个Unity 3D引擎开发的demo。

任务实施

Step 01 体验故宫宣传中用到的VR虚拟现实技术。

打开浏览器，用搜索引擎搜索故宫官网，或者在地址栏中输入故宫官网的网址"https://www.dpm.org.cn/Home.htm"，打开故宫官网，如图7-29所示。单击导航栏中的【导览】→【全景故宫】，打开全景故宫网页，如图7-30所示。单击【探秘故宫】后打开如图7-31所示网页，将光标移至一个景点上单击左键，可查看景点的具体介绍，拖动鼠标，可从不同角度展示景点。

图7-29　故宫网站首页

图7-30　全景故宫网页

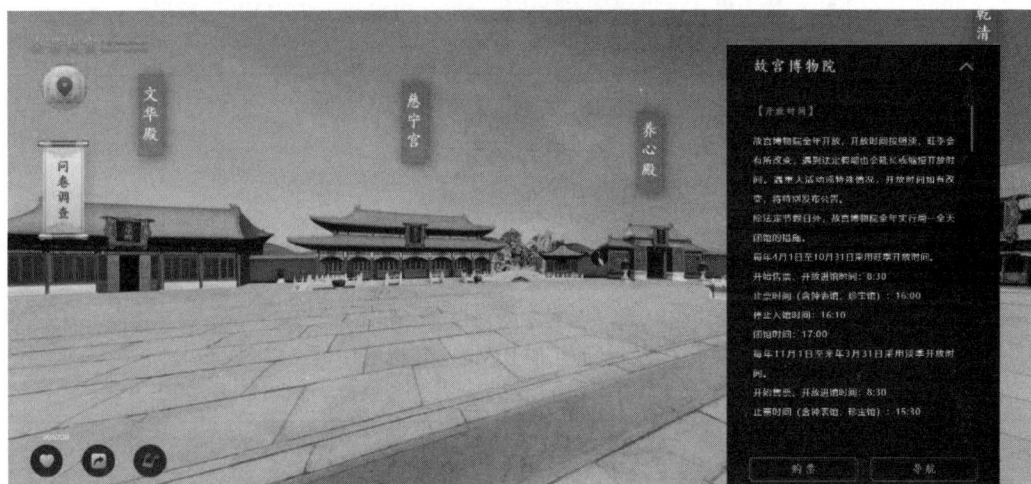

图7-31　单击【探秘故宫】后打开的网页

Step 02　认知虚拟眼镜产品外观及功能。

用搜索引擎搜索几款最新的VR眼镜，了解其外观和功能。如图7-32～图7-35所示，分别为华为VR Glass、HTC Vive、Pico G2 4K、小米VR一体机，表7.1为这几款VR眼睛外观及功能介绍。

图7-32　华为VR Glass

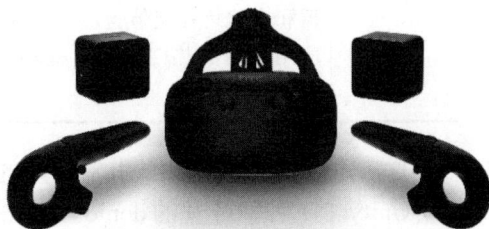

图7-33　HTC Vive

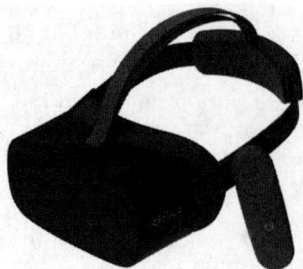

图 7-34　Pico G2 4K

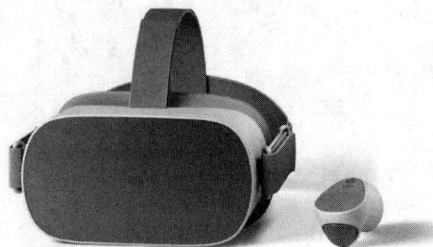

图 7-35　小米 VR 一体机

表 7.1　几款 VR 眼镜外观及功能介绍

产品	描述
华为 VR Glass	• 体积仅为传统 VR 头显的一半，质量约 13g • 配有两块 2.1 英寸 Fast LCD 显示屏，提供 3K 高清分辨率，配合 90°视场角 • 瞳距自适应范围 55～71mm • 支持手机一键投屏，支持应用分屏，内置独有华为 VR 视频平台，汇集海量优质片源
HTC Vive	• 设备包括头戴式显示器主机，两个无线控制器，一对 Vive 工作基站，一个 Vive 连接盒及一对 Vive 耳塞 • 内置麦克风，支持电话功能 • 具备 6Do F 视频交互功能的 VIVEPORT 视频播放器，通过该视频播放器，用户可真正"走进"任何现有的 360°或 180°视频，向任何方向自如移动 1m 的距离
Pico G2 4K	• 外观设计简约时尚，正面为纱网设计，利于散热 • 采用骁龙处理器，性能可胜任 VR 一体机的使用需求 • 采用 3840×2160 分辨率的 4K 屏幕，像素密度为 818DPI
小米 VR 一体机	• 一体机无须外接 PC 或插入手机，使用体验便捷灵活 • 采用支持"fast-switch"的 WQHD LCD 显示屏，分辨率达到 2560×1440，拥有新一代光学透镜，头部和控制器都为 3DoF • 支持快速切换技术，可以提高视觉清晰度，减少移动 VR 中常见的沙窗效应和运动模糊问题 • 采用 Oculus 研发的全景声音频技术，集成了全景声近场耳机，保证了用户即时享受全景声效 • 基于 Oculus 的底层软件技术，并专门为中国用户量身定制了强大的视频播放器和本地化社交体验，并兼容小米 VR 内容及 Oculus 平台的 VR 内容，将 Oculus 应用商店的热门游戏、视频和应用引入其中，让消费者体验到高质量的移动 VR 内容

Step 03　体验一个 Unity 3D 引擎开发的 demo。

下载 Unity 3D 引擎开发的 demo。双击文件"VR_demo.exe"运行 demo 后的界面如图 7-36 所示，使用鼠标操作进行虚拟交互，如图 7-37、图 7-38 所示。

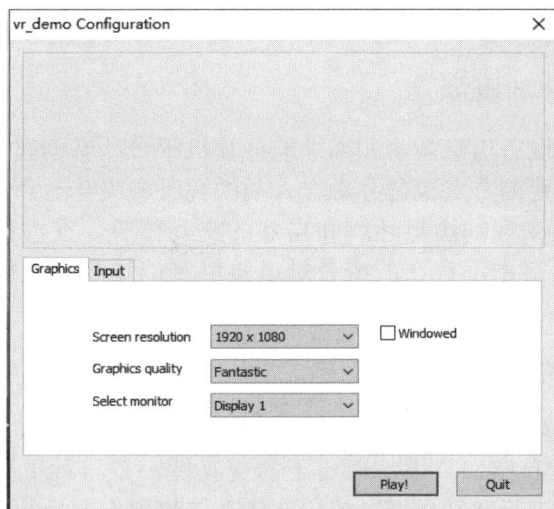

图 7-36 运行 demo 后的界面 1

图 7-37 运行 demo 后的界面 2

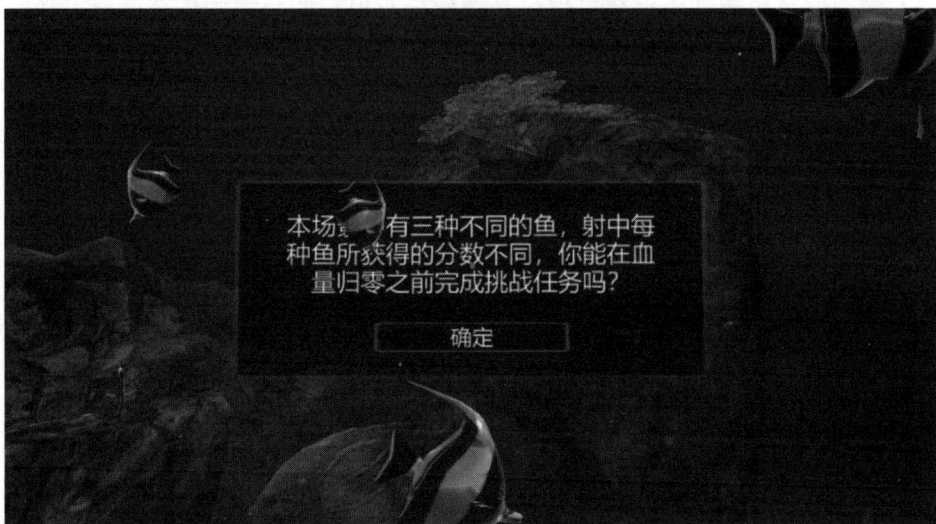

图 7-38 运行 demo 后的界面 3

知 识 链 接

7.5 VR 虚拟现实技术

VR（Virtual Reality，VR）是 20 世纪发展起来的一项全新的实用技术。虚拟现实技术囊括计算机、电子信息、仿真技术，其基本实现方式是计算机模拟虚拟环境从而给人以环境沉浸感。随着社会生产力和科学技术的不断发展，各行各业对 VR 技术的需求日益旺盛。VR技术也取得了巨大进步，并逐步成为一个新的科学技术领域。

7.5.1 VR技术的概念

虚拟现实是利用现有信息技术和高性能计算机平台动态创建各种逼真环境并实时渲染，以一种立体呈现的方式模仿并融合人类的视听触嗅味觉和前庭觉等，给体验者提供一种直接的、可交互的虚拟环境和自然的交互体验。在虚拟现实环境中，使用者可以体验到现实生活中不存在的或者难以接触到的场景，获得直观的体验或感官的享受。

7.5.2 虚拟现实技术的特点

（1）交互性。交互性是指人可以通过外部设备，利用身体和大脑的协同去对模拟现实的环境进行体验和感知，虚拟现实下的交互性，是一种更高级更真实的相对交互，即人对模拟环境进行感知反馈，模拟环境在接收到人的反馈信号后，也给出一定的反馈，二者呼应。

（2）沉浸感。沉浸感是指用户在虚拟的环境场景下，会感觉自身身处虚拟场景一般，用户的听觉、视觉等感官都会进行感知和反馈，还可以和周边的物体进行互动，就如同在实际的世界一般。

（3）构想性。构想性也称想象性，是指用户在模拟的环境中依靠自身对现实世界的认知理解，然后做出相对应的对虚拟环境的反馈，想象力的基础是现实里已经形成的现有概念，然后在此基础上，需要用户发挥主观能动性，去对虚拟世界的反馈做出解答，从而形成新的概念。

7.5.3 虚拟现实眼镜

从产品类型来看，VR眼镜分为外接式、移动式和一体式三类。

（1）外接式VR眼镜。如图7-39所示，外接式提供了一个性能良好的VR眼镜和控制设备，传感器反应迅速，画面显示清晰，不过需要连接到计算机、手机等设备上，由计算机、手机来完成运算。

（2）移动式VR眼镜。如图7-40所，移动式VR眼镜的结构简单、价格低廉，只要放入手机即可观看，使用方便，但效果一般，适合入门级用户购买。

（3）一体式VR眼镜。如图7-41所示，一体式顾名思义就是包括主机、VR眼镜、控制器等一套设备，具备独立的运算、输入、输出功能，无须借助任何输入/输出设备，就可以在虚拟的世界里尽情感受3D立体感带来的视觉冲击。此类产品携带使用方便，市场售价普遍在3000元左右，适合消费级用户购买。

图7-39　外接式VR眼镜　　　　图7-40　移动式VR眼镜　　　　图7-41　一体式VR眼镜

7.5.4 虚拟现实关键技术

（1）三维建模。三维建模是虚拟现实开发中的基础技术，相关从业人员通常使用 Maya、3D Max 及 ZBrush 等软件完成角色、物件、场景的建模、UV 拆分、角色绑定等工作。完成的模型在开发引擎导入到项目资源当中，即可进行三维场景的搭建与交互设计。

（2）图像处理。三维建模生成的是白模，需要通过进一步的材质、贴图绘制对其进行美化和仿真效果的加强。材质、贴图制作主要采用图像处理软件来完成，如 Substance Painter、Photoshop、Body Paint 3D、Mari、3DCoat 等图像处理软件。

（3）编程语言。虚拟现实交互功能的实现需要通过编程实现，采用的主要编程语言包括 C/C++、C#、JavaScript 等，不同的开发引擎支持的编程语言不一样。以 Unity3D 为例，支持两种开发语言 C#和 JavaScript。

7.5.5 虚拟现实开发引擎

虚拟现实开发引擎主要用于综合虚拟现实项目的开发，是集合了三维场景搭建、界面交互程序设计、后台数据管理等多种技术虚拟现实开发平台。主流的开发引擎主要有 UE4、Unity3D、GLUT-OpenGL Utility Toolkit、Virtools 等。

7.5.6 虚拟现实的应用及发展趋势

VR 已不仅仅被关注于计算机图像领域，它已涉及更广的领域，如电视会议、网络技术和分布计算技术，并向分布式虚拟现实发展。虚拟现实技术已成为新产品设计开发的重要手段，如地产漫游、网上看房等。地产漫游可实现在虚拟现实系统中自由行走、任意观看，冲击力强，能使客户获得身临其境的真实感受，促进了合同签约的速度。网上看房是在房产租售阶段，用户通过互联网身临其境地了解项目的周围环境、空间布置、室内设计等。

下面介绍虚拟现实产品的发展趋势。首先 VR 将会与 AI 技术结合，使其特征由 3I 变为 4IE，即 VR 系统会具有智能和自我演进演化特征；其次在 VR 建模技术方面，会从目前以几何、物理建模为主向几何、物理、生理、行为、智能建模发展；再次在交互技术与设备方面会出现一些颠覆性技术，如光场全息显示、实时同声翻译、触感温湿感交互和味觉体验等。

7.6 其他新技术

7.6.1 区块链

2008 年，中本聪第一次提出了区块链（Blockchain Technology，BT）的概念，在随后的几年中，区块链成为了电子货币比特币的核心组成部分。从科技层面来看，区块链涉及数学、密码学、互联网和计算机编程等很多科学技术问题。从应用视角来看，区块链是一个分布式的共享账本和数据库，具有去中心化、不可篡改、全程留痕、可以追溯、集体维护、公开透明等特点。这些特点保证了区块链的"诚实"与"透明"，为区块链创造信任奠定了基础。而区块链丰富的应用场景，基本上都基于区块链能够解决信息不对称问题，实现多个主体之间的协作信任与一致行动。区块链主要有以下特征。

（1）去中心化：区块链技术不依赖额外的第三方管理机构或硬件设施，没有中心管制，除了自成一体的区块链本身，通过分布式核算和存储，各个节点实现了信息自我验证、传递和管理。去中心化是区块链最突出最本质的特征。

（2）开放性：区块链技术基础是开源的，除了交易各方的私有信息被加密外，区块链的数据对所有人开放，任何人都可以通过公开的接口查询区块链数据和开发相关应用，因此整个系统信息高度透明。

（3）独立性：基于协商一致的规范和协议（类似比特币采用的哈希算法等各种数学算法），整个区块链系统不依赖其他第三方，所有节点能够在系统内自动安全地验证、交换数据，不需要任何人为的干预。

（4）安全性：只要不能掌控全部数据节点的51%，就无法肆意操控修改网络数据，这使区块链本身变得相对安全，避免了主观人为的数据变更。

（5）匿名性：除非有法律规范要求，单从技术上来讲，各区块节点的身份信息不需要公开或验证，信息传递可以匿名进行。

区块链的关键技术包括分布式账本、非对称加密、共识机制和智能合约等技术。

区块链是第二代互联网技术，是未来20～30年人类社会向智能社会迈进的关键支撑技术，目前世界各地均在研究，可广泛应用于金融、物联网和物流、公共服务、数字版权、保险和公益等领域。例如，在保险理赔方面，保险机构负责资金归集、投资、理赔，往往管理和运营成本较高。通过智能合约的应用，既无须投保人申请，也无须保险公司批准，只要触发理赔条件，即可实现保单自动理赔。

7.6.2　移动互联网技术

移动互联网是移动通信和互联网融合的产物，是互联网的技术、平台、商业模式和应用与移动通信技术相结合并实践的活动的总称。移动互联网的核心是互联网，因此一般认为移动互联网是桌面互联网的补充和延伸，传统互联网的接入设备主要是PC，即个人计算机，移动互联网的接入设备主要是移动终端，如手机、Pad 等。移动互联网的发展使得人类的社会生活愈加丰富多彩，它融合信息服务、生活娱乐服务、电子商务、新媒介传播平台和公共服务等诸多服务为一体，为人类生活提供了诸多便利。

与传统互联网相比较，移动互联网具有应用轻便、具有定位功能、高便捷性、安全性更加复杂和私密性等特点。

目前，移动互联网正逐渐渗透到人们生活、工作的各个领域，通过移动互联网，人们可以使用手机、平板电脑等移动终端设备进行网页浏览、文件下载、电子支付、位置服务、在线游戏、视频浏览和下载等。移动互联网正在深刻改变信息时代的社会生活，近几年，更是实现了3G经4G到5G的跨越式发展。全球覆盖的网络信号，使得身处大洋和沙漠中的用户，仍可随时随地保持与世界的联系。绝大多数的市场咨询机构和专家都认为，移动互联网是未来10年内最有创新活力和最具市场潜力的新领域。

7.6.3 5G 技术

第五代移动通信技术（5th Generation Mobile Communication Technology，5G）是具有高速率、低时延和大连接特点的新一代宽带移动通信技术，是实现人机物互联的网络基础设施。5G 具有以下 6 个特点。

（1）高速度。每一代移动通信技术的更迭，用户最直接的感受就是速度的提升。5G 的速度高达 1Gbs，最快可达 10Gbps，速度单位已不再以 Mbps 计算，下载一部超清电影只需几秒，甚至 1 秒不到。

（2）泛在网。泛在网有两个层面，一个是广泛覆盖，一个是纵深覆盖。广泛覆盖是指人类足迹延伸到的地方，都需要被覆盖到，比如高山、峡谷等。纵深覆盖是指人们的生活中已经有网络部署，但需要进入更高品质的深度覆盖。例如，以前网络品质不好的卫生间，没信号的地下车库等特殊场所，都能而且需要被高质量的网络覆盖。

（3）低功耗。随着技术的不断发展，网络速度变得越来越快，同时设备功耗也变得越来越高，从这个角度而言，5G 要支持大规模物联网应用，就必须考虑功耗方面的要求。目前低功耗主要采用两种技术手段来实现，分别是美国高通等主导的 eMTC 和华为主导的 NB-IoT。

（4）低时延。5G 的一个新场景是无人驾驶、工业自动化的高可靠连接，正常情况下，人与人之间进行信息交流，140ms 的时延是可以接受的，不会影响交流的效果，但对于无人驾驶、工业自动化等场景来说，这种时延是无法接受的，5G 对于时延的终极要求是 1ms，甚至更低。这种要求是十分严苛的，但却是必需的。

（5）万物互联。5G 时代，终端不再按人来定义，而是每个人可能拥有数个终端，每个家庭拥有数个终端，届时智能产品将更加层出不穷，并且通过网络相互关联，形成真正的智能物联网世界。社会生活中，以前不可能联网的设备也会联网，工作变得更加智能。5G 改变社会，以后的人类社会，人们不再有上网的概念，联网将会成为常态。比如汽车、井盖、电线杆、垃圾桶这些公共设施之前的功能都非常单一，谈不上什么智能化，而 5G 将赋予这些设备新的功能，成为智能设备。

（6）重构安全体系。随着 5G 的到来，传统的互联网 TCP/IP 协议也将面临考验，传统互联网的安全机制非常薄弱，信息都是不经加密就直接传输的，这种情况不能在智能互联网时代继续下去。随着 5G 的大规模部署，将会出现更多的安全问题，世界各国应该就安全问题形成新的机制，最后建立起全新的安全体系。

5G 的关键技术包括 5G 无线关键技术和 5G 网络关键技术。5G 的应用场景主要是工业领域、车联网与自动驾驶、能源领域、医疗领域、文旅领域和 5G 消息等。

单元小结

本单元通过 5 个任务的实施对新一代信息技术进行了简单介绍，主要包括以下几个方面。

（1）大数据的概念、特征、关键技术和典型应用。

（2）云计算的概念、特征、关键技术和典型应用。

（3）人工智能的概念、关键技术和典型应用。

（4）物联网、VR 技术、区块链、移动互联技术、5G 技术等的概念、特征、关键技术和典型应用。

单元习题

扫码测验

参考文献

[1] 张爱民，陈炯. 计算机应用基础（Windows 7+Office 2010）[M]. 3 版. 北京：电子工业出版社，2018.

[2] 张爱民，陈炯. 计算机应用基础（Windows 10+Office 2019）[M]. 4 版. 北京：电子工业出版社，2021.

[3] 眭碧霞，张静. 信息技术基础[M]. 北京：高等教育出版社，2019.

[4] 刘鹏. 大数据[M]. 北京：电子工业出版社，2017.

[5] 中科普开. 大数据技术基础[M]. 北京：清华大学出版社，2016.

[6] 聂庆鹏，朱丽文，鲁丽伟. WPS 办公应用：初级[M]. 北京：高等教育出版社，2021.

[7] 段班祥，陈红玲，张广云. 信息素养概论[M]. 西安：西安电子科技大学出版社，2019.

[8] 黄如花. 信息检索[M]. 武汉：武汉大学出版社，2019.

[9] 柯平. 信息检索与信息素养概论[M]. 北京：高等教育出版社，2015.

[10] 刘鹏，张玉宏. 人工智能[M]. 北京：高等教育出版社，2020.

[11] 林豪慧. 大学生信息素养[M]. 北京：电子工业出版社，2017.

[12] [美]Thomas ERL，[英]Zaigham Mahmood，[巴西]Ricardo Puttini 著. 云计算概念、技术与架构[M]. 龚奕利，贺莲，胡创译. 北京：机械工业出版社，2014.